# 中国传统建筑解析与传承

内蒙古卷

Inner Mongolia volume

中华人民共和国住房和城乡建设部 编

THE INTERPRETATION AND INHERITANCE OF TRADITIONAL CHINESE ARCHITECTURE

Ministry of Housing and Urban-Rural Development of the People's Republic of China

中国建筑工业出版社

审图号：GS（2016）303号

**图书在版编目（CIP）数据**

中国传统建筑解析与传承　内蒙古卷／中华人民共和国住房和城乡建设部编．—北京：中国建筑工业出版社，2015.12

ISBN 978-7-112-18879-6

Ⅰ．①中… Ⅱ．①中… Ⅲ．①古建筑-建筑艺术-内蒙古　Ⅳ.①TU-092.2

中国版本图书馆CIP数据核字（2015）第299711号

责任编辑：唐　旭　李东禧　张　华　李成成
书籍设计：付金红
责任校对：李美娜　刘　钰

## 中国传统建筑解析与传承　内蒙古卷
中华人民共和国住房和城乡建设部　编

\*

中国建筑工业出版社出版、发行（北京西郊百万庄）
各地新华书店、建筑书店经销
北京方舟正佳图文设计有限公司制版
北京顺诚彩色印刷有限公司印刷

\*

开本：880×1230毫米　1/16　印张：14¼　字数：401千字
2016年9月第一版　2016年9月第一次印刷
定价：128.00元
ISBN 978-7-112-18879-6
　　　（27965）

**版权所有　翻印必究**
如有印装质量问题，可寄本社退换
（邮政编码 100037）

# 总 序

Foreword

几年前我去法国里昂地区，看到有大片很久以前甚至四百年前建造的夯土建筑，也就是干打垒房子，至今仍在使用。20世纪80年代，当地建设保障房小区时，要求一律建造夯土建筑，他们采用了现代夯土技术。西安科技大学的两位老师将这种技术引入国内，在甘肃、河北等多地建了示范房。现代夯土技术的改进点在于科学配比土与石子、使用模板和电动器具夯筑，传承了夯土建筑的优点，如造价低、节能保温，弥补了缺陷，抗震性增强，也美观，颇受农民的好评。我对这个事例很感兴趣并悟出一个道理，做好传承关键要具备两种精神：一是执着，坚信许多传统能够传承、值得传承。法国将传统干打垒房子当作好东西，努力传承，而我国虽然是生土建筑数量最多的国家，但今天各地却都视其为贫穷落后的标志，力图尽快消灭；二是创新，要下力气研究传统的优点及缺点，并用现代技术克服其缺点，赋予其现代功能，使传统文明成果在今天焕发新的生命力。这两方面的功夫我们都不够。

文明古国的中国，在实现现代化的进程中，只有十分自信、满腔热情地传承了优秀传统文化，才能受到全世界的尊重。建筑是一个民族生存智慧、工程技术、审美理念、社会伦理等文明成果最集中、最丰富的载体，其传承及体现是一个国家和民族富强与贫弱的标志。改变今天建筑缺失传统文化的局面，我们需要重新认识我国传统建筑文化，把握其精髓和发展脉络，挖掘和丰富其完整价值，探索传统与现代融合的理念和方法。2012年，住房和城乡建设部村镇建设司组织了首次传统民居全国普查，编纂了《中国传统民居类型全集》，其详细、准确、系统地展示了我国传统民居的地域性。在此基础上，2014年又启动了"传统建筑解析与传承"调查研究，这是第一次国家层面组织的该领域的大型调查研究，颇具价值：

价值一，它是至今对我国传统建筑文化最全面、最系统的阐释。第一，本次调查研究地域覆盖广，历史挖掘深，建筑类型多。31个省（市、区）开展了调查研究，每个省的研究也都覆盖了全域；一些省对传统建筑文化的追溯年代突破了记录；建筑类型不仅涵盖了官式建筑、庙宇、祠堂等，更涵盖了各类代表性民居。第二，更加注重从自然、人文、技术、经济几条主线解析传统建筑文化，而不是拘泥于建筑本身；不但阐释了传统建筑的物质形体，而且阐释了传统建筑文化的产生机制。第三，研究体例和解析维度保持了基本一致，各省都通过聚落格局、建筑群体与单体、细部与装饰、风格与装修对传统建筑进行解析。通过解析，大大丰富和提升了对我国传统建筑文化精髓的认识，如：中国传统建筑与自然相适应，和谐共生，敬天惜物；与生存实际相适应，容纳生产生活；与社会伦理相适应，井然有序；与发展相适应，灵活易变，是模块化的鼻祖。第四，内在形式统一，体现了中华文明的持久性和一致性；木结构等技术高度成熟，体现了中华民族的智慧；丰富的地区差异，体现了中华文化的多样性。一些研究基础较差的省，第一次对传统建筑有了全面认识；一些研究基础较好的省，又深化了认识。可以说，这次全面调查研究是对中国传统建筑文化的一次重新认识。

价值二，也是更重要的价值，它是就如何传承传统建筑文化、如何实现传统与现代融合这一难题，至今所进行的广泛深入的探索。第一，提出了更为本质、更具指导意义的传承理论和原则，如建筑文化的三大传承主线：自然、人文、技术；"形"的传承、"神"的传承、"神形兼备"的传承；适应性传承、创新性传承、可持续性传承等理论；坚持挖掘地域文化与建筑的关联性，坚持寻找并传承其最有价值和生命力的要素，坚持与时代发展相接轨等原则。第二，提出了更具操作性的传承方法和要点，如建筑肌理、应对自然环境、空间变异、建造方式、建筑材料、符号特征六方面的传承方法。第三，收集、展示、分析了近代以来大量的现代建筑探索传承的案例，既包括比较成功的，也包括比较失败的，具有很好的参考意义。同时也提出了应防止的误区。

价值三，唤起了对传统建筑文化的空前热情。通过这次研究，各地建设部门更加重视传统建筑文化的传承工作了，这将有利于扭转当前我国城乡建设缺乏传统文化的局面。在学术界，不仅老专家倾力投入，新参与的专家学者也越来越多，而且十分积极。过去研究传统建筑的专家学者与从事设计的建筑师交流不多，通过这次研究，两个群体融合到了一起，不仅有利于传承的研究，更有利于传承的实践。有的老专家说，等了几十年，终于等到国家组织这项工作了。

探索传统建筑文化与现代建筑的融合是难度极大的挑战，永远在路上。虽然本次调查研究存在着许多不足和局限，但第一次组织全国专业力量努力探索的成果，惠及当今，流芳百年，意义非凡，不仅具有中国意义，也具有世界意义。在此，谨向为成就这一大业，辛勤无私付出并作出卓越贡献的所有专家学者、建筑师和技术人员、各地建设部门领导和职工，表示衷心的感谢和崇高的敬意。此外，我还深深感受到，组织实施全国范围的、具有历史意义的调查研究，是其他组织和个人难以做到的，是中央部委必须承担的重要职责，今后还要多做。

住房和城乡建设部总经济师　赵晖

2016年9月

# 编委会

## Editorial Committee

**发起与策划**：赵　晖

**组织推进**：张学勤、卢英方、白正盛、王旭东、王　玮、王旭东（天津）、
　　　　　　吴　铁、翟顺河、冯家举、汪　兴、孙众志、张宝伟、庄少勤、
　　　　　　刘大威、沈　敏、侯淅珉、王胜熙、李道鹏、耿庆海、陈华平、
　　　　　　尹维真、蒋益民、蔡　瀛、吴伟权、陈孝京、丛　钢、文技军、
　　　　　　宋丽丽、赵志勇、斯朗尼玛、韩一兵、刘永堂、白宗科、何晓勇、
　　　　　　海拉提·巴拉提

**指导专家**：崔　恺、吴良镛、冯骥才、孙大章、陆元鼎、张锦秋、何镜堂、
　　　　　　朱光亚、朱小地、罗德启、马国馨、何玉如、单德启、陈同滨、
　　　　　　朱良文、郑时龄、伍　江、常　青、吴建中、王小东、曹嘉明、
　　　　　　张俊杰、张玉坤、杨焕成、黄汉民、王建国、梅洪元、黄　浩、
　　　　　　张先进

**工 作 组**：林岚岚、罗德胤、徐怡芳、杨绪波、吴　艳、李立敏、薛林平、
　　　　　　李春青、潘　曦、王　鑫、苑思楠、赵海翔、郭华瞻、郭志伟、
　　　　　　褚苗苗、王　浩、李君洁、徐凌玉、师晓静、李　涛、庞　佳、
　　　　　　田铂菁、王　青、王新征、郭海鞍、张蒙蒙

**内蒙古卷编写组：**

组织人员：杨宝峰、陈 彪、崔 茂

编写人员：张鹏举、彭致禧、贺 龙、韩 瑛、额尔德木图、齐卓彦、白丽燕、高 旭、杜 娟

**北京卷编写组：**

组织人员：李节严、侯晓明、杨 健、李 慧

编写人员：朱小地、韩慧卿、李艾桦、王 南、钱 毅、李海霞、马 泷、杨 滔、吴 懿、侯 晟、王 恒、王佳怡、钟曼琳、刘江峰、卢清新

调研人员：陈 凯、闫 峥、刘 强、李沫含、黄 蓉、田燕国

**天津卷编写组：**

组织人员：吴冬粤、杨瑞凡、纪志强、张晓萌

编写人员：洪再生、朱 阳、王 蔚、刘婷婷、王 伟、刘铧文

**河北卷编写组：**

组织人员：封 刚、吴永强、席建林、马 锐

编写人员：舒 平、吴 鹏、魏广龙、刁建新、刘 歆、解 丹、杨彩虹、连海涛

**山西卷编写组：**

组织人员：郭廷儒、张海星、郭 创、赵俊伟

编写人员：薛林平、王金平、杜艳哲、韩卫成、孔维刚、冯高磊、王 鑫、郭华瞻、潘 曦、石 玉、刘进红、王建华、武晓宇、韩丽君

**辽宁卷编写组：**

组织人员：王晓伟、胡成泽、刘绍伟、孙辉东

编写人员：朴玉顺、郝建军、陈伯超、周静海、原砚龙、刘思铎、黄 欢、王蕾蕾、王 达、宋欣然、吴 琦、纪文喆、高赛玉

**吉林卷编写组：**

组织人员：袁忠凯、安 宏、肖楚宇、陈清华

编写人员：王 亮、李天骄、李之吉、李雷立、宋义坤、张俊峰、金日学、孙守东

调研人员：郑宝祥、王 薇、赵 艺、吴翠灵、李亮亮、孙宇轩、李洪毅、崔晶瑶、王铃溪、高小淇、李 宾、李泽锋、梅 郊、刘秋辰

**黑龙江卷编写组：**

组织人员：徐东锋、王海明、王 芳

编写人员：周立军、付本臣、徐洪澎、李同予、殷 青、董健菲、吴健梅、刘 洋、刘远孝、王兆明、马本和、王健伟、卜 冲、郭丽萍

调研人员：张 明、王 艳、张 博、王 钊、晏 迪、徐贝尔

**上海卷编写组：**

组织人员：孙 珊、胡建东、侯斌超、马秀英

编写人员：华霞虹、彭 怒、王海松、寇志荣、宿新宝、周鸣浩、叶松青、吕亚范、丁建华、卓刚峰、宋 雷、吴爱民、

张　丽、梁　爽、韩梦涛、张阳菊、
张万春、李　扬

**湖南卷编写组：**

组织人员：宁艳芳、黄　立、吴立玖
编写人员：何韶瑶、唐成君、章　为、张梦淼、
姜兴华、李　夺、欧阳铎、黄力为、
张艺婕、吴晶晶、刘艳莉、刘　姿、
熊申午、陆　薇、党　航
调研人员：陈　宇、刘湘云、付玉昆、赵磊兵、
黄　慧、李　丹、唐娇致

**广东卷编写组：**

组织人员：梁志华、肖送文、苏智云、廖志坚、
秦　莹
编写人员：陆　琦、冼剑雄、潘　莹、徐怡芳、
何　菁、王国光、陈思翰、冒亚龙、
向　科、赵紫伶、卓晓岚、孙培真
调研人员：方　兴、张成欣、梁　林、林　琳、
陈家欢、邹　齐、王　妍、张秋艳

**广西卷编写组：**

组织人员：吴伟权、彭新唐、刘　哲
编写人员：雷　翔、全峰梅、徐洪涛、何晓丽、
杨　斌、梁志敏、陆如兰、尚秋铭、
孙永萍、黄晓晓、李春尧

**海南卷编写组：**

组织人员：丁式江、陈孝京、许　毅、杨　海
编写人员：吴小平、黄天其、唐秀飞、吴　蓉、
刘凌波、王振宇、何慧慧、陈文斌、
郑小雪、李贤颖、王贤卿、陈创娥、
吴小妹

**重庆卷编写组：**

组织人员：冯　赵、揭付军
编写人员：龙　彬、陈　蔚、胡　斌、徐千里、
舒　莺、刘晶晶

**四川卷编写组：**

组织人员：蒋　勇、李南希、鲁朝汉、吕　蔚
编写人员：陈　颖、高　静、熊　唱、李　路、
朱　伟、庄　红、郑　斌、张　莉、
何　龙、周晓宇、周　佳
调研人员：唐　剑、彭麟麒、陈延申、严　潇、
黎峰六、孙　笑、彭　一、韩东升、
聂　倩

**贵州卷编写组：**

组织人员：余咏梅、王　文、陈清銮、赵玉奇
编写人员：罗德启、余压芳、陈时芳、叶其颂、
吴茜婷、代富红、吴小静、杜　佳、
杨钧月、曾　增
调研人员：钟伦超、王志鹏、刘云飞、李星星、
胡　彪、王　曦、王　艳、张　全、
杨　涵、吴汝刚、王　莹、高　蛤

**云南卷编写组：**

组织人员：汪　巡、沈　键、王　瑞
编写人员：翟　辉、杨大禹、吴志宏、张欣雁、
刘肇宁、杨　健、唐黎洲、张　伟
调研人员：张剑文、李天依、栾涵潇、穆　童、
王祎婷、吴雨桐、石文博、张三多、
阿桂莲、任道怡、姚启凡、罗　翔、
顾晓洁

西藏卷编写组：

组织人员：李新昌、姜月霞

编写人员：王世东、木雅·曲吉建才、格桑顿珠、
群　英、达瓦次仁、土登拉加

陕西卷编写组：

组织人员：胡汉利、苗少峰、李　君、薛　钢

编写人员：周庆华、李立敏、刘　煜、王　军、
祁嘉华、武　联、陈　洋、吕　成、
倪　欣、任云英、白　宁、雷会霞、
李　晨、白　钰、王建成、师晓静、
李　涛、黄　磊、庞　佳、王怡琼、
时　阳、吴冠宇、鱼晓惠、林高瑞、
朱瑜葱、李　凌、陈斯亮、张定青、
雷耀丽、刘　怡、党纤纤、张钰曌、
陈　新、李　静、刘京华、毕景龙、
黄　姗、周　岚、王美子、范小烨、
曹惠源、张丽娜、陆　龙、石　燕、
魏　锋、张　斌

调研人员：王晓彤、刘　悦、张　容、魏　璇、
陈雪婷、杨钦芳、张豫东、李珍玉、
张演宇、杨程博、周　菲、米庆志、
刘培丹、王丽娜、陈治金、贾　柯、
陈若曦、千　金、魏　栋、吕咪咪、
孙志青、卢　鹏

甘肃卷编写组：

组织人员：刘永堂、贺建强、慕　剑

编写人员：刘奔腾、安玉源、叶明晖、冯　柯、
张　涵、王国荣、刘　起、李自仁、
张　睿、章海峰、唐晓军、王雪浪、
孟岭超、范文玲

调研人员：王雅梅、师鸿儒、闫海龙、闫幼峰、
陈　谦、张小娟、周　琪、孟祥武、
郭兴华、赵春晓

青海卷编写组：

组织人员：衣　敏、陈　锋、马黎光

编写人员：李立敏、王　青、王力明、胡东祥

调研人员：张　容、刘　悦、魏　璇、王晓彤、
柯章亮、张　浩

宁夏卷编写组：

组织人员：李志国、杨文平、徐海波

编写人员：陈宙颖、李晓玲、马冬梅、陈李立、
李志辉、杜建录、杨占武、董　茜、
王晓燕、马小凤、田晓敏、朱启光、
龙　倩、武文娇、杨　慧、周永惠、
李巧玲

调研人员：林卫公、杨自明、张　豪、宋志皓、
王璐莹、王秋玉、唐玲玲、李娟玲

新疆卷编写组：

组织人员：高　峰、邓　旭

编写人员：陈震东、范　欣、季　铭、
阿里木江·马克苏提、王万江、李　群、
李安宁、闫　飞

**主编单位：**

中华人民共和国住房和城乡建设部

**参编单位：**

**北京卷：** 北京市规划委员会
北京市勘察设计和测绘地理信息管理办公室
北京市建筑设计研究院有限公司
清华大学
北方工业大学

**天津卷：** 天津市城乡建设委员会
天津大学建筑设计规划设计研究总院
天津大学

**河北卷：** 河北省住房和城乡建设厅
河北工业大学
河北工程大学
河北省村镇建设促进中心

**山西卷：** 山西省住房和城乡建设厅
山西省建筑设计研究院
北京交通大学
太原理工大学

**内蒙古卷：** 内蒙古自治区住房和城乡建设厅
内蒙古工业大学

**辽宁卷：** 辽宁省住房和城乡建设厅
沈阳建筑大学
辽宁省建筑设计研究院

**吉林卷：** 吉林省住房和城乡建设厅
吉林建筑大学
吉林建筑大学设计研究院
吉林省建苑设计集团有限公司

**黑龙江卷：** 黑龙江省住房和城乡建设厅
哈尔滨工业大学
齐齐哈尔大学
哈尔滨市建筑设计院
哈尔滨方舟工程设计咨询有限公司
黑龙江国光建筑装饰设计研究院有限公司
哈尔滨唯美源装饰设计有限公司

**上海卷：** 上海市规划和国土资源管理局
上海市建筑学会
华东建筑设计研究总院
同济大学
上海大学

**江苏卷：** 江苏省住房和城乡建设厅
东南大学

**浙江卷：** 浙江省住房和城乡建设厅
浙江大学
浙江工业大学

**安徽卷：** 安徽省住房和城乡建设厅
合肥工业大学

福建卷：福建省住房和城乡建设厅
　　　　厦门大学

江西卷：江西省住房和城乡建设厅
　　　　南昌大学
　　　　江西省建筑设计研究总院
　　　　南昌大学设计研究院

山东卷：山东省住房和城乡建设厅
　　　　山东建筑大学
　　　　山东建大建筑规划设计研究院
　　　　山东省小城镇建设研究会
　　　　山东大学
　　　　烟台大学
　　　　青岛理工大学
　　　　山东省城乡规划设计研究院

河南卷：河南省住房和城乡建设厅
　　　　郑州大学
　　　　河南大学
　　　　华北水利水电大学
　　　　河南理工大学
　　　　河南省建筑设计研究院有限公司
　　　　河南省城乡规划设计研究总院有限公司
　　　　郑州大学综合设计研究院有限公司
　　　　郑州市建筑设计院有限公司

湖北卷：湖北省住房和城乡建设厅
　　　　中信建筑设计研究总院有限公司

湖南卷：湖南省住房和城乡建设厅
　　　　湖南大学
　　　　湖南大学设计研究院有限公司
　　　　湖南省建筑设计院

广东卷：广东省住房和城乡建设厅
　　　　华南理工大学
　　　　广州瀚华建筑设计有限公司
　　　　北京建工建筑设计研究院

广西卷：广西壮族自治区住房和城乡建设厅
　　　　华蓝设计（集团）有限公司

海南卷：海南省住房和城乡建设厅
　　　　海南华都城市设计有限公司
　　　　华中科技大学
　　　　武汉大学
　　　　重庆大学
　　　　海南省建筑设计院
　　　　海南雅克设计有限公司
　　　　海口市城市规划设计研究院
　　　　海南三寰城镇规划建筑设计有限公司

重庆卷：重庆城乡建设委员会
　　　　重庆大学
　　　　重庆市设计院

四川卷：四川省住房和城乡建设厅
　　　　西南交通大学
　　　　四川省建筑设计研究院

贵州卷：贵州省住房和城乡建设厅
　　　　贵州省建筑设计研究院
　　　　贵州大学

**云南卷：** 云南省住房和城乡建设厅
　　　　昆明理工大学

**西藏卷：** 西藏自治区住房和城乡建设厅
　　　　西藏自治区建筑勘察设计院
　　　　西藏自治区藏式建筑研究所

**陕西卷：** 陕西省住房和城乡建设厅
　　　　西建大城市规划设计研究院
　　　　西安建筑科技大学
　　　　长安大学
　　　　西安交通大学
　　　　西北工业大学
　　　　中国建筑西北设计研究院有限公司
　　　　中联西北工程设计研究院有限公司

**甘肃卷：** 甘肃省住房和城乡建设厅
　　　　兰州理工大学
　　　　西北民族大学
　　　　西北师范大学
　　　　甘肃建筑职业技术学院
　　　　甘肃省建筑设计研究院
　　　　甘肃省文物保护维修研究所

**青海卷：** 青海省住房和城乡建设厅
　　　　西安建筑科技大学
　　　　青海省建筑勘察设计研究院有限公司

**宁夏卷：** 宁夏回族自治区住房和城乡建设厅
　　　　宁夏大学
　　　　宁夏建筑设计研究院有限公司
　　　　宁夏三益上筑建筑设计院有限公司

**新疆卷：** 新疆维吾尔自治区住房和城乡建设厅
　　　　新疆佳联城建规划设计研究院
　　　　新疆建筑设计研究院
　　　　新疆大学
　　　　新疆师范大学

# 目 录

## Contents

总　序

前　言

第一章　绪论

- 002　第一节　内蒙古地区地理历史背景概述
- 002　　一、地理位置
- 002　　二、气候特点
- 003　　三、历史沿革
- 004　　四、分地区概述
- 004　第二节　内蒙古地区文化特征概述
- 005　　一、物质层面
- 006　　二、精神层面
- 009　第三节　内蒙古地区传统建筑的类型与特征概述
- 009　　一、发展源流
- 011　　二、类型概述
- 014　　三、特征总结
- 016　第四节　内蒙古地区现代建筑传承现状概述
- 016　　一、建筑师的背景现状
- 017　　二、传承实践中的现状问题

## 上篇：内蒙古传统建筑特征解析

### 第二章 蒙古族建筑研究

| | |
|---|---|
| 022 | 第一节 蒙古族地区自然、文化与社会环境 |
| 022 | 一、自然环境与建筑 |
| 024 | 二、文化环境与建筑 |
| 025 | 三、社会环境与建筑 |
| 027 | 第二节 蒙古族地区聚落规划与格局 |
| 027 | 一、浩特——草原古代城市及其规划与格局 |
| 028 | 二、牧营地聚落的规划与格局 |
| 030 | 三、寺院聚落的规划与格局 |
| 031 | 四、半农半牧区聚落的规划与格局 |
| 031 | 第三节 蒙古族地区建筑群体与单体 |
| 031 | 一、蒙古族建筑体系中的蒙古包 |
| 033 | 二、蒙古包之外的住居类型 |
| 036 | 三、蒙古式公共建筑 |
| 037 | 第四节 蒙古族地区建筑元素与装饰 |
| 037 | 一、蒙古族建筑元素的表现 |
| 040 | 二、蒙古族建筑装饰 |
| 042 | 第五节 蒙古族地区建筑特征总结 |
| 043 | 一、特色鲜明的形式元素 |
| 043 | 二、空间形态特征 |
| 044 | 三、气候应对特征 |
| 045 | 四、历史文脉特征 |
| 047 | 五、结构材料及建筑色彩特征 |
| 049 | 六、悠扬辽阔的场所精神 |

### 第三章 汉族地区建筑研究

| | |
|---|---|
| 052 | 第一节 汉族地区自然、文化与社会环境 |
| 052 | 一、汉族地区的自然环境 |

| | | |
|---|---|---|
| 052 | | 二、汉族移民的社会背景 |
| 054 | | 三、汉族文化的历史演变 |
| 054 | 第二节 | 汉族地区聚落选址与布局 |
| 055 | | 一、聚落选址 |
| 055 | | 二、聚落布局 |
| 058 | 第三节 | 汉族地区的建筑 |
| 058 | | 一、宁夏式民居建筑 |
| 061 | | 二、晋风民居建筑 |
| 063 | | 三、窑洞民居建筑 |
| 064 | | 四、东北民居建筑 |
| 066 | 第四节 | 汉族地区建筑装饰 |
| 066 | | 一、宁夏式民居装饰 |
| 068 | | 二、晋风民居装饰 |
| 070 | | 三、窑洞民居装饰 |
| 072 | | 四、东北民居装饰 |
| 073 | 第五节 | 汉族地区建筑风格总结 |
| 074 | | 一、多样混合的建筑元素 |
| 074 | | 二、多地域融合的空间形制 |
| 074 | | 三、天人合一的生态气候策略 |
| 075 | | 四、历史文脉特征 |
| 075 | | 五、结构材料及建筑色彩特征 |

## 第四章 东北部少数民族地区建筑研究

| | | |
|---|---|---|
| 078 | 第一节 | 内蒙古东北部少数民族地区自然、文化与社会环境 |
| 078 | | 一、地域环境特点 |
| 078 | | 二、民族信仰与文化 |
| 080 | 第二节 | 东北部少数民族地区聚居规划与格局 |
| 080 | | 一、达斡尔族的聚居格局 |
| 081 | | 二、鄂伦春族的聚居格局 |
| 083 | | 三、俄罗斯族的聚居格局 |
| 084 | 第三节 | 东部少数民族地区建筑群体与单体 |

| | |
|---|---|
| 084 | 一、达斡尔族传统民居 |
| 087 | 二、鄂伦春族传统民居 |
| 090 | 三、俄罗斯族传统民居 |
| 096 | 第四节　东部少数民族地区建筑元素与装饰 |
| 096 | 一、达斡尔族传统民居中的建筑元素与装饰 |
| 098 | 二、鄂伦春族斜仁柱的建筑元素与装饰 |
| 098 | 三、俄罗斯族民居建筑元素与装饰 |
| 099 | 第五节　东部少数民族地区建筑特征总结 |
| 099 | 一、多元的少数民族建筑形式 |
| 100 | 二、多文化交融的空间形制 |
| 101 | 三、朴实的气候应对策略 |
| 101 | 四、多元建筑形态下精神文化趋同的特征 |
| 102 | 五、建筑材料原始朴素、建造方式简易实用 |

## 第五章　内蒙古传统建筑空间的当代文化解析

| | |
|---|---|
| 104 | 第一节　蒙古包建筑空间的文化解析 |
| 104 | 一、蒙古包室内空间的文化解析 |
| 107 | 二、蒙古包室外空间的文化解析 |
| 108 | 第二节　敖包建筑空间的文化解析 |
| 109 | 一、神圣地景中的"堆" |
| 111 | 二、敖包仪式空间解析 |
| 113 | 三、敖包近体空间解析 |
| 114 | 第三节　藏传佛教召庙建筑空间类型的文化解析 |
| 115 | 一、场所感和均质空间并存 |
| 115 | 二、聚而听道空间——大经堂 |
| 116 | 三、内省空间——佛殿 |
| 117 | 四、面对面交流与公开的评价空间——辩经场 |
| 118 | 五、漫游、路径——转经空间 |
| 119 | 第四节　建筑空间文化解析总结 |

## 下篇：内蒙古现代建筑传承研究

### 第六章　内蒙古现代建筑概况与创作背景

| | |
|---|---|
| 123 | 第一节　内蒙古现代建筑传承与发展概况 |
| 123 | 一、经典阶段 |
| 124 | 二、自觉阶段 |
| 126 | 三、开放阶段 |
| 135 | 第二节　内蒙古现代建筑传承实践评析 |
| 135 | 一、传承实践总结 |
| 137 | 二、传承实践评价 |
| 139 | 第三节　内蒙古现代建筑传承的创作背景解读 |
| 139 | 一、气候的体裁作用 |
| 140 | 二、经济的挑战意义 |
| 142 | 三、文化的包容特征 |
| 144 | 四、传统的情感属性 |
| 146 | 第四节　内蒙古现代建筑传承总结 |

### 第七章　传统建筑风格特征在现代建筑中的表达方式

| | |
|---|---|
| 148 | 第一节　通过元素符号体现传统建筑风格特色 |
| 150 | 一、元素符号的建筑体量化表达 |
| 152 | 二、元素符号的建筑构件化表达 |
| 155 | 三、元素符号的建筑肌理化表达 |
| 158 | 第二节　通过变异空间体现传统建筑风格特色 |
| 159 | 一、空间原型的变异 |
| 162 | 二、空间内涵的变异 |
| 165 | 三、空间构成要素的变异 |
| 166 | 第三节　通过气候应对体现传统建筑风格特色 |
| 168 | 一、应对气温形成的建筑特征 |
| 169 | 二、应对风沙环境形成的建筑特征 |
| 171 | 三、应对日照、降水形成的建筑特征 |

| | | |
|---|---|---|
| 173 | 第四节 | 通过历史文脉隐喻体现传统建筑风格特色 |
| 174 | 一、 | 通过隐喻民族文化体现建筑特色 |
| 176 | 二、 | 通过隐喻自然文化体现建筑特色 |
| 179 | 第五节 | 通过材料与色彩体现传统建筑风格特色 |
| 180 | 一、 | 通过建筑材料表达 |
| 182 | 二、 | 通过建筑色彩表达 |
| 185 | 第六节 | 通过强化场所精神体现传统建筑风格特色 |
| 187 | 一、 | 与场所精神具象关联的建筑特征 |
| 189 | 二、 | 与场所精神抽象关联的建筑特征 |
| 193 | 三、 | 与场所精神意象关联的建筑特征 |
| 196 | 第七节 | 传统建筑风格特征在现代建筑中的表达方式总结 |

## 第八章 结语

| | | |
|---|---|---|
| 198 | 第一节 | 内蒙古传统建筑文化特色的总体归纳 |
| 199 | 第二节 | 内蒙古传统建筑文化的现代传承路径与实践 |
| 199 | 第三节 | 对传统建筑文化当代传承的分歧和争论 |
| 200 | 第四节 | 对建筑传统中民族性与地域性认识的误区 |
| 200 | 第五节 | 传统建筑文化在现代的保留和完善 |

参考文献

后　记

# 前　言

## Preface

内蒙古建筑传统文化丰厚而独特，本地域主体民族的传统建筑在此生成、演变，其他不同民族和地区的传统建筑也在此生根、发展，总体上形成了丰富的类型和独有的特征，并表现出很强的文化包容性。原生型的传统建筑由于主体驻民长期的游牧生活，没有演变出十分成熟的定居性建筑形制，因而，内蒙古的大多数定居性建筑类型都来自域外其他地区，属于外植入型，也因此，内蒙古传统建筑中的大多数建筑类型并不像中国其他地区那样一脉相承，总体上没有呈现出明显清晰的演变过程。由于文化的融通，这些外植型建筑在其生根发芽后又都不同程度地融纳了本土的地域特征，共同积淀了本地域许多优秀的建筑传统，值得挖掘与传承。

内蒙古现代建筑创作在继承传统方面走过了近70年的路程，形成了许多值得继续发扬的新的传统，但仍需要不断总结和创新，尤其需要摆脱表层的方法，在本质的层面上进行传承。

本书内容构成分为两个部分：

上篇为内蒙古传统建筑特征解析篇，分不同的民族和地区总结了内蒙古地区传统建筑的特征，在此基础上，又从文化的角度解析了内蒙古传统建筑的典型空间范例。

下篇为内蒙古现代建筑传承研究篇，在整体回顾和背景解析的基础上，总结内蒙古地区现代建筑传承实践的基本手法，力求把共性的、取得共识的、经过时间检验的传承成果加以总结，以求引导更为深层的传承实践。

总体看，本书的特色有以下三点：

一，从当代文化的角度逐一对内蒙古传统建筑中较典型的建筑类型进行解析。这种解析使得上下篇之间有了过渡和铺垫，便于读者理解下篇所述的传承方法；更重要的是，对典型建筑类型进行解析能够帮助建筑师从文化层面理解传统建筑与现代建筑之间的融通和交流，便于更深层地传承发展。本书通过传承篇向读者清晰地展现：内蒙古的建筑文化，同全国其他地区一样，在近代发展过程中经过了一系列运动和革命，几乎断绝了和传统文化的联系；内蒙古当代建筑文化和传统文化之间的对话本身也属一种"跨文化交流"的范畴。当代国内主流建筑教育方法和建筑理论体系来自西方，而对本国文化的"集体失忆"和对外来文化的"消化不良"是当代建筑创作处于尴尬境地的重要原因之一。因此，在当代文化语境下，以现代建筑理论来阐释本地域的传统建筑，对于民族传统建筑文化的传承和发展有着积极的促进作用和现实意义。

二、从建筑师的视角解读内蒙古地域的建筑创作背景，着重分析内蒙古地区的气候、经济、文化以及建筑传统。这种解读，跳出物的本身，直接切入建筑师的另类创作语境，如以气候作为体裁、以经济作为挑战、视文化为包容、视传统为情感等，其出发点仍然来源于对内蒙古传统建筑丰富且主体脉络演变清晰的认识。毫无疑问，这种解读鼓励创新，对现代建筑传承具有特殊的意义。

三、在建筑传承手法的总结方面，突破从可见的视觉范围内寻求创作切入点的做法，更注重从人文的层面探求新建筑传承传统精神的方式。大凡优秀的建筑传统都有自己独特的场所精神，内蒙古的传统建筑由于与大地的特殊关系，蕴含着自身更为独特的精神内涵：那种"草原——敖包"般永恒的"时空之场"、那种"原生态"蒙古包所构成的草原怡情般的"场境"、那种"喇嘛教召庙"中处处表现出的文化"原型"，等等，都可以成为今天传承前人建筑传统中所应该汲取的养分。今人在创作中需要不断挖掘和总结他们的建造智慧和哲学思想，并融会贯通于新建筑的创作中。

中华人民共和国住房和城乡建设部村镇司在启动这一出版计划时定位为：系统总结传统建筑精粹，传承传统建筑文化等，其意义着眼于当下的新建筑实践。本书遵循这一定位，着眼于以"解析"，引导"传承"。除此之外，对于内蒙古的建筑师和建筑工作者，本书还希望至少在以下两个方面具有意义：

一、正如前述，内蒙古的传统建筑蕴含着自身独特的内涵，它们将启示我们置身于一种特殊的文化根基和历史视野，去挖掘和总结前人的建造智慧和哲学思想。

二、建筑传统的研究和传承有着无限的空间，本书的编写出版仅仅是一个切入点，这次编写工作将成为我们团队持续研究和实践的一个开端，更着眼于能够成为其他研究者深入挖掘传承内蒙古建筑传统内涵的一个基础。

# 第一章　绪论

内蒙古传统建筑是中国建筑中特殊的组成部分。内蒙古地域辽阔狭长、多种地貌共存、自然气候丰富、历史源远流长，这些因素投射到内蒙古地域建筑的生成和发展过程中，形成了丰富而特殊的建筑类型和特征。

内蒙古地域的主体驻民曾长期以游牧为生，故没有形成十分成熟的定居性建筑形制，因而除仙人柱、蒙古包等原生性非定居建筑外，大多数定居性建筑类型都属于外植入型。

由此，内蒙古传统建筑中的主体都不像中国其他地区的传统建筑那样一脉相承，没有呈现出清晰的演变过程。当然，这些外植入型的建筑在其发展过程中都不同程度地融入了当地的地域特征。

## 第一节　内蒙古地区地理历史背景概述

位于中国北部边疆的内蒙古自治区简称蒙,其首府为呼和浩特,总面积约118万平方公里。该地区以蒙古族和汉族为主,此外还有朝鲜、回、满、达斡尔、鄂温克、鄂伦春等多个民族。

全区共设有9个地级市(呼和浩特、包头、乌海、赤峰、通辽、鄂尔多斯、呼伦贝尔、乌兰察布、巴彦淖尔),3个盟(兴安、阿拉善、锡林郭勒),其下又辖12个县级市、17个县、49个旗、3个少数民族自治旗(鄂伦春、鄂温克、莫力达瓦达斡尔)。

### 一、地理位置

内蒙古自治区地处蒙古高原东南部,疆域辽阔,其疆域由东北向西南斜伸,呈狭长形,东、南、西与8个省区毗邻,跨越三北(东北、华北、西北),靠近京津,是我国跨度最大的省级行政区,同时内蒙古北部与蒙古国为邻,东北部则与俄罗斯交界,国境线长4200公里。

内蒙古地区的地形以高原为主,且大多数地方海拔在1000米以上,地形地貌呈多样性。高原上除大兴安岭、阴山等几条山脉外,地表起伏缓和,坦荡开阔。该地域,东部草原辽阔,西部沙漠浩渺。作为我国四大高原中的第二大高原,内蒙古高原从东北向西南绵延达3000多公里,被划分为呼伦贝尔高原、锡林郭勒高原、乌兰察布高原和巴彦淖尔、阿拉善及鄂尔多斯高原四部分。

### 二、气候特点

内蒙古地域属典型的中温带季风气候,具有降水量少而不匀、寒暑变化剧烈的显著特点。

该地域冬季严寒多暴风雪,多数地区冬季可长达5个半月,月平均气温从南至北由-10℃递减为-32℃,其中,一月份最冷,最低气温通常在-25℃~-45℃之间。

该地域夏季温热而短暂,多数地区仅一至两个月的时间,部分地区甚至无夏季,月平均气温在16℃~27℃之间,其中,最热的月份在7月,最高气温为36℃~43℃。夏季气温变化剧烈,昼夜温差大,内蒙古大部分地区的昼夜温差均在10℃以上,有些地区昼夜温差可达20℃以上。受地形和离海洋远近的影响,降水量自东向西由500毫米递减为50毫米左右,与之相应的气候即呈带状分布,从东向西由湿润、半湿润区逐步过渡到半干旱、干旱区。

内蒙古大部分地区晴多阴少,阳光充足,日照时数普遍在2700小时以上。此外,该地区冬、春季多大风,是全国风能最为丰富的地区之一。

总的来说,内蒙古高原地域辽阔,草原、山地、戈壁、沙漠等多种地貌共存,年温差大,干燥少雨,风大沙多(图1-1-1)。

图1-1-1　内蒙古四季(来源:杜娟 摄)

## 三、历史沿革

内蒙古阴山一带在远古时期就有人类活动，有着悠久的历史。

### （一）先秦时期

1. 5000多年前，内蒙古地区已经属于仰韶文化的分布范围。
2. 春秋战国之前，一些北方的游牧民族（如匈奴人、东胡人）在今内蒙古地区游牧生活。
3. 战国后期，燕、赵、秦国的领土已经拓展到今天的内蒙古地区，中原的华夏民族开始在阴山山脉南部定居。
4. 赵国赵武灵王推广"胡服骑射"，打败林胡、楼烦两个游牧民族后，在今呼和浩特托克托县建云中城，中原人开始在呼和浩特地区定居。

秦国的北部领土已经拓展到今内蒙古地区，秦成为西部霸主。

### （二）秦汉时期

1. 秦始皇修筑万里长城以御匈奴时期，阴山山脉南部，如云中郡（今呼和浩特托克托县地区）是秦边防要塞，其北部塞外则主要是匈奴人以及大兴安岭东部的东胡人（乌桓族、鲜卑族等）之领地。
2. 公元前206年，匈奴冒顿单于灭了东胡，统一了现今的蒙古草原，建立了强大的匈奴帝国，并对秦产生了威胁，内蒙古地区则成为匈奴与中原王朝争夺的焦点。
3. 汉全盛时期，汉王朝在漠南地区置五原郡、朔方郡，辖境相当于今天的巴彦淖尔市、包头市和鄂尔多斯市一带。

### （三）两晋南北朝时期

北齐、北周及隋唐时期的突厥势力控制着该时期的蒙古高原。

### （四）隋唐五代时期

1. 599年（隋开皇十九年），东突厥突利可汗在突厥内战中战败后归附隋朝，隋文帝册封突利可汗为启民可汗，突厥启民政权在内蒙古地区建立。
2. 611年（隋大业七年），西突厥处罗可汗亦降隋，隋朝短暂地控制了大约今内蒙古、蒙古全境。
3. 唐时期，唐王朝逐步将突厥全境占为己有，辖东到大兴安岭，西到阿尔泰山，南到戈壁，北到贝加尔湖的整个蒙古高原。
4. 唐安史之乱后，内蒙古西部地区被回鹘国控制，并以明教为国教，东部地区则是兴起的契丹人的势力范围。

### （五）宋辽金元时期

1. 907年，契丹人耶律阿保机创立契丹政权；916年，建立契丹国；947年更国号为辽国；在此期间，契丹人在今内蒙古赤峰巴林左旗附近建立了蒙古草原上的第一个都城——上京。
2. 辽被金消灭后，蒙兀室韦人（族出东胡，鲜卑人的一支）一个小分支的后裔——蒙古人进入这一地区。
3. 1206年，成吉思汗建立大蒙古国，随后，漠北地区成为初期蒙古帝国的核心地带，首都建在漠北的哈拉和林（现蒙古国西部地区）。
4. 忽必烈汗继位后，迁都燕京（今北京市），并改称燕京为大都，1271年改国号为元；忽必烈迁都前的都城——上都（开平城）位于今内蒙古锡林郭勒正蓝旗境内，多伦县西北闪电河畔。

### （六）明清时期

1. 1368年元朝灭亡，明朝成立后，元朝残余势力退回塞外；戈壁沙漠北部是北元蒙古人和1388年北元覆亡后而由其分裂出来的鞑靼部、瓦剌部和兀良哈部的活动范围；南部则是明军对抗北元的前线。
2. 15世纪末，东部蒙古的首领达延汗统一漠南蒙古，实现"中兴"。

3. 1572年，达延汗的孙子阿勒坦汗率土默特部驻牧呼和浩特地区，并在今呼和浩特玉泉区境内建"库库和屯"城，明政府于万历年间赐其汉名"归化"，从此，土默特部从草原游牧生活过渡到定居生活。

4. 1644年明朝灭亡，满族人入关统一全国，至1757年平定蒙古准噶尔部，蒙古地区完全收入清朝版图内。

5. 清代将蒙古地区分为设官治理的内属蒙古和由札萨克世袭统治的外藩蒙古，隶属理藩院；以大漠为界的外藩蒙古又分为内札萨克蒙古（漠南蒙古）和外札萨克蒙古（漠北蒙古、漠西蒙古）；其中，漠南蒙古成为现今内蒙古自治区的主体部分，漠北蒙古（喀尔喀蒙古）演变为今天的蒙古国，漠西蒙古则为今青海、新疆及甘肃的部分地区。

### （七）民国时期

1. 1913年，中华民国政府在今呼和浩特地区设归绥县。

2. 1928年，建绥远省，在归绥县城区设立归绥市作为省会，此时，内蒙古地区仍然没有统一的行政区划，其分别隶属于绥远省、热河省、察哈尔省、宁夏省（今宁夏回族自治区）、兴安省等。

3. 抗日战争期间，漠南蒙古的一部分地区被日军占领，以德王为首的蒙古群体与日本帝国合作成立"蒙疆联合自治政府"等机构管理部分内蒙古地区；日本人将归绥市改为"厚和特别市"；日本战败后，复称归绥市。

### （八）现、当代

1. 1947年4月23日，在王爷庙（今乌兰浩特市）举行了内蒙古人民代表会议，会议通过决议，成立了内蒙古自治政府；内蒙古自治区包含了当时的察哈尔省、兴安省以及宁夏省（今宁夏回族自治区）、热河省、黑龙江省和绥远省的部分地区。

2. 1954年，内蒙古自治区人民政府迁址归绥市，并改称呼和浩特市。

3. 现今，内蒙古自治区辖9个地级市，3个盟，首府为呼和浩特，蒙古族人口约有500万，占中国蒙古族的大部分、全球蒙古族的一半以上。

## 四、分地区概述

内蒙古地区面积大而狭长，民族众多，各地区、各民族的传统建筑各不相同，但又存在交集。为便于总结，本书在上篇总结传统建筑风格特征时将内蒙古地区分为三类地区：汉族地区、蒙古族地区、东北少数民族地区。

汉族地区主要分布在内蒙古中间南部，与中原汉族地区相邻，沿边界呈狭长形；蒙古族地区主要分布在背后的草原腹地；东北部呼伦贝尔地区是有号称"森林民族"、"狩猎民族"的达斡尔族、鄂伦春族、鄂温克族以及有外来血统植入的俄罗斯族聚居的地区，将其单独分区。

各地区的自然地理和气候状况不尽相同，在上篇的各章中将均有描述，这里不再赘述。

## 第二节 内蒙古地区文化特征概述

文化是人类创造的奇迹。由于各民族生存条件、社会阶段以及生产方式的不同，所创造的文化也各不相同，每种文化都是特定历史时期的产物，都有其存在的必要性和合理性。

中华文化有两大主源，即中原农耕文化和草原游牧文化。草原文化作为具有鲜明地域特点的文化类型，在漫长的历史年代中与中原农耕文化共存并行和互为补充，为中华文明的演进不断注入生机与活力。

草原游牧文化是在以蒙古高原为中心的亚洲北方草原特定的自然地理环境中，由阿尔泰语系三大族系的匈奴、突厥、鲜卑、契丹、蒙古、女真、满族等草原民族，在其形成、发展过程中创造的生产和生活方式的总和。

草原游牧文化具有鲜明的特点，即：天人合一、崇尚自然的宇宙观；敬畏自然、与自然和谐相处的自然观；

合理取舍、永续利用的生态观；描摹自然、歌颂自然的文化观。

## 一、物质层面

### （一）建筑文化

首先是毡帐，也叫"穹庐"，到清代称作"蒙古包"，是游牧生产、生活的产物，蒙古族和亚洲游牧民族最具代表性的建筑。蒙古包合起来是一个整体，分开来是几个部件，是一种组合房屋，可以伸缩折叠，搬迁轻便，搭盖容易，拆卸简单，运载科学，建材可以反复利用，部件可以随意修理。千年的经验所造就的结构原理，减轻了负荷，强化了力度，减少了风的阻力，雪的压力，雨的渗透力。哈那和围绳可以调节蒙古包的高低和容积，以满足生活所需并应对各种不同的天气，其外部的毡子可薄可厚，可以自由调节室温，冬暖夏凉，无须易地过冬消夏。

其次是藏传佛教召庙建筑。明清时期，蒙古地区建造了数千座召庙，其建筑风格有藏式的、汉式的、蒙藏混合式的和汉藏混合式等。这期间出现了大批蒙古族建筑师，有不少召庙是由他们设计和建造的，充分显示了他们的才华，如归化城著名的蒙古族工匠希库尔达尔汉和贝勒达尔汉设计建造了西乌苏图召；包头昆都仑召也是由该寺一世活佛嘉木苏容布自行设计修造的；鄂尔多斯准格尔召的设计也是出自蒙古族建筑师之手。（图1-2-1）

### （二）多元的草原城市文化

成吉思汗统一蒙古，建立大蒙古帝国，随着蒙古帝国的扩张，草原文化与中亚伊斯兰文化、俄罗斯东正教文化结合，在中亚、印度和俄罗斯建造了风格独特的建筑和城市，如印度泰姬陵、红堡，莫斯科克里姆林宫等就是草原文化与当地文化结合的典型，而世界级文化遗产哈剌和林、元上都则是多元草原城市文化的代表作（图1-2-2）。

### （三）以驯马、养马为主的马文化

蒙古族作为马背民族，调养出了适应蒙古高原严酷气候及草场条件的蒙古马，并将蒙古马在生产、生活和战争中的作用发挥到极致视为目标。蒙古男人用自己的一生积累，毫不吝啬地装饰自己的坐骑。出于爱马和欣赏马的心理，蒙古人非常讲究马鞍的造型和外观，用珍贵的材料，用最美的艺术工艺装饰自己的马鞍，使之成为一件艺术品。清代各旗都有各自独具特色的马鞍造型和装饰，雕花的、鲨鱼皮的、骨雕的、贝雕的、金银装饰的马鞍比比皆是，呈现出异样的气派和韵味（图1-2-3）。

图1-2-1 建筑文化（来源：杜娟 摄）

图1-2-2 元上都遗址航拍（来源：张晓东 提供）

## （四）奶食、肉食为主的饮食文化

在蒙古高原特有的地理和气候条件下，蒙古高原独有的蒙古"五畜"——马、牛、驼、绵羊、山羊，构成了蒙古高原食物链的基础。以上"五畜"产出的奶、肉等成为蒙古人的饮食来源，滋养着他们的身体，造就了蒙古民族独有的体魄（图1-2-4）。

## （五）毛皮、金银首饰为特色的服饰文化

珍稀的野兽毛皮和蒙古家庭饲养的牲畜，为蒙古人提供了衣物，从而形成独具特点的服饰文化。蒙古众多的部落，其各自形成特有的袍服和头饰，各式各样的珍贵宝石、金银都用在妇女的头饰上，佐以精美的工艺，透出秀美的草原风格（图1-2-5）。

## 二、精神层面

精神层面的草原文化尤为丰富多彩。从人类文化的活

图1-2-3 马文化（来源：杜娟 摄）

图1-2-4 饮食文化（来源：杜娟 摄）

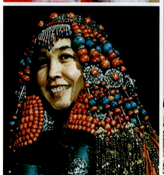

图1-2-5 服饰文化（来源：杜娟 摄）

化石英雄史诗到近代蒙古文文献；从草原民族优美的歌舞到传统的风俗习惯；从传统的生态知识到丰富的游牧文化；从草原习惯法到成吉思汗大扎撒等。此类精神文化，作为非物质文化形态，具有深远的影响力。

## （一）文字

成吉思汗时期，蒙古族人用畏兀文字母记写蒙古语，从而产生了畏兀体蒙古文，蒙古人用畏兀体蒙古文写出《蒙古秘史》、译写出《甘珠尔经》等不朽著作。元朝时期，又创制了八思巴蒙古字。入清以后，畏兀体蒙古文进一步完善、定型，成为清朝主要文字之一，还纂修过大量辞书，这对蒙古语词汇的发展起到了积极的作用。同时，所创造的阿里嘎里字母，为翻译藏文佛经时准确地记写梵藏文佛教名词术语开辟了捷径；托忒蒙古文，为记写额鲁特方言提供了便利；"索永布文"，为自然便捷地记录佛经语言创造了可能。有了本民族的文字，蒙古族的历史与文化就有了载体。蒙古族文学创作和历史编纂学空前发达，极大地丰富了蒙古文化遗产（图1-2-6）。

## （二）语言

清代，蒙古语产生了巨大的变化。随着漠南、漠北和卫拉特蒙古诸部逐一归附，明末形成的蒙古语方言布局也被彻底打破。清廷"众建以分其势"，大力推行盟旗制度，每旗形成一个独立的社会实体，互不统属，各自发展，最终形成清代蒙古语方言的新布局，即：

内蒙古方言，包括察哈尔、巴林、鄂尔多斯、乌兰察布、额济纳阿拉善、科尔沁、喀喇沁、土默特等土语；

喀尔喀方言；

额鲁特方言，包括土尔扈特、额鲁特、和硕特等土语；

巴尔虎布里亚特方言，包括陈巴尔虎、新巴尔虎、布里亚特等土语。

各方言之间的区别主要表现在语音方面，但语法和词汇方面各个方言也有自己的特点。

## （三）艺术

蒙古族民间艺术具有悠久的历史和广泛的群众基础，与蒙古族人民日常生活的方方面面都有关联。

### 1. 民间美术

蒙古族民间美术在蒙古包、服装、马具、荷包、褡裢、刀具、乐器、头饰以及饮食上无处不在地完美体现着，其具体创作与风俗习惯、生活理想有关，具有各种固定的美术图案形式，如狮、虎、五畜、花草、鸟、云彩、日月及佛教八宝等。蒙古族民间美术的工艺方法也多种

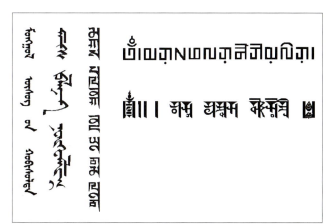

（译文：蒙古文字演变、马克思、巴尔扎克协会）

图1-2-6　蒙古文字（来源：扎拉根白尔 制）

图1-2-7　蒙古图案（来源：扎拉根白尔 制）

多样，如刺绣、雕刻、绘制、镶嵌等都是常用的工艺方法，所用的材料根据用途而设，有木头、金属（金银铜铁等）、皮革、泥土、布料、绸缎、毡呢、石料等。从其用途来看，有单纯的艺术品或工艺品，也有装饰性的生活用品，更有宗教用品（图1-2-7）。

### 2. 雕刻与造像

蒙古族善于雕刻，尤其木雕最甚。马头琴、胡琴、蒙古象棋等都是精美的雕刻作品。清代蒙古金属工艺与雕刻大有发展。蒙古金属工艺品一般用金、银、铜、铁等原料制作，包括桶、碗、壶、勺、酒器、头饰、马具、火镰、刀子等生活用品和佛像、察木舞道具等宗教器皿。蒙古金银匠主要采用錾雕手艺，在金属制品上錾出精美的各式纹样和图案。佛教寺院供养的佛像和所用法器都是精致的艺术品，如五当召雄踞殿内的十米高的黄铜弥勒佛像、额尔德尼召内的二十一度母像等都很著名（图1-2-8）。

### 3. 歌舞

蒙古民族能歌善舞，创造了极其丰富的音乐舞蹈作品。内蒙古各盟旗，乃至苏木、巴嘎，都有各具特点的歌舞音乐。蒙古民间集体舞"安代"在内蒙古东部各盟旗中普遍流行。藏传佛教也影响到蒙古音乐舞蹈领域，西藏寺院在法会上表演的一种化装舞剧——"察木"在蒙古地区广为流行。在"察木"的启发下，19世纪30年代蒙古歌舞剧开始萌芽（图1-2-9）。

### 4. 乐器

蒙古乐器除了传统的民族乐器马头琴、蒙古筝等以外，还有汉族的二胡、四胡，藏族的长号角，哈萨克族的冬不拉等（图1-2-10）。

### 5. 说书

说书，是蒙古民间艺人一边拉四胡，一边说唱"本子故事"。"本子故事"一般都是蒙译并经改编的汉族长篇小说，诸如《封神演义》、《隋唐故事》等（图1-2-11）。内蒙古东部地区首先出现了新的说书风气。

清代形成的内蒙古草原地域文化，经过民国时期，再

图1-2-8 蒙古金属工艺与雕刻（来源：扎拉根白尔 制）

图1-2-9 蒙古舞蹈（来源：杜娟 摄）

图1-2-10 蒙古乐器（来源：扎拉根白尔 制）

传承到今天，在新的社会制度和新的生产关系条件下，随着社会的发展，其形态再一次得到新发展，如草原生产和游牧生活方式正在发生着根本的变化：除部分地区外，半农半牧的经济形态代替纯粹的游牧经济，大量的牧民转而从事农耕；定居性房屋代替了毡包；纯粹的蒙古族聚居区，有一大部分成为蒙汉混居区；接近内地的地区产生了许多以汉民为主的城镇，旅蒙商遍布草原腹地。

由于各民族间的融合和交流加快，近代的内蒙古草原文化形成如下布局：

东部科尔沁、喀喇沁文化区，首先在满族文化、然后在汉族文化的影响下，形成了独特的科尔沁、喀喇沁文化形态；

中部游牧文化区，由于受满汉文化影响较小，基本保持着蒙古游牧文化形态；

西部蒙汉混合文化区，少有满族文化影响，但受汉族文化影响较深，形成蒙汉文化混合形态。

## 第三节 内蒙古地区传统建筑的类型与特征概述

### 一、发展源流

广袤的草原自古便是北方少数民族世代生息之地。在这一地域，先民的主体主要过着游猎、游牧生活，因而，本地域没有发展出十分成熟的定居性建筑形制。同时，就整体而言，内蒙古地区传统建筑也没有表现出十分清晰的演变过程，总体上由原生型和植入型两类构成。

#### （一）原生型建筑

原生型建筑主要集中在居住建筑方面，大体可分为两类，即：草原文化型居住形式和森林文化型居住形式（图1-3-1）。

**1. 草原文化型居住形式**

草原文化型居住形式中，传统的民居从窝棚与帐篷类居所到蒙古包的演变，经历了以下发展历程：

据考证，远古时期的蒙古草原遍布窝棚与帐篷类居所。由于技术的制约，各类居所的结构、材料有着很多相似之处。这类简易居所是蒙古包发展的原型，如，在内蒙古地区，曾有仙人柱和各类帐篷等多种居所类型。

13世纪的帐幕已发展至结构成熟、形制完善的程度，巨大的金帐与车载幕帐是此时期的典型帐幕类型。

14~16世纪，帐幕建筑在体积与装饰上显然有所式微，但总体上保持了原有结构。

图1-2-11 蒙古说书（来源：扎拉根白尔 制）

图1-3-1 内蒙古地区原生建筑（来源：扎拉根白尔 制）

17世纪，蒙古各部相继归附于清朝。之后的三个世纪蒙古包依然承袭原有形制，主要借助装饰语言来区分阶层之差别。历经数千年演变的帐幕在清朝时期正式得名"蒙古包"，成为世界建筑史上特定的建筑类型，是冠以族名的经典居住建筑类型，也是草原帐幕之正式名称。

　　20世纪70年代末，内蒙古中西部牧区开始出现砖瓦房，固定式建筑逐渐成为草原牧区主要居所类型。但至今，蒙古包仍然是夏营地及临时牧点的主要居所类型，而在冬季，蒙古包则被用作储存食物的仓库，在砖瓦房旁搭建蒙古包成为新时期的草原牧区景观。

　　此外，从北方游牧族群之建筑史看，敖包建筑可以说与穹庐一样，是游牧民亲手创建的本土建筑形态，因历史上少有记载，又无明显的室内使用空间，关于其发展此处不赘述。

### 2. 森林文化型居住形式

　　森林文化型居住形式中，斜仁柱是代表。斜仁柱又称"仙人柱"，是鄂伦春族、鄂温克族等北方少数民族主要使用的、原始的、可移动的居住形式，其名称是鄂伦春人对该类居住形式称呼的音译，满族人称其为"撮罗子"。历史上，这种居住形式在黑龙江两岸中下游直至库页岛的广大区域内的民族聚居中出现过，在内蒙古阿拉善盟的古代岩画中也发现过斜仁柱式的建筑岩刻。

　　斜仁柱的形式是特定历史时期、特定自然环境的产物。由于其结构简易，取材方便，不曾有过太大的变化。现在，随着现代定居生活的需要，斜仁柱这种居住形式早已消失。

## （二）植入型建筑

　　植入型建筑方面，辽金以前由于没有延续性的植入建筑形式且记载性资料不详，故，此处的叙述只从辽金以后北方地区开始大量引进汉地建筑文化时期开始。

　　植入型建筑是内蒙古传统建筑的主体，该类建筑形式不同程度地融入了本地域民族的特征，如清代初期，为"驭藩"之目的，在今呼和浩特、多伦及北部大草原上建立了许多雄伟壮丽的藏传佛教召庙，虽属强烈政治影响之需，但蒙古民族文化的影响，在独特的自然地理气候条件下仍然表现出其独特而显著的面貌。

　　初始，契丹统治者在吸收汉族文化的同时，强烈而又鲜明地保持着本民族的人文内涵。

　　到元代，随着城镇的兴起，越来越多的蒙古人向着城镇的物质文明迈进，同时，随着城镇地区的文化生活逐渐向蒙古草原的渗透，建筑艺术方面的知识也开始向蒙古草原地区传播，出现了诸多蒙古人的定居点。1256年，忽必烈在刘秉忠的筹划下，经过三年的时间兴建了上都城，是仅次于大都的政治中心，其中的景明宫便是恢弘的汉式宫殿。据《元史》统计，城内有大小官署六十所，佛寺一百六十余座，以及孔庙、道观、城隍庙、三皇庙、清真寺等各种宗教寺院，其形式风格皆为中原建筑式样。成吉思汗时期所建应昌路故城等，早已是"金碧上下、辉映绚烂"的汉式建筑面貌。事实上，蒙古帝国在汉地建立元朝以前，蒙古人就和汉地中原、中亚和欧洲地区的文化交流极为频繁，蒙古汗廷利用被征服地区俘获来的擅长工艺的匠人，为合罕、诺颜在蒙古人居住地建造汉式的壮观宫殿，制作富丽堂皇的宫殿装饰。

　　在明代——北元时期，由于长期战争的因素，元代城池几乎全部毁灭。明朝政府在明蒙交界处修建长城，建立了大量以军事防御为主要目的的城镇聚落，使得明后期明蒙之间的互市贸易在这些边城发展起来。从16世纪初期开始，阿拉坦汗为了经济的发展和必要的粮食补给，开始吸收大批汉族农民流入蒙古地区，促进农业的发展。到16世纪末，人们把草原部落出现的这种特殊的定居聚落称为"板升"（固定式房屋），它是内蒙古土默特地区城镇及乡村的前身。关于板升的特点、规模及分布状态，史料比较零散，没有全面、专门的记载。据明代《赵全谳牍》中的描述可知，明代中后期，在阿拉坦汗驻牧的丰州滩由被掳汉人修筑的板升数量众多，其建筑形制具有明显的军事色彩，有防御的功能。明朝时期，藏地及汉地的建筑文化和手法在政治因素的影响下，被明朝时期蒙古地区的藏传佛教召庙直接接纳和采用，植入型代表召庙——大召成为明清时期蒙古地域藏传佛教的第一名寺（图1-3-2），蒙古各部均派人来此膜拜，请僧取经，因此，呼和浩特成为当时漠南蒙古政治、宗教活动的中心，而大召的建造模式也成为蒙古地域众多召庙模仿的经典，例如：公元1586年在漠北喀尔喀蒙古鄂尔坤河中游右岸建造的额尔德尼召就完全采用了大召的建造样式。

清前期，地方行政建置的官吏们在农耕区域选择地理位置适中之地设立衙门，日久发展为文化中心、政治中心和商贸中心，如内蒙古中部的萨拉齐、清水河、丰镇等。清末实施新政，放垦蒙地，同时设置新的府庭州县，由朝廷派官修建衙署，修筑城墙、城门，出售街基，修建文庙，成为地区的文化、政治和商贸中心。因此，从清前期以来，随着农业经济的发展，内蒙古地域兴起了许多城镇，同时，清朝对蒙宗教政策对蒙古近代城镇的兴起起到了一定的作用。在内蒙古，由宗教中心转变为城镇的有多伦诺尔、小库伦、大板升等。当然，在城镇形成过程中，王府也起到了奠基作用，如喀喇沁郡王府、定远营（被称为"小北京"）等。

综合上述发展，内蒙古地区的居住方式从游牧逐步改为定居，并开始出现土木结构的蒙古包和由于近地域影响的汉地民居形式。放垦区的蒙古人，由于定居已久，已习惯于居住汉式平房，有土木建筑的，有砖木结构的，也有砖木结构顶部有苇子的大草房。因此，草原上逐渐形成了农区、半农半牧区和牧区三种生产方式的定居村落以及相应的民居。

## 二、类型概述

由历史概见，内蒙古地区在漫长的历史发展过程中留存下来的建筑遗迹较为丰富，但保留至今的并不多，正如前面总结，大体分为两类：一类是从草原游猎、游牧生活中形成的原生型建筑，典型的有敖包、蒙古包等；另一类是来自域外的植入型建筑，主要有各类宗教建筑、衙署府第、塔幢等。关于它们，前面已有从传统文化角度而进行的粗略介绍，下面将在现代建筑理论语境内作进一步的分类。

### （一）"草原—敖包"——具有永恒感的时空之场

自古，蒙古人崇尚自然——敬天为父，敬地为母，敖包是祭祀大地母亲的场所，敖包崇拜来源于远古时期蒙古族以"泛神论"自然崇拜为特征的萨满教（图1-3-3）。原始宗教时期，祭拜敖包的仪式由萨满教巫师"告天人"主持，当16世纪佛教被蒙古统治者确立为"国教"后，祭祀敖包的习俗也按照藏传佛教的宇宙观被改造，喇嘛成为敖包祭祀的法定主持者。但是，无论其外延如何变化，敖包在蒙古人的心目中永远是神圣的象征；无论何时何地蒙古人在路过敖包时，都要按俗行礼，祈求大地神灵的护佑。

每年的祭祀敖包节是蒙古游牧生活的新起点。神圣庄严的祭祀仪式以向大地母亲祈福为主题，其后进行各式各样的比赛——敖包"那达慕"，以此增添欢乐吉祥的气氛。每个敖包都有其特定的供奉者，或属某一区域或属某一特定人群（儿童、妇女或青年人等），严格分别、互不混淆。因此，草原上的蒙古游牧民族虽四季迁徙、居无定所，但由于有了"敖包生活"，游牧部落的动态社区便有了明确的坐标与联系。

恒久以来，由于敖包从时间和空间等多种维度渗透到草原蒙古人的生活中：无论是作为指向定位的工具，还是作

图1-3-2　呼和浩特大召（来源：《内蒙古古建筑》）

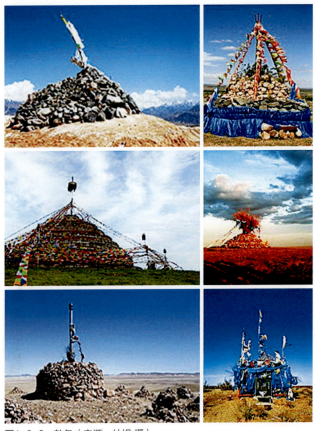

图1-3-3 敖包（来源：杜娟 摄）

为神灵的住所或崇拜的对象，敖包对于每个草原蒙古人暗含着神圣、神秘、节日、聚会、青春欢乐、公共生活及时光流逝。在古往今来的时空转换中，敖包是永恒的象征，如蒙古人心目中的长生天，见证着草原人民的生生不息。

草原—敖包，所体现的场所感正如"建成环境的高层次意义"——宇宙论、文化图腾、世界观、哲学体系以及信仰等，在当代文明中，逐渐代之以个性自由、平等、健康、舒适和控制自然或与之共处。

## （二）蒙古包——具有全面"可持续性"的原生态建筑

蒙古包是"游牧文明"可持续建筑的经典案例。如果说建筑是人和自然讲和的结果，那么，蒙古包就是草原游牧人民和自然经过最周到、最细致的谈判后获取的生活空间。蒙古包是蒙古族游牧文化中生命活动和生活方式的集中体现；是游牧文明对自然生息规律的尊重；是"居无定所"生活方式的必然形式选择。

蒙古包是一种适于游牧生活的可移植性的装配式建筑。蒙古包的建筑材料是草原上易得的细木杆、粗羊毛毡、牛毛绳和牛皮绳等，构成蒙古包的这些建筑材料都可回收利用，从建造到废弃的全过程都是完全生态的。

蒙古包形态与草原之间具有有机共生的关系，它的体形因抗风需要而产生，其唯一的色彩——白色是草原上蓝天、绿草之间的纯洁点缀。因此，有了蒙古包和畜群，草原的自然景观过渡为一种怡情的人文景观（图1-3-4）。

## （三）藏传佛教建筑——游牧文明以文化为中心的城市原型

藏传佛教中尊重众生、尊重自然的理论和蒙古民族对自然的崇拜和谐地相互契合，同时，由于佛教"众生平等"和"普度众生"的教义高于萨满教神秘落后的成分，加之，藏传佛教客观上对政治统治极为有利，因此，藏传佛教得到历代蒙古可汗和明清政府的大力扶持，在蒙古地区广泛传播，一时间，内蒙古地区建起了大量的藏传佛教召庙建筑。据记载，明清盛期有1800多座藏传佛教召庙（图1-3-5）。

内蒙古地区现存的藏传佛教召庙基本上是明清大规模建造时期的建筑遗存。大量的资料查阅和实地调查显示，这些召庙建筑表现出一定的形态共性。就宏观的整体而言，明清之际，当藏传佛教继元朝之后再度传入蒙古大地之时，召庙建筑是在一种政治力量自上而下的推动下完成的。因而，在一个较短的时期内，内蒙古藏传佛教召庙建筑是在植入中草创完成的，除了那些完整的汉地官式建筑形制以外，许多建筑形制的植入处于不太成熟的状态，而文化与宗教两方面的互补、相融以及近地域的影响使其进入了一个较漫长的演化时期。

内蒙古草原上的藏传佛教召庙的广泛创建与迅猛发展，一度促进了草原建筑从游牧文化向定居文化方向的转

图1-3-4 蒙古包（来源：杜娟 摄）

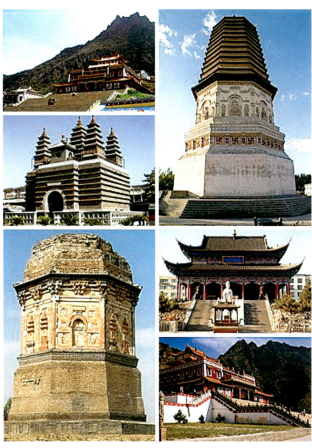

图1-3-5 内蒙古藏传佛教建筑（来源：杜娟 摄）

变，该地区众多因藏传佛教及其召庙而产生的城市开始萌芽、发展并逐步成型。

### （四）衙署府第——中原宫廷、宅院式建筑的草原变异

衙署府第是清朝政府"联蒙制汉"、"屏藩朔漠"等稳定边疆政策在内蒙古传统建筑中留下的一种特殊类型（图1-3-6）。内蒙古衙署府第的建筑依照其建造目的主要分为三类：一是为了加强对蒙古地区的统治，参照满族的八旗制度，为授予蒙古各部封建主王公爵位而建的王府；二是为下嫁到蒙古的清朝公主建造的"公主府"；三是为了巩固边疆地区的安定，在蒙古地区建造了以军事和行政服务为目的的衙署建筑。

清朝对于衙署府第中重要建筑的形制有着严格的规

图1-3-6 王府与衙署（来源：杜娟 摄）

定，其主要依据均来自于《大清会典》。早期建造的衙署府第由朝廷出资拨款，参照京城的王府严格按规制而建，形制较为严谨，建筑造型较为单一。到了晚清时期，受邻

近中原汉地及早期殖民城市建筑的影响，蒙古王府的建筑风格更加趋于多样化。

内蒙古的衙署府第建筑融满、汉、蒙、藏建筑风格于一身，尤其是到了清朝后期表现得更加明显。但这种相融大多不是体现在布局、结构、形制等方面，而是表现在装饰和附属建筑上，在个别王府中还有雕纹饰彩的藏传佛教楼阁以及在布局中融进蒙古族的宗教信仰而形成的"前厅堂、后佛殿"的例子等都体现出蒙古族的宗教特色。还有的王府在其次要院落中布置蒙古族传统的蒙古包；正殿后面竖立"苏鲁锭"；侧院布置拴马桩等，均体现了蒙古族文化特色。关于衙署府第的其他内容将在第四章中详述。

## （五）民居——多种汉族民居与生土民居的共存

内蒙古地域的汉族民居建筑按其所处的地域特点和汉族移民的来源地，共分为宁夏式民居、晋风民居、窑洞民居和东北民居四种基本建筑类型（图1-3-7）。宁夏式民居大多分布于干旱少雨的内蒙古西部地区，因房屋明显受宁夏建筑的影响，所以又称"宁夏式"；晋风民居分布于内蒙古呼包地区，分为农民居住的生土院落——农宅和晋商居住四合院——商宅两类；窑洞民居大部分分布在鄂尔多斯以东，黄河以西的地区；东北民居分布在内蒙古东部地区，带有典型的东北风格，通辽地区也有不少民居做圆顶的，与吉林民居相似。

近现代以来，内蒙古南端早期农垦区域首先产生了内蒙古地区最早的生土民居，此类住居类型随后成为遍及蒙古草原的普遍居所形式。

车辘辘房，又称车辘辘圆，是20世纪60年代普遍流行于东三省及内蒙古东部通辽市、兴安盟、赤峰市各旗县的蒙、汉、满等民族曾普遍居住的住居类型。现存少量车辘辘房主要分布在通辽市奈曼旗、赤峰市阿鲁科尔沁旗、敖汉旗、巴林左旗等旗县的农区。

土坯塔房是20世纪40～80年代，内蒙古西部巴彦淖尔市、乌兰察布市牧区较为流行的一种住所，此类住居形式有单个式、双连式、三连式三种基本形态。

除上述五种类型外，内蒙古土地上还有其他形式的宗教建筑，它们也有一定的分量。此外，其他建筑方面，如塔、长城等在内蒙古传统建筑中也占有一席之地。

## 三、特征总结

综观内蒙古地域的传统建筑，总体上呈现如下特征：类型丰富、生态简朴、外植入性、近地域性、规制式微以及粗放的建造技艺。

### （一）类型丰富

纵观内蒙古历史发展，社会动荡、政治多变、制度更替频繁、宗教信仰兼容且不断发生变化是其主要特点，这些外在因素均在建筑上有所表现，直接的呈现就是建筑类型多样化。

从功能类型上看，居住建筑有内生型的蒙古包、仙人柱，也有来自中原汉地的合院式住宅和窑洞式居所以及来自外域的木刻楞住房等；宗教建筑有藏传佛教召庙建筑，也有萨满教的敖包，还有来自中原的道教建筑、儒家建筑和汉传佛教建筑以及来自外域的天主教堂和清真寺。

从形态类型上看，有中原汉地的木结构房屋，有藏式的碉楼建筑，也有毡帐式建筑蒙古包，还有生土类建筑窑洞以及原生态型的仙人柱、木刻楞。

图1-3-7　内蒙古民居（来源：杜娟 摄）

从规制上看，从最高级别的宫殿到普通的民房，一应俱全。

同时，就同一种类型而言，内蒙古地区的传统建筑也有着丰富的变化，如藏传佛教建筑。藏传佛教建筑从总体布局到单体建筑形态大致可概括为藏式、汉式和藏汉混合式三种，而这种概括仅是一种粗放的风格归类，其中的每一类形态又极其丰富。

## （二）生态简朴

从古至今，内蒙古地域以游猎、游牧民族为主，由于环境、气候、取材以及动态生活等原因，他们长期以来过着一种简朴而生态的生活，这种适应自然的生活状态逐渐形成了一种相应的世界观，即天人合一、崇尚自然的宇宙观；敬畏自然，与自然和谐相处的自然观；合理取舍、永续利用的生态观。这一崇尚"自然"的世界观直接导致了相应的建筑观，即生态简朴，绝无"非壮丽无以重威"的集体倾向。传统的原生型建筑自不必说，就连从外域植入的建筑类型也在随后的发展过程中走向了简约。

## （三）外植入性

内蒙古广阔地域上的原住民多以游牧生活为主，逐水草而居，没有较为固定的聚居地，这种生活方式决定了他们不具备掌握较为先进建造技艺的客观条件。加之内蒙古地区的传统原生型建筑尺度小、结构简易、提供的生活环境质量差，故这种原生型的建筑不能很好地适应社会的发展。明清后，随着城镇聚落的出现，加之中原汉民的移入，定居后的主体生活建筑无一例外地选择了从域外植入的固定式房屋。其他功能类型的建筑更是由于政治、宗教等原因，从一开始就是一种植入的状态。以藏传佛教召庙建筑为例，明末清初，植入的方式有两类，一是移植明清中原官式建筑形制和汉地民间丰富多彩的建筑风格，较为典型的实例是多伦汇宗寺、赤峰法轮寺；二是移植藏区召庙风格，其单体建筑形制有一层碉房和多层都刚法式，实例有阿拉善的巴丹吉林庙、巴彦淖尔的善岱古庙和包头的五当召等。

## （四）近地域性

与外植入性相伴生的是近地域性。内蒙古地域呈狭长形分布，东西2400多公里，内与中原许多省份邻接，外与俄罗斯、蒙古接壤，历史上不论民间自发的行为还是自上而下的政治行为，外域的居民都曾多次进入邻近的蒙古地域。随着他们的定居，无疑带来了相应的建筑文化，这不仅表现在不同的建筑类型上，如合院民居、窑洞民居、木刻楞民居等，也表现在同类建筑中，如藏传佛教召庙建筑。周边汉地建筑文化在环境的组织方式和空间的认知方面都影响着内蒙古传统建筑的整体及细部表现，同时，携带着传统技艺的工匠本身就成为建造技艺和方法的主要传播途径。

## （五）规制式微

规制式微是与外植入性相伴生的另一特征。从中原植入的建筑，尤其是官式建筑和宗教建筑，一般而言都有明确的组织规制，尤其在总体布局、殿堂形制和建筑形式方面表现得较为突出。但在随后的发展演变中，这种规制式逐渐变弱，甚至从植入初期就已呈现出弱化的倾向。如内蒙古的藏传佛教召庙建筑，尽管以藏式的平面特征为核心母本，但其规制同影响它的藏地佛教建筑和中原官式建筑相比，明显较弱，并呈现多元化的变通。在布局方面，不论藏式格鲁派召庙，还是中原"伽蓝七堂"制寺庙，都有着十分清晰的规制，但在内蒙古地域却表现得十分灵活。在形式方面，上述两方面成熟的建筑文化也有着十分清楚的规制，但在政治力量将其植入草原大地后，发展的过程却使这种清晰的规制式微化，同时，改变中原官式建筑规制的召庙建筑更是比比皆是。

## （六）粗放的建造技艺

内蒙古地区的传统建筑，尤其是原生型建筑是一种自然生态观下自然形构，其建筑技艺虽理性但也粗放。受这种价值观影响，植入性建筑也呈现出技艺粗放的建造表现。仍然以藏传佛教召庙建筑为例，在西藏地区寺院建筑各部分所用材料都有较为严格的限制，但在内蒙古地区，因自然环境差异较大，建筑所用材料不尽相同。例如，墙体材料，在西藏地区一般选用石材；在内蒙古有些地区（沙漠、草原地区），因石料不易选取而会选用更加方便运输的砖来作为代替；在一些偏远地区的寺庙更是运用土坯来代替石材或砖。再如，作为藏传佛教寺院建筑重要特征的边玛墙，在青藏地区都是用晒干后捆扎的红柳堆砌而成，在内蒙古大部分地区的寺庙则没有完全采用这种传统的做法，而是在保持基本形态不变的情况下将边玛墙的做法大大简化，一般是用墙体材料连续砌筑到顶，在边玛墙的位置将墙体涂成红色以与下部墙体区分开来。这种"假冒"边玛墙的简化做法在本地区运用极为广泛，成为一种普遍的地方建筑语言。当然，也有少数建造考究的例子，如清雍正五年（1727年），在多伦所建的善因寺，由宫廷样式房"样式雷"设计，又出自汉族工匠之手，仿故宫中和殿建造，制作考究，显示出皇家寺庙的气派。但相对于多伦善因寺等少数皇帝钦赐的大型寺院，在内蒙古广袤的土地上，更多的藏传佛教召庙建筑则是采用一种粗放的建造技艺来完成。

## 第四节　内蒙古地区现代建筑传承现状概述

关于内蒙古新建筑的传承实践，这里只做简单概述，重要的是提出问题，便于本书各章内容有目的地展开，详细的归纳、分析将在下篇首章进行论述，这样做，也同时出于对下篇中现代建筑传承内容的自然过渡和就近铺垫。

### 一、建筑师的背景现状

任何地区，一线从业建筑师的状态和素养直接决定了建筑的状态和水平。对于内蒙古地区，尤其是在改革开放之前和初期，由于是民族地区，经济又相对落后，在本地区从业的建筑师基本都是自己培养的本土建筑师，因此，就新建筑的传承发展与现状，与建筑教育之间有着比其他地区更为密切的关联，在此，梳理一下本土的建筑教育可以从一个侧面反映出内蒙古地区新建筑传承实践的基本现状。

从20世纪50年代开始，随着中华人民共和国以及内蒙古自治区的成立，内蒙古也开启了现代建筑新的发展阶段。在传承建筑传统方面，由于第一批建筑师大都是支边或从区外学成归来的建筑师，他们从一开始就带着当时的教育背景，奉行古典建筑的美学法则，创作了一批优秀的建筑作品，不少保留至今，仍是所在城市的记忆和名片。这些建筑师大多具有扎实的专业功底和素养，凭着一种民族情感和建设家乡的热情积极创作，为城市留下了不少可识别的建筑经典。

与此同时，1958年，主要由清华大学、同济大学等高校建筑专业毕业生支边成立的内蒙古建筑学院，开始培养自己的本土建筑师，虽然只有几届就随着国家专业院系调整而下马，但培养出的这一批建筑师成为日后内蒙古城市建设的主要力量。他们在创作中表现出明显的师承关系，并与他们的老师们一道，在随后内蒙古现代建筑的传承实践中，延续着一种较为清晰的古典精神。

1979年，当时的内蒙古建筑学校恢复建筑学专业高等教育，到1985年，当时的内蒙古工学院开始招收建筑学专业的学生，同时，前者停招。这两件事奠定了之后直到今天为止内蒙古地区建筑创作传承的大格局。前者内蒙古建筑学校的六届毕业生基本都在内蒙古的一线设计创作，他们的老师是当年下马的内蒙古建筑学院的主力师资。当时，正值改革开放初期，老师和学生共同向国外的新建筑思潮学习，加之，老师们的理念传统贯穿于教学当中，影响着学生，使这一批日后成为内蒙古自治区新生代建筑师的创作既带有他们老师的经典血统，又夹杂着半生不熟的西方后现代建筑手法，使20世纪80年代后期到20世纪末的许多建筑都明显带有这种"文脉"特征的表现手法。1985年内蒙古工学院开始的建筑教育，其师资既有创办

1958年建筑学院的早期教师，又有上述新生代建筑师力量的补充，并且，随着师资的更新，培养出的学生在建筑思维上不断开放起来，其创作也逐渐突破早期文脉手法的单一格局，在传承传统的创作实践中也逐渐变得丰富多彩起来。

总之，内蒙古现代建筑的传承创作实践与其特有的教育背景有着不可分割的关联，专业教育的背景状况和传承关系直接决定着建筑的状况和传承关系。

## 二、传承实践中的现状问题

进入现当代，内蒙古的经济长期处于中国的落后地位，同时，民族情节相对浓重，气候地理条件相对特殊，这一背景本应产生独特的建筑风格特征，但事实并非如此，总体看来，表现出不成体系、对民族传统没有足够的认识，简单粗暴地对待气候等，出现这些问题，其原因是多方面的。

上述建筑师的素养等背景状况是其中的一个重要原因。

另一个重要原因是决策者与建筑师之间认识的两个层面，这种脱节现象在中国广泛存在，内蒙古尤其严重。他们彼此自说自话，有效的对话明显不够。在20世纪50年代的现代建筑创作初期，二者的审美趣味是一致的，即均认同古典的美学法则，故能产生较好的建筑作品。进入新世纪以来，决策者一方面追求新奇的美学语言，另一方面，在对待继承建筑传统方面却又言必古典的一边倒现象，导致六十多年来，符号式的"文脉"表达始终占据主要比重，致使一些对传承传统有开放认识的建筑师不能很好地发挥其创作潜力，作品总体上呈现表层肤浅的形式特征。这种现象在政府类的决策者和建筑师之间表现得更为突出，因为大型公建是表现建筑传统的重要载体，而其受政府意志主导的现象更为严重。伴随着这种状况，自然出现了两种现象：一方面有一定认识的建筑师放弃参与这类建筑的设计，他们开放的建筑思想只能在一些边缘的小型建筑上有所表现，但数量少，影响小；另一方面，一些不加思考的建筑师，或缺乏认识或出于产值需要，完成的设计往往因其素养和功底的不足致使总体水平显得不尽如人意。

因此，从更为广阔的范围内，深度挖掘传统建筑中的优秀传统，从多维度总结现代建筑创作中的传承手法，是一项亟待进行的具有实际意义的工作，这即是本书的核心出发点。

上篇：内蒙古传统建筑特征解析

# 第二章　蒙古族建筑研究

蒙古族建筑是本篇应首先阐明的概念。蒙古族建筑是在历史各时期内由蒙古族民众依据传统工艺技术、材料与形式营建的或通过习得异民族的建筑技艺，并有机融合本民族传统元素而营造的具有一定民族特征的建筑体系。作为一种民族建筑，其谱系、类型复杂多样。蒙古族建筑有古建筑、历史建筑及地域建筑等多种划分；依据建成年代，又可分为传统建筑与现代建筑两种类型；依据本民族创立或习得的文化属性，又可分为本土建筑与外来建筑两种形式。

若不将"传统"仅仅理解为一种过去的历史时间，而广义地理解为体现传统理念、形式及工艺的包括后期所创建的多种建筑类型的话，蒙古族传统建筑应包括以蒙古包为主，以各类建筑形式为辅的复合型建筑体系。蒙古包是具有代表性的、首要的、主要的，而非唯一的蒙古族建筑类型（图2-0-1）。由于蒙古包构成材料的特殊性，除个别构件之外，无一例历史建筑遗存，因此在单体建筑的实例意义上，无古建筑与历史建筑之分，然而，却具有多种亚地域类型。在内蒙古区域，从西部阿拉善荒漠草原至东部呼伦贝尔草甸草原的广袤地域内，蒙古包有若干种类型，其构架尺度、包体形状、覆盖物类型、构件名称、空间设置均有鲜明的地域风格。

建筑作为最富于社会文化意义的物质文化载体及人类社会行动之容器，须从地域历史进程及文化的整体观加以阐释说明。因此，限定某一建筑现象所产生的时空纬度是为民族建筑文化做出科学定义的必要前提。穹庐毡帐一直是北方游牧族群之主要建筑形态。从13世纪直到20世纪前半叶，虽有多种民居或公共建筑形态被移植于蒙古高原，蒙古包依旧是内蒙古地域的主要建筑形态（图2-0-2）。时至近现代，随着文化互动的频繁实践，蒙古族建筑文化进入了巨大的变革与多样化发展时期。

因此，阐述那些深刻融入建筑中，并通过建筑语言表现出来的"民族性"是本篇试

图2-0-1　锡林郭勒盟苏尼特右旗的蒙古包（来源：额尔德木图 摄）

图2-0-2　从营地搬运蒙古包准备短途游牧的牧民（来源：额尔德木图 摄）

图呈现的重点所在。游牧社会的历史节律使一度兴盛于草原的城市、聚落与建筑被人们所淡忘。因此，在依据现存文献尽量展现这一历史真实的同时多将精力投入近现代丰富的文献与民间记忆，结合少量实物遗存进行阐述，成为一种研究取向。

# 第一节　蒙古族地区自然、文化与社会环境

特定地域的自然生态环境是影响和制约建筑形态与材料的首要因素。内蒙古高原位居亚洲中部蒙古高原的东南部及其周沿地带。在这片草原上，分布着形态各异的多种建筑类型，仅就特定时期的蒙古包而言，其包体形状、覆盖材料及空间秩序均有着鲜明的地域特征。然而，本土建筑形态的多样性与复杂性是难以用自然环境决定论完全能够阐释的。建筑虽有一定的地域分布规律性，但也有在不同的自然环境中产生相同的建筑形态的现象。这一现象促使我们选用了除自然环境之外的其他解释路径，如用社会文化决定论或限定论来研究建筑文化现象。

## 一、自然环境与建筑

内蒙古自治区可利用草原面积位居全国第一位。内蒙古的牧业区占内蒙古草原的绝大部分，是全国重要的畜牧业基地。在历史上，内蒙古草原是游牧民族世代繁衍生息的土地，是中国境内最具代表性的草原文化区域。蒙古族作为历代各族群文化之传承者，完好地传承了草原文明果实。冠以其民族之称的毡包与离散型营地聚落是人类建筑文化中具有鲜明地域特色的建筑遗产。其产生与发展无疑受到了自然生态环境的深刻影响。

### （一）地貌与土壤因素的影响

内蒙古地势大部分海拔在1000~1500米。全区以山地、丘陵、高原和平原为主。东部和中部草原辽阔，西部沙漠广布。地势由南向北，从西向东缓缓倾斜。土壤水平地带分布，自东向西依次为黑土、栗土、棕土、灰棕土等土壤。全区荒漠和荒漠化草原面积占一半左右。其中库布齐、乌兰布和、腾格里、巴丹吉林四大沙漠占沙地、沙漠面积的一半以上。

地貌与土壤因素对蒙古族建筑起到一定的影响。比起固定建筑，结构简易的风土型建筑似乎能够适应任何环境条件，即不管什么样的地貌，其形态无明显变化。然而对于聚落布局与设施而言，有着明显的作用。19世纪末至20世纪初，呼伦贝尔草原、锡林郭勒草原的营地密度大于阿拉善、鄂尔多斯等荒漠地区。20世纪中叶出现了大量的生土建筑，一些地区的牧民也随之从蒙古包迁入了土房。而土壤颜色、性质影响了这些住居。在住居颜色方面，各地生土建筑呈黑、红、白三种基本颜色。

内蒙古主要山脉有大兴安岭、阴山、贺兰山，由东北向西南延伸两千余公里，构成了区内的脊梁。内蒙古虽地域辽阔，水资源却不足。主要河流有黄河、额尔古纳河、嫩江和西辽河四大水系，有呼伦湖、贝尔湖、乌梁素海等著名湖泊。内蒙古水资源主要集中于东部四盟市。山脉与水系对蒙古族的聚落选址、布局、密度，建筑形态与材料起到重要影响。明清时期修建于草原的寺院、城池均选择了背山靠水的殊胜地景。沿河而带状分布的夏营地牧点成为牧区最具典型的聚落形态。

### （二）气候影响

内蒙古属典型的中温带大陆性季风气候，具有降水量少而分布不均、热量偏低、无霜期较短、寒暑变化剧烈、风沙大、日照时间长等显著特征。全区自东向西划分为湿润、半湿润、半干旱、干旱和极干旱五类气候区。全区大部分地区年平均气温为0℃~8℃，最高区在阿拉善地区，最低区在大兴安岭北部。降水量自东南向西北呈由500~100毫米的递减规律。

气候对于蒙古族建筑的影响较其他自然力尤为明显。若仔细观察不同地域构件尺度相同的蒙古包之顶部形状，具有从低矮至高耸的明显变化。蒙古包的穹顶与圆形平面能够有效抵御风沙，牧区住居一般不设院墙，从而避免了风沙与雪的堆积。当固定住居成为主导型建筑类型后，其结构、格局与屋顶形式有了相应的调整。阿拉善及乌拉特北部的生土建筑具有相对平整的屋顶形式，虽为一出水式坡面屋顶，但其倾斜度显然小于东部地区（图2-1-1）。

## （三）植物资源的影响

在内蒙古，与五大气候区相应形成了森林、森林草原、典型草原、荒漠草原、草原化荒漠和典型荒漠等地带性植被亚类型。而自北向南呈寒温带植被、中温带植被和暖温带植被类型的分布规律。各区域植物资源是直接影响建筑材料与形制的因素。以制作蒙古包哈那与乌尼的沙柳为例，在呼伦贝尔市巴尔虎草原、锡林郭勒盟浑善达克沙漠、鄂尔多斯市乌审旗等地区有着丰富的沙柳资源。牧民用柳条制作蒙古包构件的同时编制柳编包、敖包、棚圈（图2-1-2）。在呼伦贝尔草原，纵横交错的河流以及沼泽地中生长着大量的芦苇（图2-1-3），牧民用芦苇缝制蒙古包覆盖物（图2-1-4）。阿拉善、乌拉特西北部戈壁草原无沙柳，却有丰富的梭梭林，即胡桐。此树虽不能成材，但牧民用于搭建羊圈等其他聚落设施（图2-1-5）。

拉普卜特认为气候是塑造建筑形式的重要因素，由自然环境所赋予的材料与建造技术是建筑形态的修正因素。[①]那么，决定或限定建筑形态、风格与元素的因素有哪些？可以肯定地说，文化是任何社会形态下的重要决定因素，而在传

图2-1-1 乌拉特后旗的土房（来源：额尔德木图 摄）

图2-1-2 正蓝旗的牧民在编制柳编墙（来源：额尔德木图 摄）

图2-1-3 具有丰富的芦苇资源的海拉尔河流域 （来源：额尔德木图 摄）

---

① （美）阿摩斯·拉普卜特.宅形与文化[M].常青等译.北京：中国建筑工业出版社，2007,7: 103.

图2-1-4　鄂温克旗的芦苇包（来源：额尔德木图 摄）

图2-1-5　沙柳与胡桐（来源：额尔德木图 摄）
（左上：沙柳　左下：胡桐枯枝　右：胡桐）

统社会，信仰、仪式等非物质的文化因素对建筑的影响尤为明显而重要。我们可以借用人类学领域内文化生态学及文化唯物主义等理论范式尝试解释这一建筑问题。

## 二、文化环境与建筑

文化环境是人类构筑于特定自然环境之上的环境层级与体系。文化环境一旦形成就为人类的社会行为提供可能与限制。因此，人类需经历自然与文化的双重"适应"。建筑是人类在适应双重环境的过程中创建的最具典型的物质文化特质。蒙古包是历经多年的演变与进化并适应了蒙古高原自然与文化环境的经典建筑类型。同样，其余外来建筑在被移植蒙古草原的过程中也经历了一种文化适应过程。然而，其具体适应过程也因地域、部族的不同而有所区别。

### （一）亚地域文化与建筑

内蒙古地区分布有巴尔虎、布里亚特等数十支蒙古部族。各部族在方言、习俗、历史经历、环境区位方面具有鲜明差距。因此，其建筑风格、聚落格局亦有鲜明的区别。试比较巴尔虎与苏尼特的蒙古包，将会发现两者的哈那规制、天窗构造与室内设置具有明显差异。

除因亚地域文化区域内的差异外，在文化传播的地缘特征上亦有差异。与周边不同地域的文化互动使蒙古族建筑文化产生了多样化局面。呼伦贝尔、科尔沁地区与东北三省汉族、满族及俄罗斯远东地区的文化互动使板夹泥、木刻楞等建筑形态被移植于东部地区。而阿拉善、鄂尔多斯等部与西部陕甘地区汉、回等民族的文化互动使平屋顶民居、合院式住宅被移植于西部地区。蒙古人在接受上述建筑形式时并非以被动形式完全接纳，而是经以文化过滤而有机地融入了本土的建筑体系。

### （二）外来住居的移植与共置

蒙古族建筑的多样化历程始于早期蒙、汉民族的文化互动史，而这一历程是随着早期移民的迁徙而开始被谱写的。明代中末期，土默特部阿拉坦汗引入藏传佛教与构筑城池的历史创举是西域藏式与中原汉式的建筑文化同步进入漠南蒙古区域的开端。而随后的众多历史事件至清末民初的新政促使内蒙古地区的本土建筑形态经历了急速变革期。此时，需要提到的一个问题是绵延曲长的漠南蒙南部界线造成了周边多民族、多地域的建筑文化同时进入蒙古地区，继而造成多样化建筑类型被同步移植的现象。以19世纪末至20世纪初的鄂尔多斯地区为例，据民国25年（1936年）修撰的《绥远通志稿》记载，鄂尔多斯境内各旗蒙古族住居已出现一些差距。准格尔旗境内以平房和土窑为主；郡王旗、杭锦旗、

## 三、社会环境与建筑

社会环境是由众多社会属性所构成的环境体系。相对于文化环境，社会环境主要由政治环境与经济环境两个子环境构成。在分析蒙古族传统建筑得以形成与发展的社会环境时需从静态的社会形态与动态的社会过程视角加以分析。

### （一）游牧社会形态与建筑

图2-1-6  在宅院正前方立苏鲁锭祭祀台是鄂尔多斯地区蒙古族牧民宅院的标志性特征（来源：额尔德木图 摄）

特定的社会形态是塑造建筑风格的重要因素。游牧社会分散而居的社会形态与以家庭为单位的社会组织在某种程度上决定了蒙古族聚落与建筑的两种结果，即密集性聚落的缺乏与单体建筑面积的狭小。

游牧型畜牧业对家户牧场的间距要求是保证生产顺利进行的前提。因此，各生产单位之间始终保持着一种适度距离。在畜群种类多而数量大的时候家户间距相应增大，无法构成密集型聚落。游牧社会向来人口稀少，其家庭组织以核心家庭[②]与小规模扩大家庭[③]为主。游牧社会对血缘纽带的普遍漠视，导致家族凝聚力的弱化。因此，人口较少的家庭一直是独立的生产单位，其生产并不受限于大家族的束缚。故由三五人构成的小家庭携带一顶4~5片哈那的蒙古包到处游动的现象延续至20世纪60年代。家庭人数少，势必降低对空间尺度的要求。

### （二）特定的社会过程与建筑

从游牧迁徙生活过渡至定居农业生活的社会过程是蒙古包被逐步取代的直接原因。蒙古族人从16世纪开始受到汉、藏建筑文化之影响，20世纪初开始普遍吸收周边区域的固定住居，建构了以蒙古包为主，以各类平房土室为辅的住居结构。20世纪80年代始在自家牧场修建固定营地，至20世纪

达拉特旗境内以平房为主；札萨克旗境内以低矮小土室为主；乌审旗境内以平房、柳把庵为主；鄂托克旗境内以蒙古包为主。[①]这一记录基本与笔者的调研数据与口述史推测相吻合。

对于蒙古族民众而言，随着农垦区域的扩大与生产方式的变迁，从毡包移居平房、土窑是必然的文化抉择。但以民族化、地域化的建筑与人居文化阐释并吸纳外来建筑形式是必然的做法。毡包与土窑、平房的共置现象在鄂尔多斯地区持续至20世纪80年代。后来毡包趋于消失，但在院落设施、格局方面完全保存了固有的文化格局。至今在鄂尔多斯地区蒙、汉居民的房舍、聚落差异是一目了然的，蒙古族民居前均立有苏鲁锭祭祀台（图2-1-6）。

蒙古各部的民众在接受异域建筑文化时曾经历了一段时期的接纳与吸收过程。这一过程实为一种文化适应过程。在科尔沁、鄂尔多斯等部，建造土房的技艺早已成为蒙古族民众所娴熟掌握的生存技艺。一些寺院、衙署建筑也有蒙古工匠自行设计营造，在清代文献中已有一些蒙古工匠及团队的记载。

---

① 绥远通志馆. 绥远通志稿. 第七册[M].呼和浩特：内蒙古人民出版社，2007,8:159-161.
② 核心家庭指由一对夫妻及其未婚子女构成的家庭。
③ 扩大家庭指由一对夫妻及其已婚子女构成的家庭。

图2-1-7 砖瓦房与蒙古包并置的营地（来源：额尔德木图 摄）

图2-1-8 蒙古包、土房、砖瓦房（来源：额尔德木图 摄）

图2-1-9 正蓝旗某蒙古包厂存放蒙古包木构件的库房
（来源：额尔德木图 摄）

90年代普遍修建砖瓦房（图2-1-7），构成砖房、土房、毡包合为一体的营地景观（图2-1-8）。

然而，蒙古包本身的变化是最为重要的。其形制受到两方面的影响。其一，蒙古包构件的制作技法由民间转入工厂生产。20世纪50~60年代，各牧业旗相继建立蒙古包厂，选取民间的标准形制，加以批量化生产、销售，使多样化的传统蒙古包构件尺度与风格趋于同质化，导致了今日蒙古包形制高度一致的风格（图2-1-9）。其二，蒙古包由主要住居类型转变为辅助性住居，替代了原来各类帐篷所承担的功能。其形制、结构与地域特征逐渐失去了传统的严格标准与要求。

## 第二节  蒙古族地区聚落规划与格局

在谈蒙古族地区聚落之前需要明确的一个问题是学界一直为此争论不休的话题——游牧社会能否支持聚落形态的存在。显然，这一问题过分强调了生计方式与人口密度对聚落生成机制的影响。聚落作为人类社会活动之结果，在不同时空域内是以不同的方式存在的。聚落是人类生活所表现出的聚合形态，因此聚落这一概念含有两个内容：城市与村落。在特定社会形态之下其规划与格局具有鲜明的地域特色。

### 一、浩特——草原古代城市及其规划与格局

对于游牧民族而言，人口聚集的城池与宏伟固定的建筑是违背其文化节律的事物。然而，当大一统的帝国局面形成于草原社会，并持续一段时期时，也曾有过建造城池、营建宫殿的普遍现象。草原文化固有的开放包容性使外来聚落与建筑形式在草原轻易地被移植效仿。而当战乱临到草原社会，城池又被蹂躏一空时通常再无任何修复重建的举措，草原又回复穹庐牧歌式的悠然节律，那些城市与建筑逐渐淡出游牧民的记忆。这是符合于草原文化性格

图2-2-1  元上都遗址（来源：额尔德木图 摄）

的历史事实（图2-2-1）。

那么，游牧民所建城池具有哪些民族性与地域性特征？13世纪的蒙古语中已有源自突厥语系的"巴拉嘎孙"、"八里格"等指代城池的词汇。16世纪之后的蒙古语文献多使用指代城池的"浩特"。"浩特"原初仅仅是指代游牧营地的词汇，但从这一时期开始指代城镇。在蒙古文献中有征服者及封建主修建城池的若干记录。其中以蒙古帝国都城哈剌浩特、元世祖忽必烈所建元上都、阿拉坦汗所建呼和浩特、林丹汗所建查干浩特最具代表性。后三者的城址位于内蒙古，其中呼和浩特成为留存至今的唯一的蒙古历史城市。虽然以上所列城市可能由中原、波斯等文明区域的人士予以规划，但借助文献资料与遗址概貌可以得出一些展现地域文化精神的结论。

在内蒙古境内分布着等级不同、规制相异的大小多处元代城址。由于城市等级、性质的不同，其规划与格局略有不同。其中元上都等级最高，对于施行两都巡幸制的元朝而言，上都城是除元大都之外的帝国另一个中心。由宫城、皇城、外城构成的城市格局虽严格遵循了中原都城制度，而在具体规划上未按照汉制中轴线设计。宫城的布局自由灵活，为求整齐对称，反映了陪都避暑游幸的园林特征的同时表达了游牧民迁移无常，不被规则束缚的自由理念。在上都城西设有离宫——失剌斡耳朵，符合了蒙古人尚右的区位观念。城南为居民区，从"土房通火为长炕，

毡屋疏凉启小棂"①等元代诗句看居住区内混杂着土房、地窖、毡包等多类住居类型。

与蒙古帝国都城——哈剌和林相比，二者具有宫殿建筑风格与布局方面的诸多相似处。蒙古帝国时期的三种官式建筑为中原、阿拉伯、蒙古式建筑，各式建筑在其微环境中都是以其发源地的景观、装饰布置的。汉式殿宇左右两侧对称分布房舍，门与楼层的使用以中原礼制加以限定。阿拉伯式宫殿前有水池，其中有众多水禽，符合阿拉伯建筑与庭院的传统设计布局。而大帐却不设于城内，而是城外山中，应合了传统的草原布局。

城区对于游牧领袖们来说不是长期驻足的地方，如忽必烈常居上都之郊的离宫，阿拉坦汗常避青山做佛事。这为我们提供了想象草原古代城市与城郊格局的丰富空间。源自于中亚、中原的城市花园、园林可能被游牧民首领们极大推崇。城市、花园及近郊的"斡耳朵"构成草原古代城市的独特格局。

据俄人伊万·佩特林、巴伊科夫及清人钱良择、张鹏翮②的记述，可以简要分析17世纪呼和浩特的大致格局与规划思路。呼和浩特城背山靠水，城市呈方形，设南北二门，城内有整齐划一的房舍建筑，但空地居半。规划者似乎将召庙、民居等有意设在城南。呼和浩特虽被誉为召城，但最初的召庙均不在城内。数倍于城内的民房亦被设在城南。由城墙围拢的城市占据了正北上方。据18世纪的蒙古文献《内齐托音一世传》记载，呼和浩特城西另有一座城。③故此可以认为，呼和浩特城处于土默川聚落带的西北方位，属于蒙古方位体系中的最佳区位。

## 二、牧营地聚落的规划与格局

关于传统聚落的研究，应从聚落的空间构成、事物配置、风土环境等方面予以关注。散布于草原上的牧营地群落（图2-2-2），即各种传统牧户组织在景观意义上显然不符合聚落标准。然而，在对牧营地之结构与空间格局具有一种清晰深刻的认识之后，在适度放大住居间距的前提下，至少在格局与规划意义上可以称季节性营地为离散型聚落。聚落内外的区域有着限定的境界，它有可视与不可视两种。而在广阔草原上分布的移动式住居间很难看到可视境界，这在一方面加深了聚落对观察者的模糊印象。其实对于游牧人而

图2-2-2 巴尔虎牧营地与布里亚特营地，勒勒车是储存货物，设定营地界域的重要设施（来源：额尔德木图 摄）

---

① 叶新民，齐木德道尔吉.元上都研究资料选编[M].北京：中央民族大学出版社，2003,8: 26.
② 关于上述四人的见闻录请参考：钱良择.出塞纪略.小方壶斋舆地丛钞.第二帙；张鹏翮.奉使俄罗斯日记.小方壶斋舆地丛钞.第二帙；（俄罗斯）杰米多娃等著.黄玫译.在华俄国外交使者[M].北京：社会科学文献出版社，2010.
③ 金峰整理.漠南大活佛传.蒙古文版[M].海拉尔：内蒙古文化出版社，2010:41.

言,这一境界是存在的,只是借助隐蔽性的象征寓意变得"不可视"而已。在有限草场空间内散布的牧业点群及其之间有着明确的空间秩序与场所结构,因此游牧社会也应该有季节性、离散型聚落形态。

我们可以将季节性聚合分散的游牧营地、历史时期内大型游牧集团的游动式聚居点、为某一次公共活动而聚合的临时性聚居点作为13~20世纪中叶蒙古地区三种主要的传统聚落形态。

图2-2-3 苏尼特草原的营地聚落,从南至北依次为牲畜棚圈、住居、拴马桩(来源:额尔德木图 摄)

## (一)游牧营地

在外人眼中以一两顶蒙古包散居于广阔草原的蒙古包是难以构成平常意义上的聚落的。其实,若不从单位面积内的人口密度来衡量聚落,仅从聚落布局与功能分析,单个营地的设施布局与由若干营地组成的群落组合均符合聚落的标准。可以说,营地与营地群落是游牧社会特有的聚落形式。

以家户为单位的营地具有春夏秋冬四季及临时营地等五种基本类型。其中以冬营地所需设施最多,占地面积最大。20世纪80~90年代在草原牧区执行草牧场家庭承包制政策后各家户在自家牧场内建起了固定的营地。除共有的机动草场之外基本构成了单元式分布的固定式营盘格局。由于人均草牧场面积在各盟旗有所不同,情况又有明显差异。以人均划分约200~333公顷牧场的内蒙古中部牧区各旗为例,尚允许双季游牧方式,几乎每个家庭都建设了夏营地与冬营地两个营地,并在营地修建土坯或砖瓦房,建起了畜牧业所需全套设施。构成一户两地式营地模式。与前现代社会的游牧营地不同的是其规模及占地面积的宏大(图2-2-3)。以中等生活水平的一户人家为例,房舍、棚圈及各类设施连接一片,比起受限于狭小空间制约的村落家户有着更加自由而自然成长的布局特点。因此,至少从规模及布局可以认为当前的一户家庭即构成了一个聚落。有时具有某种社会纽带关系的若干家户在近距离内分布时此种意义更加明显。

## (二)古列延

古列延是在特定历史时期、特定社会形态下构成的聚落类型。以某一部族首领家族及其属下的牧户以集团游动形式在草原上形成的圆形聚落被称为古列延。古列延意指"围"、"合",其形状可以有多种。据13世纪到访蒙古宫廷的东西方旅行家之见闻,古列延规模宏大,并且呈圆形。在结构布局上,古列延以中心与外围两大部分构成。中心由首领家族的帐幕构成,呈并列布局状。首领的妻妾、子女按辈分名号从右向左排列。外围是由庶民毡包围合构成的大圆圈。其外围为用于搬迁货物、生活物质的车辆。圆形古列延格局具有扩大牧场界域、有效设置生产环节、防御外侵、突出中心等多种功能。

在蒙古史上共有两类古列延,其一为13世纪以游牧领袖家族营地为中心,以若干庶民家户为外围的古列延;其二为16世纪始形成于蒙古地区的以藏传佛教寺院为中心,以僧侣与黑徒家户为外围的古列延形式。后者在现代常被译作"库伦"。

## (三)临时性聚落

在游牧社会,以蒙古包为主要建筑类型的聚落均有延续时间相对短暂的特点。在16~17世纪的蒙古史中常见某部族大范围、大规模迁移的历史事件。在特定时期,随着属下民众的迁移,政治、宗教等多种机构也随之迁移,构成移动性聚落景观。然而,此处仅指由于某一项公共活动而临时聚合的聚落形态。如某一次的那达慕将会促成大片聚落的产生,

图2-2-4 在一次敖包那达慕上构成的圆形空间（来源：额尔德木图 摄）

随着公共活动的结束聚落也会消失，但其中所呈现的布局秩序与结构层次能够非常清晰地展现游牧社会固有的聚落布局理念（图2-2-4）。

## 三、寺院聚落的规划与格局

从16世纪始随着藏传佛教的传入而广泛建立于蒙古高原的寺院是蒙古地区聚落化发展的一个新起点。由此，在空旷的草原上形成无数的点状聚落。藏传佛教寺院聚落在其生成机制上有着自然生长并无序扩展和一次建成并有序维持的两种状态。前者通常围绕起初修建的主要殿堂，并在漫长的历史进程中缓慢生长扩大的特点，而后者通常以完整的规划思路一次性完成，并在后期基本维持原样的特点。在微环境层面，寺院格局多表现为一种同心圆模式。无论采取汉式对称布局或藏式自由布局，寺院以主要殿堂为主，以转经道为边界构筑了只以僧侣阶层为居住者的神圣聚落及处于外层，并为寺院提供物资供给的世俗散居聚落。

多数寺院以曼陀罗为原型布置了自身聚落秩序的同时，以转经道作为界域与世俗区域相隔离。寺院聚落在很大程度上吸取了草原社会固有的空间秩序与规划思想。在清代，作为地域中心的寺院通常依据草原传统两翼制规划思路，将围聚寺院的世俗营地与商贸中心设为左右两大组团，并以河流、佛塔、敖包等作为地界标示限定场所，规定路线。由此，在蒙古地区城镇中至今有着被称为"东买卖"、"西买卖"的地域性区位名称。

一些寺院曾设置多重界线抵御外围社区的介入，如鄂尔多斯市乌审召设定了三层圆形界线，用于限定世俗生活圈及神圣场域的互动。其界域的跨越须遵守严格的时辰规定与处罚条例。然而，当政教权力趋于瓦解时外围世俗聚落迅速延伸至寺院神圣界域内，填充或更改原有空地或格局，并依照自身生长模式自由扩展（图2-2-5）。

图2-2-5 与寺院大经堂朝向不一致的土房（来源：额尔德木图 摄）

## 四、半农半牧区聚落的规划与格局

聚落的产生与发展离不开特定时空域下的民众生计方式。当蒙古人习于农耕，开始从事农业生产后，地域建筑与聚落景观发生了鲜明变化。以农业为主，以畜牧业为辅的生产方式得以确立，从而形成了不同于游牧营地与农村的半农半牧型聚落。

在内蒙古西部区"埃勒"仅指个户，而在东部区却成为村落的同义词。埃勒成为蒙古地区聚落生成过程的一种文化记忆。当牧场面积缩小，耕地面积扩大时，社区内的家户趋以内聚，单位家庭所占院落面积逐步扩大，家户之间的间距缩小，构成了村落。但出于饮食、服饰等多重文化需求，畜牧业在一定规模上得以延续，从而形成相比内地村落的狭小空间明显宽松的村落空间结构。个户所需院落面积偏大，故以单行或双行排列模式相连构成东西狭长或南北狭长的聚落格局，从而有效利用聚落边缘的农田与牧场。

蒙古地区的聚落虽具有多样化形态，但总体上较为一致。聚落的规划与格局，一定程度上考虑了宗教场所、行政中心、市场等功能单位。一些设施或区位的名称直接成为聚落规划的结果。如蒙古语称市场为扎哈，意指"边"。

为了明确聚落的形成历程与秩序，可以从选址、营建至秩序化的纵向聚落史探讨离散型营地的聚合过程，也可以从空间、布局及边界等静态的变量因素考察特定聚落。而考察居住者对空间的概念是一项核心问题。空间概念包括行动者对空间的定义、分类、认知及在此基础上形成的规范化行为与心理，即习俗。对于蒙古人，关于空间的认知是其聚落形态的重要构成因素之一。

## 第三节 蒙古族地区建筑群体与单体

以蒙古包为代表性建筑类型，兼具各种类型的建筑体系是蒙古族聚居区建筑文化现状。16~19世纪，随着"口外移民"的迁入与土地的开垦，内蒙古高原南部逐渐成为农牧交错带区域。土默特平原、西辽河流域及科尔沁平原上形成点状农业聚落，生成"板升"等生土建筑类型。而在大漠深处，从呼伦贝尔草原至阿拉善荒漠的内蒙古北部区域成为蒙古包的主要传承区。建筑类型上的这一带状分布格局存续至今并依然清晰可辨。20世纪后半叶，内蒙古南部的固定建筑类型逐渐北移，构成北部草原蒙古包与固定住居并存的局面。蒙古族传统建筑体系虽受到了外来文化的巨大冲击，然而，蒙古包依然作为活态建筑类型，保存至今。

### 一、蒙古族建筑体系中的蒙古包

蒙古包是蒙古族传统建筑的代表类型。然而，蒙古包在蒙古族建筑体系中所占的位置却因时代而异。13世纪~20世纪初，蒙古包是蒙古族建筑体系中的主导类型。而从20世纪初~21世纪初的一百年中，蒙古包逐渐由主导类型退至辅助类型，并在一些农耕区域逐渐消失。

#### （一）蒙古包在住居体系中的换位

比起构拟蒙古包进化史的学界惯用模式，探讨蒙古包的衰微过程更有益于探讨近现代蒙古族建筑文化变迁的根本问题。我们可以依据草原社会特有的一种住居体系的设置规律来探讨这一问题。游牧社会的移动性要求每户人家须拥有主次两种住居。其一为主要的、相对长久使用的住居，其二为次要的、在临时生产环节使用的住居。细究游牧社会的生产节律，可以发现牧人总是以其主要住居作为牧场中心点，并依据临时性生产要求，围绕这一中心，搭建次要住居不定期移动的现象。

因此，纵观蒙古包住居史，可以清晰地看到三次重要变革。最初，蒙古包是草原社会几乎唯一的本土建筑类型。此时，蒙古包无疑是主要的，各类帐篷是次要的住居类型。之后，随着生土建筑的大量移植，固定的土房成为牧场生活的中心点，逐渐成为与蒙古包并置的主要住居类型，但简易的土房无法完全替代蒙古包，牧民以两者合用或按季节轮流居住的形式延续至20世纪80年代。最后，随着生土与砖瓦住居等建筑类型的普及，蒙古包最终成为次要建筑，被用于临时性生产环节。构件不齐或拼凑而成的蒙古包与帐篷使用至今，并在一些地区渐次消亡。

然而，蒙古包在整体住居体系中的位置因地域而异。从锡林郭勒盟苏尼特右旗北部至呼伦贝尔市新巴尔虎左旗的草

图2-3-3 用于储存货物的蒙古包室内（来源：额尔德木图 摄）

原区域内，蒙古包依然是牧民一年四季均在居住的住居类型之一（图2-3-1）。在一些地区，为牲畜修建砖瓦棚圈，人住蒙古包的现象比较普遍（图2-3-2）。在多数地区蒙古包成为用于储存货物的仓库（图2-3-3）。

### （二）作为多样性建筑类型统称的蒙古包

蒙古包是一种多样性建筑类型的统称，而非单一建筑形式的专称。在以蒙古包为主导建筑类型的时期，其风格、结构、类型极为多样。草原社会中的公共建筑与普通住居均为蒙古包，其区别并非在于构件尺度的大小，而在于结构、平面的显著差异上。

图2-3-1 准备新建砖瓦房（来源：额尔德木图 摄）

图2-3-2 砖砌棚圈与蒙古包（来源：额尔德木图 摄）

#### 1. 大型蒙古包

古代文献中记有一种被称为"失剌斡耳朵"的大型帐幕。有关此类建筑的文献信息很丰富，但仅依据有限文本记录无法确定其为毡包或帐篷。然而至民国末期，仍有大型蒙古包或帐篷流传于内蒙古地区是不争的事实。

直到20世纪中叶，内蒙古地区仍在流传三种形制的大型蒙古包。其中有寺院所用"达莱查干"、阿拉善和硕特旗贵族用"白榜哈"及王公活佛等贵族阶层使用的连体蒙古包。蒙古族一般尊称此类大型建筑为"斡耳朵"或"斡如格"。通常，前者指用于公共事务的蒙古包，而后者指用于日常起

居的蒙古包。

"达莱查干"直译为"大海白",大海喻指蒙古包的宏大尺度,白喻指包体的颜色。此包为一种寺院专用蒙古包,由活佛高僧外出时随行携带。在内蒙古各区域,其名称统一,形制相似,因此,"达莱查干"的形制或许由专门匠人或机构制定。阿拉善和硕特旗的"达莱查干"一般"由10片哈那、177根乌尼、4根木柱构成。"[1] 20世纪40年代时阿巴嘎旗哈日占诵经会曾有一座"达莱查干"蒙古包,此包通常搭建在石砌台阶上,"由四根盘龙红柱支撑天窗,左侧与北侧各设一门,门为双扇木门,共有18片哈那,哈那在折叠时达3米。"[2] 此包在1945年毁于战乱。

"白榜哈",其名称意义不确,是清末阿拉善和硕特旗王公用于王公继位、举行马奶节时搭建的大型蒙古包。方形平面是其最鲜明的特点。它有前后两个门,"可以容纳300人。木构架由16片哈那构成,其中8片哈那有16个哈那尖,另8片哈那有13个哈那尖,四角的哈那尖上设有铁环,从而固定四角的乌尼,此类蒙古包共有长短20个柱子,其中4个长柱用于支撑天窗,而16个短柱用于支撑乌尼连接木。"[3]

连体蒙古包有双连式和三连式两种形制(图2-3-4)。

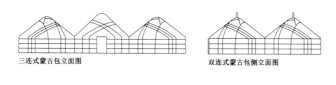

图2-3-4 连体蒙古包立面图与平面图 (来源:额尔德木图 绘)

双连式呈前后连贯式,三连式呈左右对称布局式。蒙古包有无限连接的可能性。但在内蒙古地区仅有此两种形制。

### 2. 普通蒙古包

据13世纪丰富的文献信息,可以断定蒙元时期的蒙古包与今日蒙古包几乎是相同的。在内蒙古地区曾有突厥式、蒙古式两种风格的普通蒙古包。前者在20世纪40年代的内蒙古西部额济纳旗仍有传承,除此之外,内蒙古地区的蒙古包均为典型的蒙古式毡包。

蒙古包由木构架、覆盖物与绳索三大部分构成。哈那为围合蒙古包圆形空间的网状栅栏,在搭建蒙古包时将若干哈那连接构成圆形围合空间。就单片哈那来看,其哈那尖数具有地域性差异。巴尔虎地区一般使用15~18个哈那尖的哈那,而在苏尼特等地通常使用12~15个哈那尖的哈那。因此,蒙古包室内地面直径的大小由哈那数量及单个哈那的哈那尖数量决定。

牧民通常使用的蒙古包有三种基本尺度,即4片、5片、6片哈那的蒙古包。巴尔虎地区常使用4片、5片哈那的蒙古包,锡林郭勒盟各部常使用5片、6片哈那的蒙古包。但由于哈那尖数量原因,其基本尺度大致相同。如巴尔虎地区4片哈那蒙古包及苏尼特地区6片哈那蒙古包的直径大约都在4.3米左右。由此看来,哈那数量的选择遵循着蒙古包"合理的"传统空间尺度。当然,哈那数量的选择也会遵循一定的文化规则,如在乌拉特地区,牧民忌讳搭建5片哈那的蒙古包,认为只有穷困潦倒的人才会搭建5片哈那的蒙古包。

## 二、蒙古包之外的住居类型

除蒙古包之外,蒙古族在各个历史时期曾使用多类住居形式。然而,在文献记录中很少有13~18世纪的详细信息。

---

[1] 勃尔吉斤·道尔格.阿拉善和硕特.下.蒙古文版[M].海拉尔:内蒙古文化出版社,2002,5:698.
[2] 钢根其其格等.阿巴嘎风俗.蒙古文版[M].呼和浩特:内蒙古人民出版社,2003,8:78.
[3] 勃尔吉斤·道尔格.阿拉善和硕特.下.蒙古文版[M].海拉尔:内蒙古文化出版社,2002,5:692.

故此，以19~20世纪文献及实物遗存为例，探讨除蒙古包之外的其他类建筑。

## （一）帐幕类风土型住居

帐幕是蒙古族建筑中的重要类型之一。蒙古族传统帐幕种类繁多，功能多样，也各有其基本形制与专有名称。在某种程度上，蒙古包也属于一种结构较为复杂的帐幕。在草原牧区，人们在短途游牧、打草等短暂的生产环节中不会每次都搭建蒙古包，而是以帐幕代之。而且，蒙古包的构件可用于搭建多种类型的帐篷。帐篷名称与类型十分繁多，据笔者统计有50余种名称，但其差距多出于方言称谓之异，而无形制的显著区别。因此，可以归纳为大型遮阳帐幕、矩形帐篷、圆形窝棚三种基本类型。

大型遮阳帐幕由木构架与皮、布等遮盖物构成。在内蒙古各地，有"阿萨日"、"恰恰日"、"达腾"三种称谓。其平面呈长方形与正方形两种类型，多搭建于那达慕等公共场所，用于遮阳和限定场所空间。矩形帐篷以常见的单梁双柱式小帐篷为主。内蒙古各地一般称为"麦罕"。另有一种单梁双架的帐篷被称为"博合"（图2-3-5）。圆形窝棚是较为常见的风土型建筑类型。其形制有细微差异，一般有带天窗的"切金格日"与无天窗的"肖布亥"两种基本形制。另外，有以柳条编织的圆形窝棚，一般被称为"陶布"。

## （二）包式固定住居形式

在由蒙古包转入固定矩形住居的过程中或在更早的时期，蒙古人曾创造了平面呈圆形的固定住居。在19世纪末~20世纪中叶，巴林、鄂尔多斯等地区曾有过包式固定建筑。可以将此现象解释为一种文化转型期出现的对建筑原型

图2-3-6 鄂尔多斯地区的柳编包（来源：王卓男 摄）

图2-3-5 四子王旗北部戈壁的"博合"——用蒙古包哈那搭建的两类帐篷（来源：额尔德木图 摄）

图2-3-7 呼伦贝尔地区的泥草包（来源：额尔德木图 摄）

的延续现象。包式固定住居主要有柳编包（图2-3-6）和泥草包（图2-3-7）两种基本类型。

用沙柳编织而成的柳编包曾普遍见于鄂尔多斯、察哈尔、巴林、科尔沁等地区，并被称为"夏兰格日"、"崩布根格日"、"布日格"等多种名称。它有通体编织及只编墙体而上覆芦苇等两种基本形制。柳编包墙体外抹以稀泥或湿牛粪用于保暖。泥草包的墙体由土坯砌筑而成，上覆芦苇、芨芨草及农作物秸秆。包式固定住居的一大特征为室内筑有火炕，其烟囱一般立在室外。

## （三）板升——生土民居

生土民居是近现代以来首先传入内蒙古南部早期农垦区域，随后遍及蒙古草原的住居类型。在文化交流较为频繁的区域，生土建筑的建造技艺早已被蒙古人所掌握，并在实践中纳入本民族的建筑元素。"板升"是漠南蒙古地域最早出现的生土建筑类型之一，也由此成为蒙古族对几乎所有固定住居的统称。本书从内蒙古东、西部地区各选择一种代表类型加以介绍。

车轱辘房是在内蒙古东部地区曾广泛流行的住居。车轱辘之名源自其特殊的屋顶形制——半圆形屋顶。因此，被巴林、阿鲁科尔沁等地蒙古农民认为是本土民族建筑类型。车轱辘房的墙体一般为干打垒夯土墙，多为三间，室内为一明两暗式格局（图2-3-8）。

土圪塔房是20世纪40~80年代流传于内蒙古中西部牧区的住居。其平面呈正方形，房顶呈穹顶状（图2-3-9）。此类住居有单个式、双连式（图2-3-10）、三连式等三种基本形态（图2-3-11）。土圪塔房适应了木材稀少的蒙古牧区及游牧民偏向于体积小、形制圆润的住居文化心理。其墙体由土坯砌筑而成，顶部做法有两种：一种为墙顶四角由梯形土坯或木板砌筑围拢，构成类似蒙古包天窗的圆形洞口（图2-3-12），再架椽檩，上铺草席，做泥面层；另一种为用草泥盘筑围合而成（图2-3-13）。有时牧民将蒙古包的旧构件，如乌尼、哈那等作为椽和构架使用。

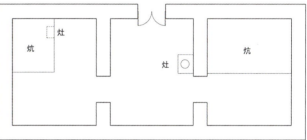

图2-3-8 巴林左旗的车轱辘房实景照片与平面图（来源：额尔德木图 摄、绘）

图2-3-9 土圪塔房的穹顶（来源：额尔德木图 摄）

图2-3-10 双连式土圪塔房正立面（来源：额尔德木图 摄）

图2-3-11 三种形制的土坯塔房（来源：额尔德木 图绘）

图2-3-12 圆形洞口（来源：额尔德木 图摄）

图2-3-13 盘筑的屋顶（来源：额尔德木 图摄）

## 三、蒙古式公共建筑

除各类民居建筑外，蒙古人也曾自主设计营建过多类公共建筑。除敖包这一独特的建筑形式之外，蒙古式独贡与衙署府邸是在特定历史时期创建的特殊建筑形式。

### （一）蒙古式独贡

在内蒙古地区藏传佛教建筑中有汉式、藏式、汉藏结合式、蒙藏结合式及蒙古式五种基本类型。蒙古式独贡产生、发展的主要区域为清代漠北蒙古，在内蒙古戈壁地区仅有少量遗存。一些地处偏远戈壁的小寺庙因无雇用内地工匠的丰厚资金，因而自创经堂，营造了蒙古式独贡。

蒙古式独贡通常被理解成为大型蒙古包。其实，它是一个自成体系的独特建筑类型。其设计灵感与结构原型直接源自蒙古包，并融合蒙古人编织、砌筑棚圈设施的本土技艺，加之对内地营造技艺的吸收与演绎，使用本土材料营建而成。人们用木板或石块代替了哈那，延长乌尼的长度，用木板连接其中端，用木柱支撑顶棚，构建了尺度小巧的独贡。其墙体做法有木构架与石砌（图2-3-14）两种，平面呈正方形、圆形与八角形。独贡前有时立有木杆，当人数众多时与屋顶连接搭建布篷用于诵经。

### （二）衙署建筑

衙署建筑是典型的清代建筑。在内蒙古东部盟旗中较早出现了衙署府邸。其建制严格遵循清代官式法则。内蒙古西部各盟旗王公至20世纪中叶仍多以移动的帐幕为衙署。蒙古式衙署建筑的典型类型为前设门廊、顶设高耸天窗的大型蒙古包。

### （三）特形建筑——敖包

敖包是草原神圣地景之标志，也是一种具有鲜明地域特色的建筑类型（图2-3-15）。敖包虽无供人使用的内部空间，但以其独特的布局、组合、限定为人们提供了丰富的室外空间。一般而言，敖包具有单个敖包、组合敖包、敖包群三种类型。组合敖包具有多种数量与布局类型。在单体敖包的造型上有层级形、圆锥形、方形等多种风格（图2-3-16）。在划分牧场空间与限定供祭祀、娱乐等公共行为得以进行的场所空间方面，敖包起到了重要的影响。

## 第四节 蒙古族地区建筑元素与装饰

蒙古族建筑元素与装饰是被深深植入蒙古族建筑体系中的文化核。与建筑材料与技术不断改进的变迁速率相反，建筑元素与装饰却相对稳定，从而保持了其传统性。试比较内蒙古牧区蒙汉人民所居相同形制的住居，若不考虑院落布局、景观与一些鲜明的文化符号，而仅仅是仔细观察其住居本身，在相同的建筑类型中是能够感知到这一民族文化带来的强烈气息的。这说明传统元素之真实存在。

图2-3-14 平面呈方形的清代蒙古式经堂，其尺度与六片哈那蒙古包相近（来源：额尔德木图 摄）

### 一、蒙古族建筑元素的表现

蒙古族建筑元素主要源自蒙古包及其承载的游牧民理想生活图式。这些要素是从蒙古族建筑外在的形式、结构特征至潜在的空间、行为层面普遍存在的建筑文化基因，并体现在屋顶形态、平面布局、结构形式、材料构成、空间秩序、建筑装饰、传统尺度、景观视野等多个方面。这些元素虽源自于蒙古包，并在现代蒙古包中仍有完好的体现，但也程度不同地呈现于蒙古族其他类型的建筑中。

图2-3-15 神圣地景与组合敖包的标示（来源：额尔德木图 摄）

#### （一）传统建筑语汇的传承

用来指称蒙古包构件与空间区位的传统名称在近现代多种建筑形式中的沿用是首先应注意到的问题。这一现象不仅仅是民族语言的传承问题，而更重要的是它反映了蒙古人意识中对建筑结构形式的文化理解。语汇的传承，即"建筑已改，语汇仍续"的现象证实了蒙古人以传统建筑的程式认知所有建筑类型的文化惯性。清代蒙古文献中常以"哈那"、"陶日嘎"（围毡）等蒙古包构件指代藏式经堂的墙体与墙面。

在民间，用乌尼指代生土建筑中的椽子，在空间名称方面，将宾客区位指称为"灰木尔"（蒙古包正对门的北部区位）。除用蒙古包传统词汇外，蒙古人依据蒙古族传统建筑语汇指称外来建筑形式，如汉式建筑中的硬山、歇山等屋顶形式被统称为"麦罕敖瑞"，即帐篷顶。

图2-3-16 古老的层级式敖包（来源：额尔德木图 摄）

## （二）蒙古族建筑的形态要素

蒙古族建筑的形态要素主要体现于蒙古包建筑体型的认同与沿用。对于穹顶与圆形平面的偏好一直持续至今（图2-4-1）。当传统建筑体系发生深刻变迁后对建筑体型的偏好逐渐向行为层面过渡，并通过空间认知与日常生活行为展现出来。

### 1. 穹顶

无棱角的穹顶被蒙古人认为是民族建筑之首要元素。与圆弧状半球体穹顶或拱顶不同，蒙古包的传统屋顶形式呈圆锥形。天窗中心隆起的弧形构架交错点及乌尼末端与哈那尖相连部分的斜角使蒙古包顶更显圆润。屋顶形式的认同与强调具有深厚的文化根源及表现。内蒙古境内曾有过环箍状半圆体"陶布"房、捆结芦苇或柳条束构成肋材并弯曲而成的草屋、具有半圆形屋顶的车轱辘房等多种圆屋顶建筑类型。其平面不分圆形或矩形，均被认为是理想的屋顶形式。当穹顶形式被用至公共建筑时主要体现在蒙古式与蒙藏结合式建筑中。在后者中穹顶之装饰意义甚于结构需求。然而，用拱券结构支撑的巨大的球形体屋顶及内部空间对于蒙古人而言反而是陌生的事物。

图2-4-1 蒙古包的立面与剖面（来源：李鑫绘）

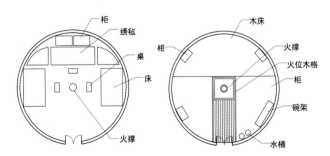

图2-4-2 蒙古包室内设施布局图（左图为巴尔虎、布里亚特地区的传统布局；右图为乌珠穆沁、苏尼特、杜尔伯特地区的传统布局）（来源：李鑫绘）

### 2. 圆形平面

圆形平面是蒙古族传统建筑的重要元素之一。圆形充分体现在草原传统聚落、牧营地、那达慕场地、住居的平面布局层面及牧民的行为理念层面（图2-4-2）。至19世纪末20世纪初，内蒙古境内曾普遍存在过形状各异的柳编包、泥草包等圆形住居。然而，这一古老类型在毡包与土房仍完好流传的时候却已消亡。其存在反映了一种建筑文化现象——即从圆形至正方形、长方形平面的过渡其实是经历了一段文化适应历程。

## （三）蒙古族建筑的构成要素

蒙古包建筑语汇在蒙古族建筑体系中的普遍应用说明了蒙古族建筑结构要素的存在与作用。

### 1. 结构要素

蒙古包由哈那围墙支撑乌尼，并由天窗固定汇聚的乌尼尖，构成框架承重体系。当屋顶跨度增加时用柱子支撑天窗或乌尼杆。蒙古工匠比喻天窗为"锁"，意在说明其对整个框架的凝固作用。蒙古式经堂完全沿袭了蒙古包的结构要素。除哈那结构从网状交织型变为竖形排列型转变，用柱网支撑屋顶外，整个建筑就是一座放大的蒙古包。当人们开始迁入生土或砖瓦房后将这一结构元素带入屋顶与墙面的做法中。

### 2. 材料要素

天然木材、植物与畜产品是蒙古族建筑的原材料。柳、榆、芦苇是草原最主要的三类木材。柳做哈那和乌尼、榆做天窗、芦苇做夏季覆盖物的传统延续至今，甚至盛行于具有丰富林业资源的呼伦贝尔草原。由羊毛擀制的毛毡是蒙古包的主要覆盖物。而牛皮、骆驼皮、马鬃尾、驼毛被编成各种绳索。牧民在迁入土房后仍然使用这些材料。陈巴尔虎草原的部分定居牧民将马粪、羊粪铺在屋顶用于保暖。在察哈尔牧区，牧民在墙面上抹泥时，习惯将马粪碎末或剪成碎段的山羊毛掺入稀泥中。在巴林地

图2-4-3 巴林右旗蒙古族牧民将芨芨草插在墙上,起到装饰与遮风的双重作用(来源:额尔德木图 摄)

区人们将芨芨草并排插于墙头,用于遮风与装饰(图2-4-3)。

### 3. 功能要素

具有鲜明民族文化属性的功能区划与设置是在各类建筑类型中普遍呈现的要素特点。若仔细观察蒙古人的住居与聚落,会发现一种明确的放射状同心圆模式。环绕火撑逐步向外扩展的三层圈式布局是蒙古包室内空间的基本秩序(图2-4-4)。以位居中央的火撑为中心点形成的正方形木格为神圣的火位区,火撑正上方是蒙古包室内最高点——天窗,这一圈构成内层。其外层为由铺设在地面的绣毡与在火撑木格的正北及两侧摆放的三个小碗桌构成的作息区,这一圈构成中层。外层为沿着蒙古包摆设的家具、器具,构成生活用品的摆放区(图2-4-5)。

而从圆形平面过渡至矩形平面之后,将之前"单一空间,多样功能"的叠合式布局重新调整为"独立空间,单一功能"的分化模式。然而,变化的只是功能区划方式,而并非功能本身。因此,在土房中也可以清晰地看到尚右的居住

图2-4-4 蒙古包的传统室内布局(来源:额尔德木图 摄)

区位及家具摆放秩序。蒙古人在西墙设佛龛的礼俗在定居房屋中得到充分体现。

### 4. 施工要素

除蒙古包的制作、搭建的施工方法外,在营建固定房舍时蒙古人也有一套独特的施工过程与步骤。在破土动工、奠定房基、砌筑墙体、架设屋顶的每一个环节均呈现一种地域文化特

图2-4-5 蒙古包室内的西北与正北区位是供佛与礼宾的神圣区位
（来源：额尔德木图 摄）

点。以鄂托克旗为例，牧民在动土兴建住居之前，选择良辰吉日让一位属相合宜的家庭成员从大自然"取地"，即抓一把土装在小布袋后让喇嘛观测。建房的区位与土壤被认为具备吉祥征兆后行奠基仪式。在奠定房基时主持仪式的喇嘛将八块经文（长条状蒙、藏语祭文）压在房基四角，行奠基仪式后动工修建。架设主梁时宰羊祭天。这一施工过程其实与牧民择地搭建蒙古包的过程异曲同工，只有仪式繁简之别。

## 二、蒙古族建筑装饰

建筑作为一种制度，具有一种结构的稳定性。北方游牧民族居于穹庐毡帐数千年，却未在住居形制上做出显著的革新。而当模仿与学习外来建筑形式时，虽有出于技艺与材料原因的些许本土化处理之外也基本沿用了原初的形制构成。因此，至少对蒙古人而言，能够反映建筑民族特色的首要元素为建筑装饰。蒙古族建筑的装饰主要以装饰图纹与装饰构件两大部分组成。

### （一）颜色

蒙古人尚白的习俗在蒙古包包体色调上有着充分的体现。蒙古英雄史诗、传说中常有对洁白毡包的颂赞词句，甚至出现一种白色毡包的完美形制——"无绳索的宫式洁白蒙古包"。其实，此类蒙古包至迟在近代仍有实物遗存。其绳索并非常见的棕色马尾和驼毛绳，而是用羊毛编织的白色绳索，故从一定距离外无法分辨绳索与墙面，整个包身通体发白。除白色之外，游牧民喜爱鲜艳的颜色，但除用蓝色布匹作为包毡的边饰之外，很少有墙面应用。在清代，王公贵族使用蓝色饰顶毡，活佛高僧用红色、黄色饰顶毡。但这只能是作为标示阶层属性的建筑符号而已。

当大量使用生土住居后，蒙古人也喜于用白灰粉刷墙体，使住居外表更显气派高雅。蒙古人很早便使用白色石灰、骨粉等白色颜料，并用于粉刷墙面、印制图纹及浇灌敖包。

### （二）传统图案

可以毫不夸张地说，一顶蒙古包是一座艺术画廊。各类彩绘、木刻、刺绣、编织的民族图案充斥着包毡边角、木架构与箱柜面，就连绳索也是以各种纹络编织而成。然而，传统图纹作为承载特定文化寓意的艺术语言，其使用须遵守清晰严格的规定。

#### 1. 建筑颜料的提炼

建筑颜料的提炼是一种非常重要的建筑技艺。蒙古族的传统建筑颜料被分为矿石颜料、土壤颜料、生物颜料三种类型。蒙古人自古使用一种被称为"卓素"的细黏土，用于粉刷藏式经堂的墙体线角与印制蒙古包绣毡的图纹。直到20世纪80年代，人们广泛使用土壤颜料涂染蒙古包构件，并绘制公共建筑的墙体彩绘。

### 2. 图纹制作手法

蒙古包的木、毡、绳三部分均有装饰，但其手法不同。木架构使用彩绘与镂刻方法，毡帘与毡垫使用刺绣方法，绳索使用编织与缝制手法。一些蒙古包的木架构选用木材本色，使木材质感与构架的细腻相融合构成一种淳朴的美。木架构的彩绘一般用土壤颜料逐层上色，颜色不限。牧民用细驼毛线顺着印于包毡上的纹线刺绣各种图纹，其样式有明确的寓意与规定。由芦苇缝合的覆盖物一般用隔一段距离夹放几条棕色柳条的方法构成花色装饰效果（图2-4-6）。绳索的编织细腻考究，一般从侧面缝合多股驼毛、马尾、羊毛及少见的牛毛绳，形成宽扁而颜色分明的毛绳（图2-4-7）。

### 3. 传统图纹

蒙古族建筑体系中使用的图案一般以抽象图纹为主。蒙古包图纹的选择与建筑的象征寓意息息相关。门帘及室内铺设的绣毡一般用象征坚固永久的回纹和锤纹（图2-4-8）。顶毡下角使用象征繁荣昌盛的草纹、鼻纹与莲花纹等卷纹（图2-4-9）。围毡两侧边缘使用简易回纹。无论选用哪一种图纹，或其纹线多么曲折都不能断开，必须呈连续状。天窗、乌尼与后期的木门使用较为复杂多样的图纹，并有底纹、主纹、边纹等几种图层。天窗作为神圣的构件，其装饰最为考究。一般绘制莲花纹、万字纹、花草纹、云纹，以此象征生活安宁与子嗣兴盛。

### 4. 建筑彩画

藏传佛教传入蒙古地区后宗教题材的图案被大量用于箱柜面板及大型公共建筑的墙体彩绘中。与此同时，一些中原画匠将彩绘技法与图案传播至蒙古草原（图2-4-10）。仅就目前所能看到的少量保存完好的明清壁画，可以看出蒙古人借用藏式唐卡绘制方法及中原山水工笔画尽量展现自己心

图2-4-6　蒙古包外覆芦苇帘的装饰（来源：额尔德木图 摄）

图2-4-7　蒙古包里围绳的编织工艺（来源：额尔德木图 摄）

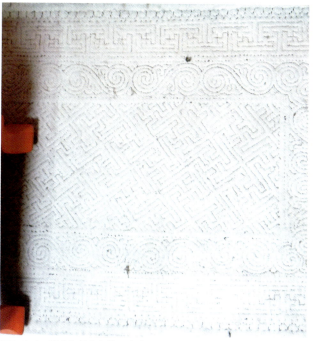

图2-4-8　蒙古包绣毡上的回纹（来源：额尔德木图 摄）

图2-4-9 蒙古包顶毡边角上的鼻纹（来源：额尔德木图 摄）

图2-4-10 使用传统土壤颜料上色的蒙古包天窗与乌尼（来源：额尔德木图 摄）

图2-4-11 天窗角饰木片（古老构件与新件的比较）（来源：额尔德木图 摄）

图2-4-12 挂在哈那尖上的碗袋与餐具袋（来源：额尔德木图 摄）

图2-4-13 哈那脚围毡（来源：额尔德木图 摄）

中的神圣与世俗图景的尝试。"和睦四瑞"、"蒙古人牵虎图"等图案是蒙古人最善于绘制的经典图案。

### 5. 建筑装饰细件

蒙古包装饰细件主要由天窗饰片、饰顶毡、室内挂件及装饰与实用为一体的门楣毡、哈那脚围毡等构件组成。天窗饰片一般为镂刻的木质纹片（图2-4-11），将其固定于天窗十字形构架连接外框的部位。饰顶毡具有装饰和稳固包顶的双重作用，它的使用通常可以让蒙古包更显高贵亮丽。室内挂件一般以短小精美的哈那内挂帘为主，被蒙古人称为"拉布日"的三色绸制挂件源自于藏区。牧民使用的碗袋及其他餐具袋也是一种重要的饰件（图2-4-12）。门楣毡与哈那脚围毡（图2-4-13）是用于悬挂于门楣外部和围毡外围下端的饰件。

## 第五节　蒙古族地区建筑特征总结

蒙古族建筑是一个独立的建筑体系。其分布横跨内陆欧亚草原，其演变历史悠久，在世界各体系建筑历经多样化、现代化变迁而传统风格、元素日趋衰微的时代，仍以保持其风土性元素与风格而延传至现代。在历史时期，蒙古族建筑体系均由官式建筑、宗教建筑与住居建筑三种类型构成（表2-5-1）。

| 蒙古族传统建筑体系 | 表2-5-1 |
|---|---|
| 住居建筑 | 蒙古包、柳编包、泥草包、各类帐篷、各类生土住居 |
| 宗教建筑 | 蒙古式独贡、大型蒙古包、大型帐篷 |
| 官式建筑 | 大型蒙古包 |

（来源：额尔德木图 制）

在历史长河中或许出现过若干种建筑类型，然而，在建筑基本元素与风格方面未受很大影响。蒙古族建筑之原型——蒙古包直至21世纪仍以完整的形式保留下来，并仍以活态形式传承。综观其建筑特征，可从元素符号特征、空间形态特征、气候应对特征、历史文脉特征、材料色彩特征及场所精神特征六个方面进行解读。

## 一、特色鲜明的形式元素

蒙古族特有的民族文化经过长期的历史积淀，逐渐形成了自己固有的建筑文化形式，这些形式包括蒙古族建筑中的很多建筑元素，如天窗、哈那、苏力德等。这些形式元素作为重要的民族标识区别于其他地区的建筑风格特征，成为现代建筑表现蒙古族风格特征重要的设计题材，广泛运用于现代建筑设计案例之中。

蒙古族传统建筑体系中的核心建筑类型为蒙古包，故源自蒙古包的形式元素被嵌入蒙古族建筑体系以及其中的各类建筑形式中，从形式结构至装饰布局无不含有蒙古包的形式元素。这些元素包括蒙古包室外与室内的设施、构件与装饰元素。

在草原建筑史上贯彻运用特色鲜明的蒙古包形式元素的建筑实践并非限于近现代。从已知历史建筑实例及文献中可以观察到这一建筑实践之历史演进逻辑。在藏传佛教传入蒙古地区的初期，已出现"模仿"或"改进"蒙古包建筑形式，构建蒙古式寺院建筑风格的尝试。加大蒙古包建筑构件的尺度、增多柱数、以并排的立木桩取代交织的哈那，再以实体墙取代立木桩的做法是这一时期普遍采用的手法。在民居建筑方面，流传至20世纪50年代的各类柳编包、泥草包也证明了吸纳传统形式元素的积极探索。时至近现代，提炼并运用蒙古族建筑之形式元素的手法更趋成熟多元，出现了许多经典建筑实例。

## 二、空间形态特征

蒙古族建筑的空间形态表现在单体建筑的圆形平面及形似自由却具有清晰秩序的室外空间布局上。这一空间形态特征源自蒙古人古老的宇宙观以及在长期的游牧生活中所积累的生活经验。

### （一）圆形的空间形态

圆形的空间形态可以说是蒙古族建筑最重要的形态特征，虽然在蒙古族建筑的发展演变过程中，曾出现过矩形和多棱形的建筑形态，但均未成为建筑发展的主流，究其原因，与蒙古民族的文化理念、生活方式及气候特征密切相关。其实，蒙古包平面也并非只有圆形这一种平面形式，在历史时期内也曾有过正方形及半圆形等特殊的平面形式。如阿拉善地区的"白榜哈"平面呈正方形，苏尼特地区的"苏金博合"平面呈半圆形。漠北地区的一些蒙古式经堂的平面呈多棱形。然而，圆形的空间形态始终作为蒙古包及蒙古族建筑的首要特征传承至今。圆锥形穹顶与浑圆的形体是蒙古包的形态特征。这一特点使牧民对形体柔和、带有弧度的屋顶格外青睐。当生土建筑传播至蒙古地区后，一方面受材料限制，另一方面受文化心理影响，半圆形柳条庵与车辐辘房被普遍接受。

### （二）形似自由的空间布局

蒙古族建筑一般不需要复杂规整的院落组织。自由散居于草原的毡包是草原社会的景观特色。在单户营地中虽有住居、车辆与其他设施的固定方位布局特点，但从不设院墙，故对不谙本土文化的人，误视为一种散乱无序的感觉。

在广袤的草原逐水草而居的游牧生活决定了蒙古族建筑布局之自由性。而这又由草原畜牧业生产方式、牧场面积等多种因素决定。自由随意的布局是广阔的地理空间与稀少的散居牧户相比而产生的空间意象。草原建筑布局形似自由随意，实则却有其规整有序的一面（图2-5-1）。以一至三顶蒙古包游动的家户来说，蒙古包的排列严格按照左右对齐的秩序，而忌讳前后布局（图2-5-2）。

再以养牛为主的察哈尔荒漠草原为例，牧民选择小块

图2-5-2 并排搭建的三个蒙古包（来源：额尔德木图 摄）

图2-5-1 牧营地的设施具有一定的布局规律，如拴马桩通常处于住居西北区位（来源：额尔德木图 摄）

图2-5-3 察哈尔牧村（来源：额尔德木图 摄）

平整地区聚集为生，形成以三四个家庭构成的聚落（图2-5-3）。在景观上，各户独立布局，且房屋朝向很不一致，这由于聚落生成的文化原因，即房屋营建年份的随机性与当年的历法朝向之别。然而，当夜晚降临，牧场上的牛群返回营地，顺着曲折的道路返回各自的棚圈，而毫不混乱。这说明形似自由混乱的格局中实有一种秩序存在。

草原牧区的营地虽有院落景观特征，但无院墙。虽有一定的布局秩序，但有不依据对称分布的规律。其根源为一种圆形布局之存在，即以住居为中心，将羊圈、牛犊绳、车辆、拴马桩、牛粪堆、灰堆、羊粪堆以半圆布局排列。对院墙的排斥出于所从事的生产方式及气候原因。院墙会阻挡视野，不易观察畜群动向，并有碍营地里各类牲畜的走动。另一方面，院墙导致草原沙土、雪的堆积。乌拉特、巴林等地域虽有狭小的院墙，但只是用于限定牲畜与人居环境的混合。在夏季人们常敞开门窗，而山羊常出入于室内觅食，故修建院墙用于隔断。

## 三、气候应对特征

蒙古族建筑在应对当地独特的地理气候方面主要形成了以下建筑特征：包括小型的建筑体量、集中的空间形态及可变的墙体材料。

### （一）小型的建筑体量

在气候因素方面，应对草原冬季寒冷的气候成为蒙古族建筑最大的挑战，小型的建筑体量对于草原冬季保暖来说较为容易保证，同时，小型的建筑体量在不同季节变换时，为居所的迁徙带来了很大的方便。依据口述史及实物遗存可以断定，至20世纪前半叶，内蒙古地区的蒙古包以4~6片哈那蒙古包为主，而且具有哈那数量增多时哈那尖数相应减少的规律。以新巴尔虎左旗、苏尼特右旗、额济纳旗等分别来自内蒙古东、中、西部三个旗的牧民所居蒙古包看，蒙古包直径均保持在4.2~5米，搭建后的哈那高度平均约1.3米。哈那数量超过8片的大型蒙古包虽常见于过去的寺院、衙署及今日的旅游区，然而，就日常生活所需及气候条件而言，并非是蒙古包的主要类型。蒙古包小型的建筑体量由特定的生态、气候条件，而非技术原因所决定。

### （二）集中的空间布局

集中的空间形态除了民族文化和建筑结构方面的考虑外，也是利用节能保温方面最好的处理办法，集中的空间带来了空间使用效率的最大化和能耗损失的最小化。蒙古包及多数泥草包室内空间的中心区位为火位，或称火炉区位。此区位无论在崇尚火神的精神文化层面，还是在维持日常起居生活的实用层面均占据室内空间的核心位置。并以此为中心向外逐层组织了室内层级式圆形布局，构成火位、作息、家具三层布局形式。这一中心化的格局或秩序有效地保证了人在建筑空间中的最佳区位，使日常起居更加便捷舒适。

### （三）可变的墙体组合

蒙古包墙体在应对不同的季节有着不同的组成结构，蒙古族建筑墙体的基本骨架为哈那，附于哈那内外的材料在不同的季节可以随意增减和更换，保证了室内温度的舒适性。在严寒的冬季，牧民在哈那外覆盖三层围毡，在室内沿哈那内壁悬挂一层毛毡，构成"外三内一"的标准墙体组合。至现代，牧民经常在包体外部覆盖一层帆布遮盖物，在保护毛毡的同时加强了室内的保温效果。而在炎热的夏季，牧民取下内挂毡，并将外围毡减少至一层，并依据风向撩起围毡边角，露出哈那脚，使凉爽的微风吹到室内。在闷热的戈壁地区，牧民有意在门左侧露出半米左右的围毡空隙，外露整个哈那木，保持室内的凉爽气温。刮风或下雨时临时用布匹遮挡。在内蒙古东部牧区，牧民在夏季以芦苇、芨芨草或柳条编织的覆盖物取代毛毡，营造了凉爽舒适的室内环境。

## 四、历史文脉特征

历史文脉是赋予蒙古族建筑以显著民族特征的主要渊源。对于建筑类型单一、规模小的游牧民族而言，蒙古民族对草原环境的重视更加显著。牧民的住居只是自然环境中的一种点缀，与室外环境有机地融合在了一起，从而占据某一微环境而构成一种空间体系。

### （一）与室外环境的有机融合

蒙古包小巧的空间只能满足日常起居需求。而其餐饮、起居、聚会等多样性行为空间被完全整合至一个小巧的圆形空间中。与农耕社会不同，游牧社会所具有的匀称而持续的生产节律，致使牧民一年四季均在室外劳作。故牧民在室内活动的时间要比城市与农村少许多。尤其在放养牲畜种类多的时候男人们均在外看顾牲畜，而留在家中的妇女整天忙碌于营地内零散的活（图2-5-4）。此时，住居最多起着提供部分饮食与起居功用。在夏营地，炉灶、睡垫均在室外，此

图2-5-4　整天忙碌于室外的妇女（来源：额尔德木图 摄）

图2-5-5 巴林右旗夏营地的地灶（来源：额尔德木图 摄）

图2-5-6 蒙古包室内与室外的通透关系（来源：额尔德木图 摄）

图2-5-7 系于天窗绳上的"贺希格"（即福分，马鬃尾），天窗与天窗绳是蒙古包内最为神圣的构件（来源：额尔德木图 摄）

时，连饮食起居都已转到室外（图2-5-5）。牧民在室外铺上毛毡并就座于上面，中间摆放小碗桌进食与聊天是常见的牧区生活情景。从古至今，游牧民族善于用帷幔限定室内外空间，借用鱼贯排列的勒勒车及帷帘将住居周边的空间划分为多种功能区。

蒙古包在垂直与水平两个方向上与室外环境保持着良好的通透关系（图2-5-6）。住在蒙古包内只感到一种空间限定，而从未与环境完全隔开。因此，住居被赋予一种生命。在崇奉长生天的萨满教信仰中，一切均有自然生长消亡的生命规律。而主宰一切的神灵便是苍天。故，蒙古包构件中天窗为最具神圣性的构件（图2-5-7）。

### （二）对外来文化的包容开放

对周边民族建筑文化的积极包容与大胆吸纳是蒙古族建筑体系得以发展成熟的首要条件。对于蒙古族而言，与周边文明区域的积极互动促使其建筑体系中涵括了多民族建筑文化基因。在13世纪的蒙古，中原、波斯、阿拉伯乃至欧洲地区的建筑文化影响较为明显。而对于16世纪后的蒙古地区有两股建筑文化之流，即中原地区的汉式建筑与西藏尤其是安多藏区的建筑文化影响尤为明显。然而，建筑文化的传播经民族文化之过滤，产生独特的地域建筑文化形态。

蒙古人习于生土住居或其他公共建筑的营造实践已有一段历史。但其创造并不局限于原建筑设计理论与习俗惯例的影响。在内蒙古牧区，常能够看到蒙古人亲手营建的生土住居，而文化差异导致了原建筑形制的"疏忽"与"另解"。以察哈尔西部地区为例，当地汉族居民习将椽子交错排放于檩木之上时忌讳不规则交错，并称此为"蛇口"，认为若出现此类情况将导致家庭不和。此外，人们在修建房屋时还忌讳檩子越过山墙墙体或不在山墙设门，而蒙古族居民却置之不理（图2-5-8）。其建筑式样虽明显劣于汉族邻舍，然而，却反映了蒙古人更加自由粗放的建筑风格。在锡林郭勒盟北部牧区，牧民在蒙古包内构筑了土炕，以此应对北方寒冷的气候（图2-5-9）。

建筑作为一种制度，有其相对稳定的结构特点。因此，

图2-5-8　察哈尔牧民自行营建的土房（来源：额尔德木图 摄）

图2-5-9　蒙古包室内的火炕（来源：额尔德木图 摄）

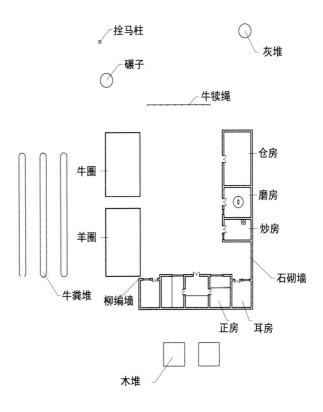

图2-5-10　20世纪40年代察哈尔西部地区一户典型蒙古族民居院落平面图（来源：李鑫 绘）

对外来建筑的习得虽有对部分规则的改变，但对结构的变更空间是相对小的。建筑文化之民族性更多的是借助于在装饰与由此构建的文化意义上。笔者曾对一处从事半农半牧业，并和睦共处约百年的蒙汉民杂居的察哈尔村落进行调研，并依据现存布局与口述史资料，试图呈现20世纪40年代的蒙古族牧民的住居与院落秩序（图2-5-10）。在村落中蒙、汉民的住居风格几乎无多大差异，并且盖房时全村老少全部参与。

然而，当地人却指出下列差异或蒙古族居民住居的特点：窗户隔扇上有类似寺院风格的云纹；室内摆设矮小的蒙古式家具；老人住于西屋，年轻人住在东屋；炕上铺毛毡，而同村汉民铺草席；若有多余房屋，设一佛室；主梁挂有内放五谷九珍的小布袋，并系一条哈达，而同村汉民房舍主梁上贴有红纸，上写"土地爷退位"等字样；富裕人家建地基，门槛设三层石砌台阶，其俗尚居高处，而同村汉民无此类讲究；盖房时忌讳妇女上房顶，认为若上房顶将有碍"风马"，即家庭福运；院落设施上忌讳羊粪堆与灰堆混杂，认为若有混杂凡事不顺。蒙古族建筑在其发展历程中积极吸纳各民族建筑文化之精粹，使其有机融入自身体系中。然而，这一善于包容吸收的特征正是蒙古族建筑之核心特征所在。

## 五、结构材料及建筑色彩特征

天然有机的建筑材料、简易轻便的结构、简单明快的建筑色彩是蒙古族建筑的重要特征。为了适应游牧的生活方式，蒙古包建筑在建筑材料和结构组成上有着明显的临时性特点。蒙古包建筑以木构架为基本结构，覆以天然材料，以哈那支撑乌尼，天窗汇锁乌尼，并以皮索与毛绳加固整体框架。其余建筑类型虽有各自独特的承重体系与构成原理，然多源自蒙古包之原型。

## （一）易于迁徙的建筑材料与简易的结构

蒙古族建筑体系的结构有蒙古包之框架结构、帐篷之受拉结构、生土住居之墙体承重三种结构类型，其中蒙古包的框架结构最具代表性。蒙古包木架构由哈那、乌尼、天窗、柱、门框五个基本构件组成。五者分别具备墙、椽、梁架、柱、限定墙高的功能。从三人所居小蒙古包至可以容纳三百人的大型蒙古包，其结构完全相同。因此，折合时的哈那高度、乌尼长度、天窗直径具有巧妙的比例关系。

蒙古包顶部荷载均由框架承担。其围合空间并非由单片哈那构成，而是捆接多片哈那构成（图2-5-11）。因此，哈那数量是决定蒙古包面积大小的关键数据。哈那能展能合，折合后的高度相等的每片哈那之长度不同，即交错串接的木杆数不同，故决定单片哈那长度的单位为哈那尖数。内蒙古地区的传统哈那尖数具有由东向西逐步减少的规律。呼伦贝尔地区的布里亚特部哈那数最多，能达20个，而乌拉特地区一般使用12个。当然，多数地区有大哈那与小哈那蒙古包之形制区别，其依据为哈那尖数量。

蒙古包哈那数在4~6片时无需柱子，框架松动或天窗倾斜时用一种灵活木柱支撑，而蒙古包形体得以摆正后取下木柱（图2-5-12）。当哈那数达到8片时需用木柱支撑天窗。蒙古包木柱有单柱、双柱、四柱、柱网之区别。当哈那数达至12片时需用上端相接的四个木柱支撑天窗，并用若干柱子支撑乌尼连接木，构成柱网，用于支撑大跨度屋顶。空间再大的蒙古包也从不使用墙壁进行室内分隔。若需限定或分隔，多用布帘。

蒙古族建筑的框架主要使用草原上生长的木材，覆盖物多用毛毡、植物与皮张。用材天然是蒙古式建筑的首要特点，也由此决定了其结构特征。除山区及零散分布的林区外

图2-5-11 承接乌尼的哈那（来源：额尔德木图 摄）

图2-5-12 用于支撑天窗的灵活木柱（来源：额尔德木图 摄）

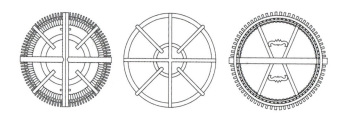

图2-5-13 察哈尔、巴林、巴尔虎三个地区天窗的构造（来源：李鑫 绘）

用。内蒙古地域的蒙古包除天窗之外其他构件几乎无很大区别。唯独天窗构造多样复杂，具有鲜明的地域性（图2-5-13）。在内蒙古地域内有两类天窗，西部地区使用双轮式天窗（图2-5-14），而在东部巴尔虎地区使用单轮式天窗（图2-5-15）。依据天窗与乌尼的连接方式，蒙古包天窗被分为捆结式与插孔式两种类型。前者用细皮索将乌尼上端串接于天窗外围，而后者在天窗外围留有小孔，搭建蒙古包时将乌尼细端一一插入。

蒙古包的结构用皮索与毛绳加以固定，仅有天窗使用简易卯榫技艺。如梁架交错点及捆结式天窗的两个半圆形独立部分须由卯榫结合。大型蒙古包的天窗最多可分解为四个平角部分，组合天窗时需用卯榫结合，再用皮索绑固。有趣的是，蒙古人也用皮索绑固寺院经堂的梁架。

图2-5-14 双轮式天窗（来源：额尔德木图 摄）

### （二）简单明快的建筑色彩

蒙古包在色彩运用方面较为固定统一，多以白色作为建筑主体色彩，用蓝色或者红色作为辅助色彩进行点缀，这些色彩均来源于草原生活中最常见的景观，如白色的云朵、蓝色的天空和红色的火焰等。在草原这一自然环境背景下，简单明快的建筑色彩与周边环境形成了和谐统一的画面。蒙古人自古有着崇尚白色与蓝色的习俗。在清代，覆以蓝色与红色饰顶毡的蒙古包分别为活佛与王公贵族所居的蒙古包，红与蓝色分别成为草原贵族阶层的标识。至现代，饰顶毡的社会身份象征意义趋于衰微，但以另一种形式融于普通蒙古包的装饰环节中。牧民在蒙古包围毡的边缘缝制宽窄不等的两条竖向蓝布条作为装饰。在苏尼特牧区，牧民在室内铺垫一面由红布包面的绣毡，平时将白色的毛毡面朝上铺设在地上，而在婚宴、节庆时期翻起红色一面铺设在室内。

图2-5-15 单轮式天窗（来源：额尔德木图 摄）

内蒙古草原上很少有高大的树木，在广袤的荒漠草原上生长的沙柳等灌木是主要木材。蒙古人世代从事的畜牧业为其提供了丰富的建筑材料。马、牛、骆驼、绵羊、山羊等五种牲畜的皮、毛，甚至粪便都能成为建筑材料，并因其性能而有不同用途。

天窗不仅仅是蒙古包用于采光和排气的唯一窗口，也是一种微型的梁架体系，在整体框架结构中起着重要的作

## 六、悠扬辽阔的场所精神

内蒙古草原悠扬辽阔的自然景观可以让人感知到强烈的场所精神，而蒙古包建筑在这样的场所中，通过谦逊的建筑

体量、自由的建筑布局以及和谐的建筑色彩巧妙地与环境达成了场所精神的共鸣。

内蒙古草原多样性的地理环境为草原牧区的地景与聚落赋予了丰富的意象。仅在特定区域这一意象又因时间而异。从内蒙古西部胡杨林荫下的土尔扈特毡包至东部海拉尔河畔的巴尔虎毡包，在沙与水、干旱与湿润的截然不同的场所意象中始终散发一种强烈的场所精神。蒙古包小巧的建筑体量能够以最为谦逊的方式表现其在整体场所中的角色。多样性、地方性的包体材料之颜色与质感，巧妙地凸现了场所的特性。在干旱少雨的额济纳绿洲，散乱生长的胡杨限定着供牧民搭建营地的相对狭小的空地，在牧营地内，用胡杨枯枝搭建的羊圈、休憩于树荫下的山羊与用羊毛毡覆盖的蒙古包构成颜色、气息、节律相和谐的悠然画面。而在河流纵横的呼伦贝尔草原，巴尔虎牧民在一望无际的辽阔牧场上搭建了蒙古包及形制各异的简易住居，牧民用棕色的柳条帘与金黄色的芦苇帘遮盖蒙古包，体现了环境中色彩与质感的和谐。此时，随风摆动的牧草、生长在沼泽地中的芦苇、缓缓移动的牧群与三五成群的芦苇包生成悠扬辽阔且潜藏活力的生动景象。

集结于夏营地的蒙古包表现出一种清晰、松弛而简单的韵律。由阳光、风、草、毡包、畜群及远处的敖包赋予人的总体意象是一种长调般的悠扬、永恒与自在。除住居外，草原营地内无墙、无桥或无任何其他醒目的设施，其特性由此成为一种无边界的、外向性的自由扩展及游牧文化固有的无明确方向感的、游移不确定的动态感受。季节性的相对静止的感受只来自冬营地，而孤立于砖瓦房聚落中的毡包虽已处于辅助地位，却仍具有一种持久的生命力。与广袤的草原地景相比由稀疏的几顶蒙古包构成的人为场所显得渺小或过于谦逊，然而，正由于这一特性蒙古包具备了一种强烈的场所精神。

# 第三章 汉族地区建筑研究

从明代后期到清末，中原地区向内蒙古地区的汉族移民已成为中国移民史上的一大奇观。以农为本的汉族移民大举出塞，使塞外农业有了坚实依托，内蒙古广大的平原和部分丘陵地区也成了汉族移民的主要聚居地。民族结构的重要变动带来经济结构和社会生活的深刻变动，最终使农业及与农业相伴随的中原文化在塞外取得了与游牧经济及游牧文化相对等的地位。这次移民的主要特点是漫散型移民，同时又带有很强的分区对应特征，移民来源地主要是跟内蒙古相毗邻的山东、河北、山西、宁夏、甘肃等地。

汉族民居聚落和建筑也应运而生，经历了从移民来源地的植入，各地建筑形态和技术相互混合以及后期地域化的演变过程。内蒙古汉族聚落选址一般都遵循传统的风水理论，选择背阴向阳的平原和丘陵地带。聚落布局也是自然形成，没有经过任何人工规划，按照聚落布局形态可分为自由式、组团式和线性布局三种。目前，内蒙古传统民居按地域分区和建筑特点主要分为宁夏式民居、晋风民居、窑洞民居和东北民居四种基本类型，这四种类型的共同特点是植入为主，形式多样，技艺粗放，简朴实用，沉稳厚重，混合创新等。从美学的角度来看，内蒙古汉族民居建筑主要体现了天人合一的生态美学特色，多样混合的形态美学特色，简朴粗放的技术美学特色和地域创新的文化美学特色。

# 第一节 汉族地区自然、文化与社会环境

内蒙古的地形是由东北向西南倾斜，呈狭长形，其地貌以蒙古高原为主体，具有复杂多样的形态。以汉族聚居为主导的内蒙古农业区和半农半牧区主要分布在广大的平原和丘陵地区。这里地势平坦、土质肥沃、光照充足、水源丰富，是内蒙古粮食的主要产地。内蒙古气候以温带大陆性季风气候为主。有降水量少而不匀，风大，寒暑变化剧烈的特点。从明末到清末300年间，以汉族为主体的内地人口，向内蒙古地区大规模迁徙定居。从迁移范围看，在东起辽东边墙，西至虎跃雄关的万里长城一线，呈全线迁移之势，移民源横跨鲁、冀、晋、陕、甘五大内地行省，形成了以汉族为主导的内蒙古农区、农牧交错带和以蒙古族为主导的牧区三部分。蒙汉交错杂居，缩短了两族接触的距离，增加了相互交往的渠道与频率，使族际互动处于直接、充分和全面的状态。蒙汉文化交流具有明显的双向性，特别是最初迁入蒙地的汉族经历了一个蒙古化过程，强化了对于蒙古文化的认同与吸收。而汉族移民自身携带的文化传统也在蒙汉混居的过程中不断演变和重构。

## 一、汉族地区的自然环境

### （一）汉族地区的自然地理

内蒙古自治区位于中华人民共和国的北部边疆，由东北向西南斜伸，呈狭长形。东、南、西依次内蒙古自与黑龙江、吉林、辽宁、河北、山西、陕西、宁夏和甘肃8省区毗邻，跨越三北（东北、华北、西北），靠近京津；北部同蒙古国和俄罗斯联邦接壤，国境线长4221公里。以汉族聚居为主导的内蒙古农业区和半农半牧区主要分布在大兴安岭和阴山山脉以东和以南的嫩江西岸平原、西辽河平原、土默川平原、河套平原及黄河南岸平原以及广大的丘陵地区。这里地势平坦、土质肥沃、光照充足、水源丰富，是内蒙古地区主要的农业区和农牧交错地带，也是内蒙古的主要粮食产地。

### （二）内蒙古汉族地区的气候

内蒙古汉族聚居区主要分布在大兴安岭和阴山山脉以东和以南的农区和农牧交错地带，横穿内蒙古中南部地区，其地域广袤，所处纬度较高，高原面积大，距离海洋较远，边沿有山脉阻隔，气候以温带大陆性季风气候为主。有降水量少而不匀，风大，寒暑变化剧烈的特点。全年太阳辐射量从东北向西南递增，降水量由东北向西南递减。年平均气温为0℃～8℃，气温年差平均在34℃～36℃，日差平均为12℃～16℃。年总降水量50～450毫米，东北降水多，向西部递减。内蒙古日照充足，光能资源非常丰富，大部分地区年日照时数都大于2700小时，阿拉善高原的西部地区达3400小时以上。全年大风日数平均在10～40天，70%发生在春季。其中锡林郭勒、乌兰察布高原达50天以上；大兴安岭北部山地，一般在10天以下。沙暴日数大部分地区为5～20天，阿拉善西部和鄂尔多斯高原地区达20天以上。

## 二、汉族移民的社会背景

### （一）内蒙古汉族移民历史

塞外草原，历史上一直是北方游牧民族的活动舞台，在蒙古族一统大漠南北之前，匈奴、乌桓、鲜卑、柔然、突厥、回鹘、契丹、女真等民族都曾在这里成长和发展过。在秦、汉、唐、辽、元等时期，塞外农业经济也一度有过振兴，但除汉代持续时间较长(200余年)外，大都时兴时废，牧业始终处于主导地位。塞外稳定农区的出现和牧业的明显退缩，发生在清朝定鼎以后。以农为本的汉族移民大举出塞，安家落户，使塞外农业有了坚实依托。民族结构的重要变动带来经济结构和社会生活的深刻变动，最终使农业及与农业相伴随的中原文化在塞外取得了与游牧经济及游牧文化相对等的地位。

明清以前，内地人口就有过向塞外地区大规模移动的历史，但规模短暂，之后移民又陆续内迁。明代晋、陕之民出塞定居，为数不少。由于明朝对人口流动的严格管

制，难以形成稳定的移民流。在移民的构成上，兵变戍卒、逃亡者、俘虏等非正常人口占有很大比例。从嘉靖初年到隆庆议和的20多年时间里，迁移到土默川的内地汉人总计有5万余人。

17世纪以后，俄国、日本不断入侵北部边境，各蒙古王公叛乱；英国侵略西藏。鸦片战争以后，边疆出现严重危机，清朝政府的边疆政策出现重大转变，实行新政。废除封禁政策，放垦蒙地，增设州县，筹划设省。因此，以汉族为主体的内地人口，向内蒙古地区大规模迁徙定居，历时三百余年。从迁移范围看，在东起辽东边墙，西至虎跃雄关的万里长城一线，呈全线迁移之势，移民源横跨鲁、冀、晋、陕、甘五大内地行省，涉地之广，在中国近代移民史上独一无二。

清代内蒙古的汉族移民主要分为三条路线，第一条"走西口"——民众称大同以西的杀虎口为"西口"，经此道移民"走西口"。从山西到归化城土默特部，逐渐伸展到鄂尔多斯等地。主要是山西人、陕西人、甘肃人，后来泛化为人们从不同的水、旱关口出口都称为"走西口"。伊盟七旗境内，凡临黄河、长城处，所在皆有汉人足迹；第二条"闯关东"——指山海关以东的东北地区。虽然清政府一直限制内地人的移入关外，但是为了生存，人们还是要闯。闯关东的汉人主要来自直隶（今河北）、山东、河南的移民。他们出关后进入辽宁西部，再向北部渗入。第三条"跑口外"——从张家口、独石口、西风口、古北口等关口进入内蒙古地区，主要是河南、河北、山东等地的农民。

到19世纪初期，内蒙古地区的汉族人口增加到100万人左右。民国初汉族人口又进一步增至400万人左右，相当于蒙古族人口的4.5倍。到1949年，仅现在内蒙古自治区范围内的汉族人口已达到515.4万人，相当于蒙古族人口的6.17倍。随着内地移民源北上，省县建置不断增扩。清初，内蒙古全为盟旗所覆盖，无一州一县。1951年，内蒙古府州厅县建置达到50个。县治数远超过蒙旗数，县辖区占有内蒙古总域的很大比例。

在这三百余年当中，移民过程基本是连续进行的，形成了独具特色的迁移方式、迁移路线和移民文化，构成这一时期北方移民运动的重要板块。经过汉族移民，内蒙古地区的民族结构、行政制度、经济布局发生了历史性改变，由单一的蒙古游牧社会转变为蒙汉杂居，旗县并立，农牧双兴的多元化社会。

塞外汉族移民的一个显著的特点是移入区与移出区分布均极辽阔，属于漫散型移民，同时带有很强的分区对应特征。河北、陕西、甘肃三个移民省份，由于移民半径小，分区对应关系明确。河北与卓索图、察哈尔左翼交界，移民以东蒙为多；陕北与伊克昭盟（今鄂尔多斯）毗连，该盟南部的移民几乎全是陕北人；甘肃民勤县及鼎新、金塔二县分别移入阿拉善、额济纳旗，故这二旗的甘肃人最多。缩小到县一级，分区对应关系更加清楚。如察哈尔右翼四旗、归化城土默特及伊克昭紧靠长城的地带，其移民基本是由对面的晋、陕各县就近路界而入的。丰镇由大同、阳高移入，清水河由偏关、平鲁移入，准噶尔旗由河曲、府谷移入，郡王旗由榆林、府谷、神木移入，扎萨克旗由榆林、神木移入，鄂托克旗由榆林、靖边及甘肃平罗移入，大体上一一对应。如清水河厅"所辖之属，原东蒙古草地，入无土著，所有居民皆由口内附近边墙、邻封各州县招募开垦而来，大率偏关、平鲁两县人居多"。塞外移民路线尽管呈多源多线的漫散状态，但由于分区组合相对固定，主要迁移路线比较稳定，因此可冠之以"对口移民"，形成了绥远晋陕移民圈和东蒙的鲁冀移民圈。

### （二）蒙汉杂居的居住格局

从居住格局上看，蒙汉两族总体上是相对集中的，汉族主要分布在南部农区，蒙古族主要集中在北部牧区。但在农业区内部和农牧交错地带，蒙汉两族则是插花杂居、混合分布的。到新中国成立初期，居住在纯牧区的蒙古族人口只占内蒙古蒙古族总人口的1/3，大多数蒙古族都在半农半牧区与汉族居住在一起，这说明蒙汉杂居是大规模的。

蒙汉杂居格局也呈现出多层次性。首先，各地旗(代表蒙古族)县(代表汉族)相互穿插，反映出蒙汉杂居涉及的地域范围广，在内蒙古南部具有普遍性。归化城土默特是较早进入农业社会的地区，到民国时期，全旗已完全为县治所覆盖；其次，在旗县内部，蒙汉两族交错分布。汉族居住区并不限于设治地方，蒙古族居住区也不限于旗治地方。在缩小了的蒙旗所属地方，散居的汉族人口也占很高比例。由此，蒙汉杂居，农牧结合的基本格局已经基本形成。

从民居聚落的角度来看，尽管农区和农牧交错地带都有蒙汉杂居的现象，但由于蒙古族人口比例较少，加之传统的游牧生活改变为汉族的农耕或农牧结合，因此，其建筑形式也是汉族建筑成为此类聚落的主导。蒙古族逐渐被汉化，其生活生产方式和建筑形态甚至语言都同本地汉族完全相同。

### （三）农牧结合的生产方式

人口的大量流入和耕地面积的日益扩大，成为不可遏止的洪流，使内蒙古社会的政治、经济发生了重大变化。垦区农业的大发展，迫使许多蒙古族人民不得不放弃以牧为主的经营方式，逐渐转向以农业为主或半农半牧的生产经营方式。放垦后越来越多的汉人进入内蒙古地区，越来越多的耕地被开辟出来，牧场逐渐缩小，许多蒙古族人民由游牧变为定居，由经营畜牧业变成经营农业或农牧兼营，相继出现了农区和半农半牧区。而少部分的牧民则被迫迁往更加偏远的北部草原进行放牧。

内蒙古地区也相应地形成了以汉族为主体农区、半农半牧区和以蒙古族为主体的牧区。农牧结合也成为内蒙古地区汉族农民的主要生产方式，其主要分布在内蒙古的中南部的农牧交错带及其南部的农业区两部分。

## 三、汉族文化的历史演变

蒙汉交错杂居，缩短了两族接触的距离，增加了相互交往的渠道与频率，使族际互动处于直接、充分和全面的状态，对于消除文化偏见极其有益。在蒙汉杂居地带，体现深度民族交往的族际通婚已很自然。蒙汉两族长期通婚杂居，交叉融合越来越深，以致出现了"合村蒙民俱系亲友"的状况。蒙汉族际交流的结果更多地体现在文化习俗领域。蒙汉两族大量吸收对方的文化习惯，在语言、居住、饮食、婚葬、娱乐等方面发生改变。这一情形，一方面反映了蒙汉近距离交往的深入性和全面性，另一方面也反映了在正常民间交往中得以伸展的民族文化交流的双向性和自愿性。

蒙汉文化交流具有明显的双向性，迁入塞外的汉族也大量采借吸收蒙古族的文化成分。特别是最初迁入蒙地的汉族经历了一个蒙古化过程，强化了对于蒙古文化的认同与吸收。而汉族移民自身携带的文化传统也在蒙汉混居的过程中不断演变和重构，主要表现为民俗技艺简化，民族和宗教信仰内移，生活传统逐渐淡化等方面。

## 第二节　汉族地区聚落选址与布局

内蒙古汉族民居聚落的选址特点与内蒙古地区的民居聚落选址基本相似，随着移民的到来逐渐形成大大小小的村落，这个过程呈现出"由小到大、由纯变杂、由稀变密、由高到低、由南向北"的特点。汉族农业聚落一般是一个移民村，其早期聚落形成过程受到地形地势、气候特征、水源以及租种农田的距离等因素的制约，聚落选址都呈现出依山就势、背阴向阳、临近农田、自由发展的基本特点，因而属于没有规划，自发形成的村落。

内蒙古汉族传统农业聚落的布局形式主要分为自由式布局、组团式布局和线性布局三种。由于上述选址的特点和严寒气候以及水源等因素的制约，内蒙古传统汉族民居聚落的布局以自由式布局为主，即民居建筑呈散点自有分布，形成不规则的街道格局。组团式布局则是以血缘关系作为聚落形成的基本基础，一个大家族起初由一个院落逐渐发展，一代一代向外扩展，形成亲缘关系为主导的聚落组团，组团之间再由原来的远距离逐渐靠近，形成不规则的街道格局和组团式的聚落格局。第三种布局特点是线性布局，这种聚落特点是临近主要交通干道，聚落单体建筑为了争取最好的交通条件和商业活动空间，往往都聚集在街道两旁，形成线性布局。

## 一、聚落选址

内蒙古属于严寒地区，汉族民居又广泛分布在内蒙古中南部，因此汉族民居聚落在不同的地域又表现出不同的地域适应性。

以包头城东壕赖沟村为例，清初，这一带比较荒凉，没有人居住，最早由"走西口"而来的赵、贺、柳、辛四家来此开垦荒地，选择靠山向阳、挡风避寒之处盖房种地，辛勤的劳作换来了收入的增加，子孙繁衍，人丁兴旺，便扩大了他们的耕地面积，北面虽然是并不算太高的小山，却阻挡了他们的发展，只能向南面的空旷地带发展。尤其是壕赖沟村的赵家家族逐渐庞大，院落房屋渐渐不足以控制无边的农田，赵家便在别处修建了东大院、西大院，分家族的兄弟出去居住。兄弟生子，这些分院落便再分，如赵家的东大院后来就又分给三个兄弟。后来，又来了其他姓氏的家族，开始的时候不同家族的住宅相距较远，随着人口的增多，子子孙孙繁衍渐多，房屋住宅便加盖稠密。最早的民居修建在靠山避风向阳的高处，后来房屋渐增，便逐渐向下发展，到了后来适合建设住宅的地方越来越少，致使条件不好的地方、各个高地之间的沟里也盖满了房屋（图3-2-1）。

内蒙古汉族窑洞聚落，其博大雄浑的整体组合，在内部却是另一番美景，体现为窑洞与炊烟共同描绘的淳朴乡间景观风貌。聚落峰回路转，渐进的变化，以窑洞院落为单元，或以成排连成线，沿地形变化，或成团镶嵌于山间，集群在一水平线上，形成高低错落的空间布局，使得聚落景观变化丰富。院落根据峁沟谷走向，有效地避开洪水、泥石流等自然灾害，生活生产顺应地势，隐藏于梁峁沟壑之间，形成不规则的自然构图。院落随山就势，半藏半露于黄土中。蜿蜒上下的聚落道路连接四邻。山景树色，晨昏变幻，整体构成的画面颇具中国山水诗意。

窑洞土窑不是以宗祠或者商业服务作为中心点扩散布置的。随着时间的推移，石窑逐渐成为本村主要的民居。石砌窑洞选址分为两种情况：第一种，新宅建在老宅旁边；第二种，远离自家老宅。石窑的选址较灵活，受到的限制条件较

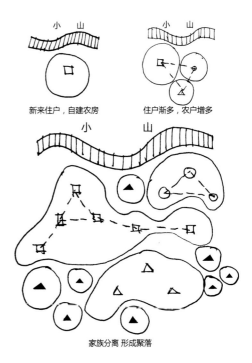

图3-2-1 聚落选址示意图（来源：申从军 绘）

少。首先饮水的问题随着当地打旱井储水而得到解决，其次也不需要考虑地质条件，因为新建住宅之前都会用石块打地基，因而在建造时只要把民居的朝向选定在南向、南偏东或南偏西一定范围内即可。村民选择把新宅建在老宅旁边，是充分考虑了老宅及其附属功能性场所的用途。老宅原本具有一套完整的居住系统，新宅建造旁边，就可省去兴建场院、牲口棚等附属场所的必要，同时用老宅作为储藏室，存取方便，这样新建住宅就能省时省力，同时节省钱财。这样建造的新宅就可自由布置，用地范围也不需规则。民居的布置没有明确的中心，显示出本村生活内涵的不够完备。

## 二、聚落布局

内蒙古汉族传统农业聚落的布局形式主要分为自由式布局、组团式布局和线性布局三种。由于上述选址的特点和严寒气候以及水源等因素的制约，内蒙古传统汉族民居聚落的布局以自由式布局为主，即民居建筑呈散点自由分布，形

成不规则的街道格局。组团式布局则是以血缘关系作为聚落形成的基本基础，一个大家族起初由一个院落逐渐发展，一代一代向外扩展，形成亲缘关系为主导的聚落组团，组团之间再由原来的远距离逐渐靠近，形成不规则的街道格局和组团式的聚落格局。第三种布局特点是线性布局，这种聚落特点是临近主要交通干道，聚落单体建筑为了争取最好的交通条件和商业活动空间，往往都聚集在街道两旁，形成线性布局。以上三种布局是内蒙古汉族传统聚落布局的基本特点，但对于每一个单体聚落来说，其自然条件、地形地势以及主要交通干道等条件千变万化，因此，有很多聚落的形成都不是遵循哪一种布局特点，而是自然形成，有自由式和组团式相结合，有的是组团式和线性布局相结合等多种布局形式综合而成。

以窑洞聚落的布局为例，窑洞民居的布局形制分为三种，传统民居以自由式和组团式为主，而现代民居以线性式为主。传统民居布局方式以自由式和组团式为主。自由式：村落沟壑纵横，山丘众多，村民一般都会在自家耕地周围选背风向阳的山丘建房，民居之间联系较少，户与户之间少则相隔几十米，多则几百米。这样建房方便村民下田干活；组团式：本村初期同姓的人居住在一个小组团内，以道路联系各个组团。每个小组团都以本姓氏的老宅作为中心，向外扩散开来。每个组团一条主干道连接村外，内部若干小道交错。现有汉族聚落民居以线性布局为主，即用地呈一字形展开，一条主干道贯穿始终。本村现代民居90%以上都是沿主干道而建，随机布置，一字延

图3-2-2　石砬沟聚落布局（来源：韩瑛 摄）

图3-2-3　老牛湾庙区聚落布局（来源：韩瑛 摄）

伸，没有纵深。民居皆坐北朝南，占地面积大（图3-2-2、图3-2-3）。

城镇中的汉族民居往往受到城镇总体布局或者城市主要建筑以及经济形态的影响较多，其布局形式也不尽相同。例如阿拉善定远营宁夏式民居建筑群的布局，受定远营整体布局的影响，民居群体分布在定远营一侧，呈兵营式整齐排列。定远营经过参将衙署时期、清代扎萨克王时期、民国时期的修建，形成了结构严谨、整体性强的城市建筑布局方式（图3-2-4）。因城内将近一半的面积为山体，城市布局在顺应自然、利用自然方面可谓集大成者。整体布局并不是中国古代城市传统的对称布局方式，没有统一的中轴线贯穿，核心建筑群落布局在城市地势高的东侧（图3-2-5），民居区在西侧（图3-2-6）。在整体规划之初，因城内面积有限，便将大部分居住建筑、全部的商业等放在了城外的三道河沟处，谋求长远发展。今天的巴彦浩特镇也是沿着这个轨迹进行城市建设的。建筑布局除了受到特定自然环境和营造技术的影响外，在相当程度上受着社会环境和人文传统的制约和影响。

呼和浩特归化城晋风商宅建筑群则受到藏传佛教寺庙建筑布局的影响较大，整个商业建筑群都围绕在主要寺庙的周边向外呈不规则发展形态。归化城俗称"召城"。阿拉坦汗在建城初期，希望将归化城营建成蒙古社会的宗教中心，故在建城之时，将寺庙作为重要的构成要素加以考虑，利用一道城垣将城分为两部分，城垣以南为开放的寺庙区及互市区，城垣以北为封闭的宫殿、官署及居民区。因此，藏传佛教寺庙的建立决定了归化城初期的城市形态，也为城南道路体系重构提供了依据。由商号建立的"买卖城"就以各藏传佛教寺庙为核心逐步形成的，商铺受喇嘛庙租售土地位置的限制，主要分布在寺庙前南北走向的道路两侧，故而形成的商业街都是以寺庙为起点向外延伸。另外，藏传佛教寺庙在租赁土地时有一个大的区域限制，使各商铺构成的街区多呈1:2比例的长方形，商铺窄边朝向街面，目的在于增加商铺数量，便于寺庙获得更大的出租利润。最后，由于从藏传佛教寺庙租赁的铺面价格较高，加之商号主要是做批发生意，因此决定了商号院落的形制，每个商号的铺面仅三间，约

图3-2-5　定远营聚王府部分（来源：孟祎军 摄）

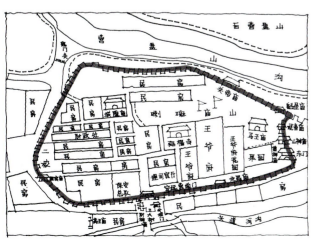

图3-2-4　定元营聚落布局（来源：张帅 绘）

图3-2-6　定远营民居建筑部分（来源：孟祎军 摄）

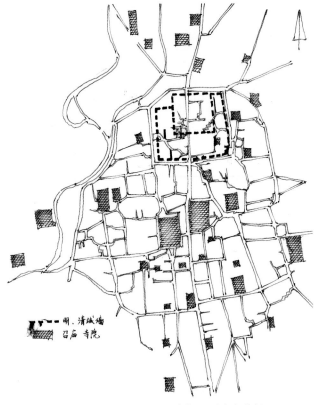

图3-2-7 归化城城市布局（来源：张宏宇 绘）

10～15米，商户院落的进深都很大，约60～120米不等，院落四面都盖满房子，院落的大小、形状无规律可循，这都是由寺庙租赁土地的条件限制所致。喇嘛阶层追求最大出租利润的欲望使得归化城街区呈现出众多狭窄的、不规则的街巷及纵深、封闭的院落也导致了归化城拥挤、无序的城市肌理（图3-2-7）。

## 第三节 汉族地区的建筑

从居住格局上看，蒙汉两族分布总体上是相对集中的，汉族主要分布在南部农区和农牧交错地带，蒙古族主要集中在北部牧区。在汉族聚居的内蒙古南部地区，逐渐形成了大量性的城镇和乡村聚落。

内蒙古地域的汉族民居建筑按其所处的地域特点和汉族移民的来源地，共分为宁夏式民居、晋风民居、窑洞民居和东北民居四种基本建筑类型。宁夏式民居主要分布在阿拉善盟和巴彦淖尔市的部分地区，晋风民居主要分布在土默川平原。窑洞民居主要分布在内蒙古清水河县和准格尔旗、鄂尔多斯的部分地区，东北民居主要分布在内蒙古东部汉族聚居区。

这四种类型的共同特点是植入为主，形式多样，技艺粗放，简朴实用，沉稳厚重，混合创新等。因内蒙古地域原有的蒙古族是以移动式蒙古包为主要居住建筑，没有固定的居住建筑类型。从各临近省份移民来的汉族居民，往往会按照原来的民居建筑形式建造新的房屋，因此，内蒙古传统民居建筑就成了各种文化碰撞融合的基地。另一方面，从各地移民来的汉族农民，都是逃荒为主，极其穷困潦倒，没有多余的资金建造华丽的建筑，因此内蒙古传统民居建筑往往就地取材，简化了多余的空间和装饰，形成了目前简朴实用的民居建筑形式。

### 一、宁夏式民居建筑

宁夏式民居以阿拉善定远营民居建筑为代表。阿拉善左旗和周边地区的商贸往来一直比较频繁，尤其是与宁夏和甘肃地区，为了方便经商，很多外地商人就在此定居，所建居所大都以原籍地的民居形式为原型，这对当地固定式居所的建设起到了很大的影响作用。如阿拉善左旗与宁夏相邻，两地都常年干旱少雨，连续降雨时间短，强度小。这里的住宅多为平顶，平面布置为"四合房式"，院子南北甚长，成窄条状，房屋前檐多数带柱廊。房屋正面有精美的砖雕木饰，明显受宁夏建筑影响，所以又称"宁夏式"（图3-3-1～图3-3-3）。阿拉善左旗与宁夏相邻，两地都常年干旱少雨，连续降雨时间短，强度小，因此阿拉善左旗传统民居建筑大都采用宁夏式的无瓦平屋顶样式。

定远营营建之初，因由清廷命人修建，有大批的京城工匠参与其中，而后历代王爷及其近支又与清廷交流往来甚是

图3-3-1 宁夏式民居建筑群（来源：韩瑛 摄）

图3-3-3 宁夏式民居正房（来源：孟祎军 摄）

图3-3-2 宁夏式民居正房（来源：孟祎军 摄）

频繁，致使阿拉善左旗传统民居的建筑形式深受京师四合院的居住形式影响，也使阿拉善左旗的传统民居带有浓厚的北京特色，体现在院落上最鲜明的就是合院布局形式。阿拉善左旗的传统民居大都采用合院形式，格局方正，院落内也分为正房、厢房、耳房等，房屋一般都有檐廊，有的檐廊还使用垂花吊柱出挑。民居室内外装饰中也体现着北京地区的一些做法，如额枋上精美的雕刻，室内的各式门罩等（图3-3-4～图3-3-6）。

阿拉善左旗西南紧邻甘肃省河西走廊地区，民居形态也

图3-3-4 民居门楼（来源：韩瑛 摄）

图3-3-5 民居门楼（来源：韩瑛 摄）

图3-3-6 王府垂花门（来源：韩瑛 摄）

受到此地区的重要影响，河西走廊地区因其自然地理环境影响，传统民居要求防寒与防风沙，争取冬季日照，所以其民居大都就地取材，形态简朴，阿拉善左旗的传统民居同样也借鉴了这样的手法，就地取材使用生土做坯，有些还混入少量当地沙石以增加材料的强度，建筑外墙也均加厚以利防寒与保暖。

## （一）院落形式

阿拉善地区传统民居虽然结合了周边地区的建造特色，但其院落组合形式仍沿用了传统四合院的组织手法，即以院落为中心，建筑从四面围合组成核心空间，规模大致可分为以下几种组合形式：

### 1. 独院式

阿拉善地区较常见的是单个院落的三合院民居，这种民居大多供普通平民所居住，院落四周布置有宅门、正房、耳房、东西厢房。宅门开在南侧院墙正中，做成精致的门楼，正对宅门的是正房，它是整个院落中的核心建筑，一般两侧各有一个耳房，院落东西两侧还配有厢房，厢房靠宅门一侧也可连接一个外厢房，从建筑高度上来看，正房处在最重要的位置，地位最高，建筑高度也最高，其次是东西厢房、耳房、外厢房。整个院落大致方正，没有倒座、门房，各建筑房门均开向内向的院落空间，既保持联系又对外私密，这种只有单个院落的三合院布局是阿拉善地区传统民居的基本形式（图3-3-7）。

### 2. 多跨或多进式

阿拉善地区较有财力或地位的人家会将上述独院式民居沿横向或纵向重复组合，形成多跨或多进的组合形式，多跨式的院落一般是在主要院落旁再接出一个或两个对称的院落，称为偏院，偏院居于正院之侧，大多数为晚辈以及佣人生活居住的场所，布置形式上也较为灵活（图3-3-8）。

多进式的院落总体呈纵长形，有前院、正院、后院之分。前院位于整体最前面，是一个过渡性的空间，供接待、庆典等之用，因其是进入院落后的第一印象，所以观赏性较高，修建时也较考究。内院处于整体中部，院落开阔舒适，景色宜人，是家庭成员主要起居、生活的空间，也是所有院落的核心，占据中轴线上最重要的位置，私密性较强，为保证安静雅致的氛围，外人很少进入。后院在中轴线的最末端，一般为仆人生活杂务之用，也有的后院为饲养、仓储等功能，均为后勤保障之所。例如巴彦浩特镇牌楼巷一处民居，其院落为横跨两院式，分正院与偏院，各院落均有正、厢房，用过厅连接两个院落，正院开阔，上房明间主要为会客和礼佛之用，主人居于次间，厢房也为居室，偏院主

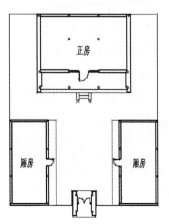

图3-3-7 独院式（来源：王秋晨 绘）

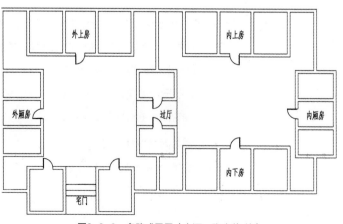

图3-3-8 多跨式民居（来源：张文俊 绘）

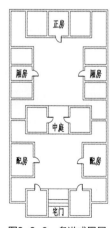

图3-3-9 多进式民居（来源：张文俊 绘）

要供晚辈居住或各项杂事之用。由于历经各代改建翻修，该院落格局现已遭破坏（图3-3-9）。

### 3. 多跨多进式

在阿拉善地区由于贵族享有最高的权利，他们世袭爵位，家族庞大，所以府邸的规模大都庞大，这就需要多跨多进的院落组合，将多进式院落横向联通，使得家庭成员可以相互走动、商量事务，又可保持各自的私密空间。功能布局也通常按照院落来划分，正院位于中轴线上中心位置，体量最为高大，在建筑的材料和质量上都高于其他建筑，装修也最为精致，等级最高。正院的开间数一般大于或等于相邻的跨院开间数，是整个院落组合的核心，属于"尊"、"上"区域。因阿拉善地区贵族王公往往也掌管军事大权，其府邸通常兼办公、居住于一体，所以其府邸通常按横向将各进院落划分为不同的使用空间，如阿拉善左旗王爷府就按功能分为东、中、西三路，东路为王爷福晋起居之所，中路为王爷处理旗务的办公场所，西路为仓库等后勤杂事所用。

## （二）建筑平面布局

阿拉善地区传统的合院民居因从京师合院发展而来，所以其平面布局是以建筑围合内向型院落，院落的大小和规模都因住户的社会地位和身份尊卑而各不相同，院内主要建筑有宅门、正房、耳房、左右厢房、左右外厢房。其中，院落是家庭活动的主要场所，通常环境幽静。阿拉善地区传统民居在建筑布局时通常按照中轴线布置，核心建筑位于中轴线上，次要建筑置于中轴线两侧，充分地体现了宗法制度下的家庭居住模式。院落空间布局时，主要考虑的是"以中为尊、长幼有序"，家庭中不同辈分的成员应对应住在不同位置的房间中。整个院落中，正房是核心建筑，也是地位最高的建筑，正房少则三间，多则五间、七间，明间通常设置佛龛，供祭祖拜佛之用，次间多为居住空间；院落东西厢房也因方位不同而有尊卑之分，通常东尊西卑，如果一夫多妻制，东厢房居正室，西厢房居侧室。

## 二、晋风民居建筑

内蒙古呼包地区的晋风民居因"走西口"而产生，也受"走西口"影响，"走西口"的人群按其生产方式分为两类：一为广大的贫苦人民，他们大部分来自于晋、陕、冀、鲁等地。他们从汉地来到蒙地务农，经济条件差，建造生土农宅；二是来自周边各地的旅蒙商和达官显贵建设的晋风商宅。这些晋风民居虽然不如汉地民居精致，但是其融合了内蒙古的地域特色，晋商民宅，也成为内蒙古民居的一部分。这些呼包晋风农宅和商宅之间并无严格界限，多数农民的生土农宅采用生土材料，条件稍好的生土民居四角的局部添加砖瓦，旅蒙商人和达官显贵则营建外熟内生的四合院民居。

内蒙古晋风民居的院落形制依然延续山西、陕西等地的合院式院落形式，不同的是，由于气候和人口等因素的影响，内蒙古晋风民居的院落比山西、陕西地区的院落要宽阔很多，一般的宅基地都在666平方米左右，而院落面积都在300平方米左右（图3-3-10）。院落中的主要建筑包括正房、东西厢房，南房或倒座等组成，其建筑功能也分为农宅和商宅两类，生土农宅正房为5~7间，一般以居住功能为主，而东西厢房除了部分居住功能以外，都是以储藏、粮仓、鸡窝、马圈等，南房一般都设置猪圈、羊圈、厕所等。晋风商宅正房为柜房，是掌柜的办公、住宿用房，东西厢房为账房、伙计们的办公用房和住宅（图3-3-11），南房为厨房、货仓间，大门洞采用半圆形砖拱。

内蒙古呼和浩特、包头地区的晋风农宅往往四周围土墙以成院，木栅栏门，院落四周就是农田，院落非常宽敞，可圈养牲畜，放置农具。常常只有正房和南房，厢房较少，长辈和晚辈都居住在正房，子孙结婚时正房可自由加长，经常可以见到十一开间的正房，正房采用土木结构，局部添加砖瓦。室内有炕有灶，经济条件好的家里有炕围画，风格朴素喜庆。厢房相对简单，无过多装饰。农宅的整体色调接近于泥土的颜色，朴素自然，与大地融为一体。

单体建筑以土木住宅为主，但是在位于街道两旁的是

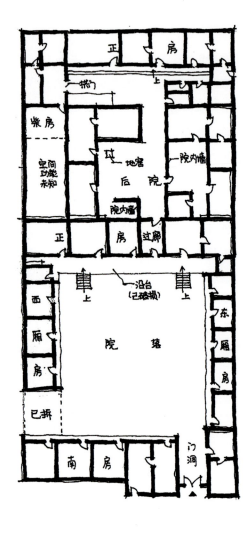

图3-3-10 包头白家大院平面图（来源：王秋晨 绘）

图3-3-11 晋风民居拱形大门（来源：李玉华 摄）

图3-3-12 晋风商宅正立面（来源：李玉华 摄）

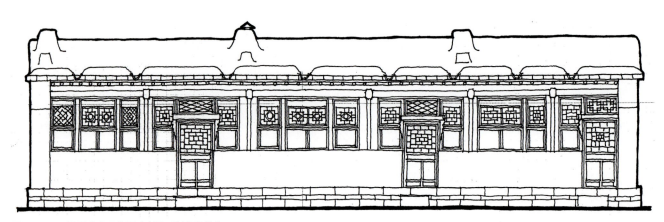

图3-3-13 晋风农宅正立面（来源：张宏宇 绘）

晋商的住宅和店铺，这些晋风商宅往往雇佣山西匠人建设，使用青砖，开间较大，非常精致（图3-3-12）。民居住宅盖房所用椽檩以杨柳居多，松杉甚少。屋墙农村多用旱坯，城镇用水坯，屋顶用胶泥麦秸相和成泥涂抹而成（图3-3-13）。生活较富裕的人家，盖房青砖走边压沿，四角落地，再好的房子是立面土坯，外面砖包，以筒瓦盖顶，就像是砖木结构。纯砖木结构的房子甚少。

当地靠近黄河，有丰富的黏土资源，所以迁徙而来的山西人就是用黏土和当地的杨树、红柳为材料建筑房屋，少数有从外地沿黄河运来的松木。所居之房屋，大多土壁泥顶。境北房屋顶倾斜度大，概由便于排雨之故。早年盖房之木料，城镇多系松杉，为沿黄河运来之宁夏木材，乡村多系县境内所产之杨柳。外墙常常是土坯，条件好的用砖勾边，少数富户采用青砖内包土坯，冬暖夏凉。这在寒冷的北方是非常节能舒适的。砌砖工艺采用磨砖对缝，白灰砂浆黏合，非常精致，远远望去就像是无数条平行的细线。这与呼市和包头其他地区的处理是非常一致的，只是砖的尺寸略有不同而已，农宅中压边的青砖尺寸为 260毫米×45毫米×30毫米。

房屋格局大多取两间为一室，中间置枹担，也有里、外间者，里间为小屋，有门相通。近年来城镇居民盖房，多取一进两开，中为厨房。一幢为五间或七间的，也有七间以上的。新屋落成后，都极注重裱糊、油画，农村不少顶棚为细泥裹沫，称为泥仰层。以托克托县河口村一户马家民居为例，沿街建筑为 6米×12米，前半部分为沿街商铺，青砖走边压沿，四角落地，青瓦覆顶。后半部分居住，为土坯。从残破的建筑所露出来的粗圆笔直的椽檩，可以想象当年建筑的辉煌和主人的富有，沿街立面原来的墙面的青砖已经消失，后人用红砖重新砌筑支撑。只有马头墙部分的磨砖对缝可以看出当年的痕迹。

住房内，一般的人家为纸裱顶棚，白泥粉刷墙壁，炕上墙围油漆彩画，图案多样，地上放红躺柜，正中悬挂中堂。贫穷人家的住房和室内陈设则相对简单，多为一门一窗，地下立一水缸，炕上铺一张破席子，放一卷破铺盖。

## 三、窑洞民居建筑

传统窑洞民居分为土窑和石窑两种（图3-3-14、图3-3-15），都是从山西、陕北植入的建筑类型。土窑的建造使用有数百年历史，各地窑洞的形式不同，其建筑结构却大致是一样的。内蒙古地区的窑洞根据其建造材料区分，主要有土窑洞、石窑洞两个类型。土窑洞主要是人们利用黄土的特性，挖洞造室修建而成的，其主要结构构件为原生黄土。这种土窑洞一般进深不定，但是窑洞顶部一般高3米，底部宽3米，上部呈拱形。家庭条件较好的在土窑洞基础上，洞口部用石头或者是青砖包砌，室内多用青砖铺地与砌筑墙面下部，称为石窑或者砖窑。石窑或砖窑的修筑式样、建造方法与土窑洞类似，其外表更加美观整洁。

图3-3-14　窑洞民居建筑——石窑（来源：韩瑛 摄）

图3-3-15　窑洞民居建筑——土窑（来源：韩瑛 摄）

图3-3-16 产业型馒头窑建筑群（来源：韩瑛 摄）

内蒙古地区窑洞一般修在黄土的山坡或者山脚下的朝阳处，但由于每个窑洞分布地区的自然环境、地质地貌和地方风土的不同，窑洞多为因地制宜，充分利用地形和周围资源，所以其建造方式和布局形式的不同而产生了不同的形制特征、实用性很强的窑洞。从建筑布局和结构形式上，主要划分为靠崖式、独立式两种，其中靠崖式窑洞以沿沟式窑洞居多。当然也会出现明锢窑洞，以及比较特殊的前房后窑和前洞后窑等不同的院落形态。虽然在布局上显得较为散乱，但这种聚落形态有其自己的秩序，最利于防御外敌、遮蔽风沙、保持室内恒温、节约耕地，而且造价低廉，破坏生态环境最小并与环境最为融合的一种聚落形态，也是"天人合一"思想的最佳体现。靠崖式窑洞利用山势地形，开挖较方便的窑洞形式。多分布在陕西与内蒙古交界地带，数量最多、窑院形制最完善。这种民居特点在于可利用窑前空地建造房屋，形成窑房结合的四合院。砌筑式"明锢窑"，至今老牛湾仍完整着保留这种聚落（图3-3-16）。

## 四、东北民居建筑

东部地区的住宅带有东北风格，从平面上看，大门、正房都布置在中轴线上，两端建厢房、成三合院。方形合院的院落形态是内蒙古东部地区汉族传统民居对中原民居院落形态的一种继承，其平面布局多为前后长、两端窄的矩形。

院落由"前院"、"内院"、"正房"组合而成。在传统院落的形态构成中，这种基于厅堂、厢房与门房围合而成的院落基本单元形态，可以沿着纵轴或横轴无限发展、壮大，逐渐扩展为一个院落族群、街坊乃至一个城市区域。内蒙古东部地区汉族民居的轴线意识是非常鲜明的，首先是完全的对称：内蒙古东部地区汉族民居空间实体要素自始至终呈对称布置，轴线没有出现任何转折；其次是结束端的明确：内蒙古东部地区汉族民居大院中大门的位置普遍位于院落南墙的正中，很明确地塑造了轴线的结束端；最后明确的是轴线边缘线。内蒙古东部地区汉族民居大院中贯穿院落沿纵轴铺设的通道，作为沿着中心轴线的长度而设定的边缘，在空间水平面上强调了轴线意向。从院落的平面布局来看，内蒙古东部地区汉族民居大院的房屋建筑相对独立，建筑与外墙之间多留一定的距离，用于后院粮囤运粮。

东北民居建筑平面主要分为两开间、三开间和多开间平面布局。两开间的平面布局的正房进深较大，平面呈正方形，采用这种两开间式平面布局，外墙面积小，既建造经济又能防寒。三开间的平面布局，当地称为"一明两暗"的布局模式比较常见，堂屋居中，两侧对称布置东西屋。堂屋是出入各屋的必经房间，常用作厨房，设有灶台。三开间的小型房间，各功能空间逐个连接，空间流线及分区简单明确。多开间的平面布局，如五开间或七开间的房屋在汉族大型民居中较为常见。

从建筑形态来看，内蒙古东北的汉族民居主要有双坡屋顶硬山瓦房或悬山土坯房、草坯房等（图3-3-17、图3-3-18），另一种是囤顶式的平房。上述汉族民居建筑从黑龙江、吉林、辽宁等地的汉族民居中都可以找到其建筑原型，但由于东北地区历史和民族关系演变复杂，上述几种民居建筑形态的渊源关系和相互影响演变的过程，目前还有待于进一步研究。从笔者在呼伦贝尔、兴安盟、通辽、赤峰等地的汉族民居调研现状来看，目前保存数量较多，现状较好的是囤顶碱土民居，这种民居建筑分布在内蒙古呼伦贝尔、兴安盟、通辽、赤峰的部分地区。因此，本书的东北民居部分将以囤顶碱土民居作为侧重点进行分析和论述。

囤顶顾名思义，屋顶形状略成弧形，前后较低、中央略高，房屋左右两侧的东西山墙高出屋面，高出的部分也依照屋面的坡度而砌成弧形，从侧面看屋顶轮廓线是一条弧线，如图（图3-3-19）所示。正因为带有坡度的弧形屋顶，因此，夏季时能很好地向两侧排雨水。从外观上看，屋顶弧线的曲度大约为10%左右，两侧的东西山墙大约高出屋面400毫米，很多时候也是匠人的经验数据。囤形的屋顶和房屋的平面布局是相适应的，简洁、规整的长方形平面布局保证了屋顶的连续性，内部结构受力均匀，弧形的结构形式也有效地分散了水平面的受力，同时因为北方春秋风沙较大，冬季雪较多，有效地减小了屋面的荷载，保证了屋顶的耐久性。

囤顶为梁柱木构架结构，是区别于平顶和硬山顶的一种民居屋顶形式。囤顶构造主要由檐、柱、檩子、椽子、过梁等构件组成。为了采光和日照，南向墙体一般都开有较大的窗户，所以主要以柱子承重，北墙为了冬季保温防寒，一般不开窗户，主要由实体墙体和柱子承重。东西山墙内布以木柱和实体墙相结合承重，柱子上的梁一般和山墙宽度一致，隐藏在墙体内，山墙内的梁上铺设不同高度的短柱，短柱中间高，两端低，短柱上再铺设檩子以形成屋顶弧度。柱子、檩子、短柱分别以榫卯结构方式相连接，上一层梁比下一层梁略短，最下一层梁固定在对应的柱头上，木梁上再搭木檩，木檩上再搭椽子，椽子上架设屋面层，屋面纵向弧线，与椽子构成屋檐的出挑。

囤顶的屋面构造非常有地方特色。囤顶屋面围护层最底端部分是连檐，往上依次为：望板上面铺设2层或3层的苇莲，苇莲的上面再铺设厚度约为8厘米的干秸秆，这层主要起到冬季保温的作用。苇莲和干秸秆都是当地居民比较容易得到的材料，既满足了保温隔热等基本的功能需求，又能就地取材、施工方便、造价低廉（图3-3-20）。

从建筑材料来看，东北传统民居建筑是就地取材，充分利用自然材料的典范。木材、黄土、秸秆、稻草、淤土、碱土、白干土、苇莲等都是当地很容易获取的本土材料，减少了造价，本土材料的使用也充分体现了对自然环境的尊重。建筑结构材料主要是使用当地较为丰富的木材资源，而主要使用自然材料的部分是集中在围护墙体和屋顶上。东北地区民居建筑的墙体材料从做法来分，主要有土叉墙、土坯墙、垡子墙和砖墙、石墙等。土叉墙是用碎

图3-3-17　东北民居——悬山双坡草顶房（来源：韩瑛 摄）

图3-3-18　东北民居——悬山双坡瓦房（来源：韩瑛 摄）

图3-3-19　东北民居——囤顶民居（来源：韩瑛 摄）

图3-3-20 囤顶顶部铺设的苇莲（来源：韩瑛 摄）

图3-3-21 东北民居土叉墙图（来源：韩瑛 摄）

图3-3-22 东北民居垡子墙（来源：韩瑛 摄）

草和黏土搅和在一起，用叉子一边一层层地垛在一起，一边将多余的泥巴叉下来以保持墙面的平直，这样垒一小段就需要晾晒很长时间，使墙面变硬再继续叉垒上面的部分。这样的墙体厚重结实，草的拉结性较强，同时还具有保温隔热的特点（图3-3-21）；土坯墙做法是用碎草和黏土搅和在一起，填入模具中晒干，变成一块一块整齐的土坯砖，然后再砌墙，这种做法在内蒙古中西部地区也很常见；垡子墙是在低洼的水垫子或沼泽地里挖出一块一块草根和泥土结成一体的草垡子，晒干后垒砌而成的墙（图3-3-22）；此外，较富裕一点的人家，也会用我们常见的青砖、石头等砌墙。屋顶材料主要是使用苇帘子、稻草以及炉灰渣等进行保温隔热处理，有的人家甚至还使用马粪和黏土搅和起来，抹在室内屋顶上，再抹白灰，这样，既能保温隔热，看起来又干净好看。而外屋面的做法，也是以当地的自然材料为主。草房是在东北地区汉族民居中最为多见的屋面形式，一般草房都建在立柱上，首先置檩木再挂椽子，多为三条椽子。椽子以上铺柳条或者高粱秆以及巴柴。在这些间隔物顶上再铺大泥，当地称作望泥，也叫巴泥，厚度约10厘米。为了防止寒气透入，再加草泥辫一层，这样可以防寒又可以延长使用。最顶部分苫背草等，厚度大约有半尺左右，屋脊部分厚约1尺（约0.33米）。囤顶也是主要由苇莲、秸秆和碱土作为主要材料。另外还有中西部地区常用的瓦顶等。

## 第四节 汉族地区建筑装饰

内蒙古汉族地区的民居建筑装饰方面也充分体现出了上述技艺粗放、生态简朴的建筑特征。与建筑来源地同类建筑相比较，其装饰部分大量简化，但其装饰内容和部位依然能看出潜藏在装饰外表下的劳动人民质朴的内在气质和文化特色。由于建筑类型不同，其装饰的内容和部位也有所不同，下面分不同类型介绍内蒙古汉族传统民居建筑的装饰。

### 一、宁夏式民居装饰

由于宁夏式民居代表性建筑为阿拉善左旗定远营内居所，因起初都是为王爷近支、王府官吏及上层喇嘛而建的，所以室内装修非常考究，对工艺的精度要求也较高，现还能在遗存的院落里找到很多精美的构件，如门窗的槛框、门扇、室内隔断、天花等；院落内木、砖、石等材料

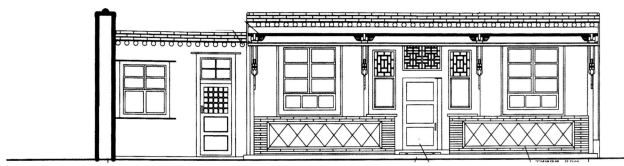

图3-4-1 宁夏式民居厢房立面（来源：张宏宇 绘）

构件上也都经常刻有大量精美造型和图案，表现出了极为精湛的技术水准（图3-4-1），院落中最精美的雕刻一般集中在宅门、额枋及檐口下的垂花吊柱上以增加美感，木雕以浮雕和镂空透雕为主，砖雕经常出现在墙心和墀头等部位。

## （一）梁枋装饰

阿拉善地区传统民居在梁枋等处往往有生动讲究的彩绘和木雕装饰，尤其在一些王爷贵族的府邸里更因其身份尊贵而装饰华丽。彩绘装饰在清代主要分布于梁、额枋、垫板等处，通常按照建筑等级、装饰纹样、风格特点而分为和玺彩画、旋子彩画和苏式彩画。其中和玺彩画以龙凤纹为主要纹样，搭配以各种祥云、吉利花草图案，是等级最高的彩画，这种彩画只能用于皇宫建筑装饰；旋子彩画是一种以圆形轮廓线条构成花纹图案，形似漩涡，画于藻头部位，旋子彩画大多为一个整圆和两个半圆组成，在此基础上也有很多灵活多变的变化形式，枋心部分的图案有龙凤、吉祥花草等，这种彩画广泛应用于王公贵族等的宅邸中；苏式彩画较为随意，绘画内容形象生动，具有浓烈的生活气息，经常出现在江南私家庭院或小式园林中，体现了中国山水画的意境之美（图3-4-2）。

阿拉善地区传统民居中的梁枋彩画主要为旋子彩画和苏式彩画，其中旋子彩画主要用在王爷府邸；富户贵族大都用富于趣味的苏式彩画，苏式彩画主要以山水风景、花鸟人物为纹样，清秀淡雅，文化底蕴深厚；还有的平民小宅院不施彩画，仅在梁枋上施以油彩装饰，但所选用的色彩大都较深，如暗红、土黄等，所以使梁枋油饰得整体效果透着点沉静。

阿拉善地区传统民居在梁枋上通常还配有各式木雕花样，雕饰的内容主要有荷、梅、回纹、卷草、龙、凤、鱼等，采用镂空、透雕、圆雕等多种手法，同时又用彩色漆绘，使梁架雕饰显得特别精致。檐下梁头也通常为了美观而雕成植物纹或云纹形状。

## （二）斗栱、雀替装饰

阿拉善地区的传统民居一般无斗栱，柱上直接架梁檩等承托屋面，但因斗栱特有的艺术气质，总会使人产生一种柔美的奇妙感觉，无论从美学或结构上来看，都体现着中国传统建筑特有的精神和气质，更在建筑立面装饰上能影响整体建筑风格效果，所以，有的民居中也有斗栱出现，不过大都属于美观装饰作用，而非承重需要。阿拉善地区传统民居中出现的斗栱大都木雕精细，主要起装饰作用，分布于建筑的额枋之上，构件主要由坐斗、栱等组成，而且大都雕刻有祥云或花草图案，每个柱头上一个，补间四个，有的在斗栱间还镂空雕刻有各式植物图案，形态轻巧优雅（图3-4-3）。

雀替也是我国木构架建筑的一个重要装饰构件，位于柱子上端与横梁的连接处，通常是为了缩短梁枋的净跨距离，起到加固建筑构架的作用，通常也是建筑装饰的重点部位，装饰手法有木雕、彩绘、透雕等。在建筑尽间，若开

图3-4-2 马鞍形门头（来源：韩瑛 摄）

图3-4-3 定远营椽头斗栱彩绘（来源：韩瑛 摄）

图3-4-4 垂花门梁枋彩绘（来源：孟祎军 摄）

图3-4-5 定远营王府大门屋脊装饰（来源：孟祎军 摄）

间较窄，则自两侧柱挑出的雀替常连为一体，称为"骑马雀替"。常见植物、花鸟等题材，也有各式方格图案（图3-4-4）。

### （三）脊兽、脊条装饰

脊条在阿拉善地区主要见于院落宅门屋顶之上，脊条大多使用精美的浮雕图案作为装饰，称为花脊，纹样大多为麒麟牡丹样式，用以象征吉祥富贵，使屋脊即华丽美观又包含了人们对生活寄予的希望（图3-4-5）。

定远营传统民居除平屋顶外大都是卷棚式屋顶，卷棚屋顶的最大特点是屋顶无正脊，只有四条垂脊连接两面坡顶，两面坡相连处的弧线形曲线如卷席状，因此也叫元宝脊。屋顶垂脊的最前端通常都会有走兽，走兽通常在仙人之后，顺序依次为龙、凤、狮子、海马、天马、押鱼、狻猊、獬豸、斗牛，之后还有行什收尾。根据建筑级别和屋顶坡身的大小，走兽数量不等，清代以来，对走兽的大小、奇偶、数目等都做了严格的规定，必须是一、三、五、七、九等单数，阿拉善地区最高级的王爷府邸就是使用了五个走兽，走兽名称分别为龙、凤、狮子、海马、天马。

## 二、晋风民居装饰

### （一）门窗构件装饰

#### 1. 门洞的弧线化

汉地移民来内蒙古地区务农需要骡马牛羊来帮助其进行

图3-4-6 弧线形门洞（来源：李玉华 摄）

图3-4-7 晋风民居鹌鹑式屋（来源：韩瑛 摄）

农业生产，耕地拉车。而呼和浩特、包头等地经商者也多做骡马和驼运生意，高大的门洞是人畜合一的通道，并不严格区分入口。方形的门洞一方面不好用砖砌筑，另一方面也没有必要。圆形的门洞中间的高度完全可以通过骆驼、牛马，两边则适合堆满货物的车辆的通过，而且显得美观。所以在内蒙古呼和浩特和包头地区的晋风民居中，圆形门洞的数量远远多于方形的门洞（图3-4-6）。

### 2. 大门材料铁艺化

传统民居中的院门是院落中非常重要的一个要素，是外界了解主人的一个窗口，从古代的"门当户对"就可以看出门的重要性。内蒙古呼和浩特和包头地区晋风商宅的大门往往是砖雕、木雕、石雕大显身手之处，如呼市圪料街一处票号民居中的大门涂有猪血腻子，以作防雨水侵蚀等作用，几百年仍能光亮如新。现在这些技艺已经失传。但是因为内蒙古常有土匪出没，有钱人家的门也只是适当装饰，不会极尽奢华。

在内蒙古呼和浩特和包头地区晋风农宅中则是土坯墙和木头栅栏大门，相对简单。现代工业的发展，大门被市场上标准化生产的铁艺大门所取代，大门往往退化为入口和标识的基本功能。以前雕刻中的图案被简化融合到了现代的铁艺中，根据主人的信仰和喜好在铁艺的大门中往往融合有汉族、蒙古族和回族的一些传统图案。传统中复杂的人物故事等题材的装饰图案因为做工繁杂而被舍弃，取而代之的是一些简单的点、线、面等图案，如"盘长"等。

## （二）屋脊脚与墀头装饰

### 1. "鹌鹑式"的屋顶装饰

内蒙古晋风民居屋顶常采用一出水屋顶，但是到后面往往有一小截收头，非常特别，叫"鹌鹑式"屋顶，这种屋顶后往往有雕花砌筑栏墙，雕饰精美，这种特殊的屋顶一方面具有一出水屋顶的风水上所说的"四水归堂，财不外露"的视觉效果，又不至于使屋顶后端过高，同时有美观的收尾效果（图3-4-7）。

### 2. "飞子"的若隐若现

"飞子"作为屋檐"椽子"下的出挑构件，可以增加出挑，扩大落水与墙基础的距离，保护房屋。端头做成方形的"飞子"与端头为圆形的"椽子"相互呼应还具有一定的美观效果（图3-4-8）。但是"飞子"似乎是可有可无的，在经济条件允许的情况下，"飞子"被装饰一新并在端头油漆以纹样，手头拮据则取掉这一构件。

图3-4-8 晋风民居椽头飞子（来源：李玉华 摄）

图3-4-9 晋风民居影壁装饰（来源：李玉华 摄）

### 3. 精美的雕刻装饰

内蒙古晋风民居中的马头墙与墀头常常采用砖雕，雕刻精美并使用各种图案，这一点比晋陕等地民居要复杂和精美，而与晋陕等地的民居非常相似。这与旅蒙商走南闯北、见多识广不无关系。在室内也常有木雕隔扇、室外门旁有精美的石雕。

### （三）影壁装饰

照壁是一个从外界公共空间过渡到内部私密空间的一个精神屏障，内地汉族家庭人口众多、钱粮有盈余，加上传统的封闭的性格，所以照壁是一个隔绝外部嘈杂空间创造自我私密小空间的场所。

移民来到内蒙古后，人单势薄，需要左邻右舍的来自全国各地移民的相互照顾，而照壁往往会让户与户之间产生一种心理上的距离感与疏远感。同时，刚来务农或经商的移民无钱无粮，在心理上也没有什么需要捍卫的东西。所以汉地民居院落中常见的照壁在内蒙古呼和浩特和包头地区的晋风民居中逐渐后退至厢房的山墙上，或与山墙合二为一成为"座山影壁"，照壁中常常有神龛供奉土地爷，有的院落中甚至不设照壁，也是自然而然的（图3-4-9）。

到了现在，照壁在内蒙古呼和浩特和包头地区的民居中已经很少见到了，照壁作为一种记忆而消失，人们常常在面对门的院墙壁上贴上大大的福字来作为一种精神的照壁。

## 三、窑洞民居装饰

土窑洞建筑是极为特殊的一种建筑形式，然而窑脸则是窑洞建筑装饰的关键，也是窑洞中体现设计与门面的关键。经过几千年的变迁与发展，窑洞装饰已经具备了丰富的表现形式与独特的造型规律。内蒙古窑洞民居窑脸装饰的部位主要有窑壁、窑间子和檐口部分（图3-4-10），从装饰材料和内容来分，主要形成了门窗装饰和石材装饰两种类型。

### （一）门窗装饰

门窗的外装饰部分，是民居艺术处理中最为重要的部位，多数老宅院的窗心是由棂条花格组成，排列有序的图案不仅给人一种美学感受，同时也代表着中国吉祥文化在建筑装饰中的完美体现（图3-4-11），窑洞的窗棂多是木结构。窑洞的满拱大窗讲究装饰，造型丰富，不同的村落、不

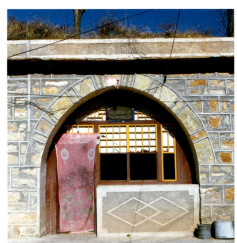 

图3-4-10 窑洞民居装饰 （来源：韩瑛 摄）

图3-4-11 窑洞门窗装饰 （来源：韩瑛 摄）

同农家都有式样迥异的造型，窗棂纹样中的几何图形、花卉和文字，多由纵横格、欹斜格、屈曲格经过交叉变幻，花样翻新，创出新意。棂条花窗以棉纸糊窗，其窗花多为剪纸，粘贴在麻纸上，具有很强的地域装饰性。

窑洞民居的窗格图案作为一种文化符号，虽然其表意的方法是多种多样的，但总的来看，是以一些常见的图腾、花纹来代表人们的美好愿望，并以汉族惯用的象征、隐喻手法来传达人们的思想观念。或者用某些实物来获得一定象征效果的表现手法，例如：以喜鹊、奔鹿、蜜蜂、猴子四种动物的形象，构成图案，用动物名称的谐音，拼成"喜、禄、封、候"，其寓意即祝福满门喜庆、高官厚禄，或以牡丹代表富贵，以竹子代表正直，以莲花表示高洁等。也有的是用一些简洁的图形或字符来表达特定的含义。

## （二）石材装饰

巧于运用石材是当地的一大特色，老牛湾村的白云岩

图3-4-12 窑洞石材装饰
（来源：韩瑛 摄）

图3-4-13 石材砌墙
（来源：韩瑛 摄）

图3-4-14 石材墙面拼贴装（来源：韩瑛 摄）

石板石质细腻，厚度均匀，石形较大，村民不仅选用于砌筑窑洞建筑，同时用于铺装、灶台、炕裙，而且广泛地用于建造牲畜的棚子、厕所等构筑物。老式建筑的住宅建筑的地面会在石缝之间栽种植物，不仅提供了日常的蔬菜食用，同时也美化了院落（图3-4-12～图3-4-14）。由于石缝的透气性较好，夏天院落空间不会过于干燥。院门上方，常常会放置一尊石狮子，多做成环眼灵兽状，模样憨态可掬。窑脸部分，常常采用"剁斧石"，即以斧凿在石面上精心錾满直线，然后有规律地摆砌，形成浓重的装饰效果。

## 四、东北民居装饰

### （一）门窗装饰

东北汉族传统民居的房屋门窗形式并不像南方民居那样富有变化，做工繁杂的隔扇门窗只有在大户人家才能见到。多数民宅单双扇门窗只在富裕的大户人家使用，而多

图3-4-15 东北囤顶民居窗（来源：韩瑛 摄）

图3-4-16 东北囤顶民居门（来源：韩瑛 摄）

数普通民宅则采用双扇板门、支摘窗以及木窗框和小玻璃等形式。其做工简单不冗杂甚至颇显粗陋，但却较好地适应了东北地区冬季寒冷的地域气候特点（图3-4-15、图3-4-16）。

## （二）墙面装饰

内蒙古东北部的囤顶民居墙面装饰可以说是这类民居建筑装饰的主要部位。聪明的劳动人民，利用不同的建筑材料拼接成各种墙面的装饰（图3-4-17）例如有个别经济条件较好的人家，在墙的主要部位用土坯或石材，然后在每段墙的四个角落砌砖，土坯墙表面再用细泥抹面，之后在土坯墙上绘制各种图案，形成有趣味的装饰，这种做法在当地称之为"灯笼挂"。还有的是砖和石材拼接，石材表面又利用水刷石的特性，形成各种装饰图案（图3-4-18、图3-4-19）。

# 第五节 汉族地区建筑风格总结

各地的汉族移民带着各地的建筑原型来到内蒙古，由各地建筑文化和形态的融合，形成了内蒙古以相邻近省区如甘肃、宁夏、陕北、山西、北京、河北、东北等地的民居建筑进行演变和融合的、多样混合的总体风格特征；在建筑空间方面，也形成了以各地建筑空间为原型，根据地理、气候以及新的实用功能进行改造的多地域融合的空间形制；由于经济困难、材料短缺、气候严寒等地域限制，聪明的内蒙古汉族人民采取了就地取材、增加墙厚以及扩大采光面积等"天人合一"的生态应对策略；在历史文脉方面，民居院落和建筑形态已经形成了融合各地域、各种文化以及各种民族新的建筑形式，体现出了老百姓在本地域独创的、新的文脉特征；在建筑结构和建筑色彩方面，内蒙古地域传统汉族民居建筑为了经济适用、节省材料，往往就地取材，并简化了原有建筑原型的部分空间和装饰以及相应的建筑规制，使建筑看起来经济适用，又简陋粗犷，建筑色彩自然、淳朴。由

图3-4-17 东北囤顶民居土坯墙侧面、背面装饰（来源：韩瑛 摄）

图3-4-18 东北囤顶民居土坯墙正面装饰（来源：韩瑛 摄）

图3-4-19 东北囤顶砖、水刷石拼接的墙面装饰（来源：韩瑛 摄）

此，内蒙古汉族民居都是以近地域的一种或几种建筑为原型，各地域汉族建筑文化和当地蒙古族文化相互渗透，呈现出一种新的地域性的文化内涵。

## 一、多样混合的建筑元素

从民居的建筑元素来看，内蒙古传统汉族民居建筑呈现出多样统一的形态美学特色。具体原因有以下几点：首先，内蒙古地域辽阔，其地形从东北到西南呈狭长形，地貌主要有高原、平原、丘陵等，气候由潮湿严寒到干燥寒冷，这些气候因素是造就了内蒙古汉族民居建筑多样化的主导因素。其次，内蒙古汉族移民来自于不同的中原汉族聚居区，移植而来的建筑原型本身就带有多样化的特征，同时又受到本地域内二次移民活动的进一步影响，使内蒙古同一村落内有来自不同地域的多种汉族移民。在民居建筑建造过程中，来自各地域的工匠，就会将自己熟悉的建筑形态和建造做法加入到新的民居建筑中去，这就形成了一套民居建筑中有多种建筑元素相混合的新的建筑形态。

例如，宁夏式民居建筑就是将北京合院式布局形式同宁夏平顶房建筑形态相结合，同甘肃民居的回廊相结合，同蒙古族马鞍形门楼相结合，多民族的装饰图案相结合，形成了多民族多种元素相互融合，相互重构的新的院落和建筑形态。这就是内蒙古汉族民居在形态方面最独特的多种元素相混合的美学特色。

## 二、多地域融合的空间形制

内蒙古汉族民居建筑是以中原地区的合院式民居为主要空间的原型。院落主要建筑形态由原来的正房、厢房、南房逐渐演化，到后期演变成主要由正房和南房以组成的偌大院落。正房主要用来居住，一般是由中间的厅和两侧的卧室组成。有的甚至取消代表汉族精神信仰的中厅，直接由卧室或套间组成。南房主要是用来储藏粮食的；另外，一般人家的南房空间比较宽裕，其中一间留出来作为夏天的厨房使用。

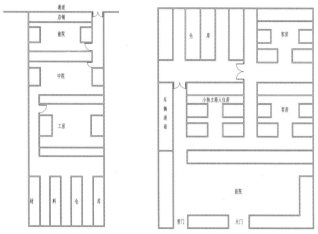

图3-5-1　20世纪30年代呼和浩特晋风作坊平面、晋风客店平面
（来源：张文俊 绘）

内蒙古汉族商业民居建筑也是以中原地区的合院式民居建筑为原型，进行功能适应和地域演变之后，形成了新的商住类院落的空间形制。一种类型是店铺作坊类的商住院落，这类型院落的特点是开间窄，进深大。其主要建筑构成包括沿街的店铺，店铺后面第一进院落有账房、伙计和东家的居住用房，第二进院落是商品仓为主，第三进院落是以工房为主，第四进院落是以商品原料仓库为主。由于店铺商品内容和操作流程有所不同，院落里的局部的功能构成也会有所差异；第二种空间类型是客店型商住院落，这类院落建筑的特点是开间稍宽，进深也较大，由一个个独立的居住院落组合而成，其建筑主要包括第一进院落的牛棚、马厩、骆驼房，接待室、事务室、调理室等，第二进院落由独立的两到三个院落并排布置，有顾客宿舍，商人的独立式院落以及车辆道场等组成，第三进院落也是由顾客宿舍和仓库等组成（图3-5-1）。

## 三、天人合一的生态气候策略

内蒙古汉族建筑从临近地域植入后，经过长时间的发展，逐渐开始主动适应当地的地理、气候条件和生活方式。内蒙古传统民居建筑在院落选址、建筑材料、建筑采光通风等方面都充分体现了内蒙古汉族人们"天人合一"的生态气候应对策略。

内蒙古气候严寒，风沙较大，冬季寒冷而漫长，夏季凉爽短促。而生活在这里的汉族居民，除了少部分是以农业为主要生产方式以外。大多数地区的汉族也开始学习蒙古族的生活习惯，形成了半农半牧的生产方式。多数家庭饲养大量牛羊和其他牲畜，这就要求较大的院落空间。内蒙古地广人稀，从院落选址来看，内蒙古地区的民居聚落选址都呈现出依山就势、背阴向阳、河流环绕的特点。

内蒙古汉族聚居的嫩江西岸平原、西辽河平原、土默川平原、河套平原及黄河南岸平原以及广大的丘陵地区，其地貌从东到西复杂多样，几乎横跨中国华北的东西部分，这也是内蒙古建筑多样化的地域因素。同时，人们为了御寒，在原有的建筑基础上增加了墙体厚度，东、西、北三面避免开窗，例如内蒙古呼和浩特市传统土坯房建筑的墙厚度可达到0.8~1米，而东北地区局部墙体的厚度可达到1.5~2米，这也是气候因素影响下建筑生态地域化应对的表现。

技艺粗放和生态简朴也是内蒙古汉族建筑的一大特点，这也是由于移民多数来自于社会底层，移民来源复杂，经济极度贫乏，各地技术工匠缺失等多种因素，造成了建筑没有固定的规制和模式，都是根据现场条件和施工人员的能力，在尽量省钱和实用的原则下简易搭建而成，造成了汉族民居建筑简陋、粗犷的外观特征。

此外，经过长时间的推移演变，内蒙古汉族家庭的人口构成和居住格局发生了重大变化，一方面由于国家计划生育政策，内蒙古汉族家庭人口骤减，原来3~6个儿子的家庭减少为1~2个儿子；另一方面汉族家庭经济状况逐渐改善，子女到一定年龄就会逐渐离开父母另建新房。因此，原来合院式建筑用来居住的东西厢房逐渐被取消，而代之以牲畜圈舍和农具房等。院落建筑也就演变成正房、牲畜房、农具房以及南房厕所等。这也是"天人合一"生态应对的一个方面。

## 四、历史文脉特征

从历史关系来看，内蒙古汉族民居都是以内蒙古临近省份汉族聚居区的建筑为原型移植而来，在当地建筑材料、气候以及其他建筑文化的相互影响下进行了发展和演变，经历了初创期的实用为主，到发展期的地域适应，再到定型期的完善成型。内蒙古传统民居建筑经过这一系列蜕变之后，已经形成了适用于本地域独创的新的建筑文化。从内蒙古汉族民居院落和建筑形态来看，内蒙古汉族民居建筑文化是以近地域的汉族建筑文化为主导，多地域和多文化相互融合而形成的混合的建筑文化。这种文化是以汉族文化的消减淡化和多民族文化的混合为主要特征。因此，内蒙古传统民居建筑首先受到中原文化的影响较深，其主导的合院式建筑形态体现了中原汉族农民内敛、淳朴、中庸的哲学意境。其次，其民居院落和建筑形态已经形成了融合各地域、各种文化以及各种民族的新的建筑形式，这种形式体现出了老百姓在本地域独创的，新的文脉特征。此外，相对应于中原地域的汉族民居建筑来说，内蒙古汉族民居建筑又受到本地域气候和蒙古族直爽、热情、粗放的民族特征所影响，其建筑形态更加直接，更加简洁，更加粗犷，体现出了另外一种浑厚、简朴的民族文化内涵。

以阿拉善定远营民居建筑为例，定远营民居建筑就是这种文化内涵的典型代表。定远营传统民居院落是以北京四合院为原型发展演变而来，但建筑营建之初，当地建筑工匠都是宁夏和甘肃的移民，因此建筑部分采用宁夏的平顶房，加上了甘肃民居的回廊形式，局部换配有蒙古族的马鞍形大门斗，或蒙古族装饰。上述实例充分体现了内蒙古汉族民居建筑的多民族融合下地域创新的文化内涵，由此，其建筑表象背后多样混合的历史文脉关系也清晰可见。

## 五、结构材料及建筑色彩特征

从经济层面来看，移入内蒙古地域的汉族绝大多数是逃荒来的农民，他们往往极度贫困，通过一代人甚至几代人的努力才在内蒙古站稳脚跟。同时，从心理和文化层面来看，这些初期移民到这里的中原人始终未把这里当作家乡来看待，落叶归根的心理使他们把这里看成是暂时寻求生存的落脚点。因此，内蒙古地域传统汉族民居建筑为了经济适用，节省材料，往往就地取材，并简化了原有建筑造型的部分空间和装饰以及相应的建筑规制，使建筑看起来既经济适用，又简陋粗犷，建筑色彩自然、淳朴。

内蒙古汉族民居建筑取材多数都是来自于当地的自然材料，有木材，石材，秸秆，柴草，以及黏土砖等材料，例如东北个别地区的民居墙体采用"草垡子"为主要建筑材料，当地居民从沼泽地里挖出一块一块连泥带草的草坯，晾干之后就形成了当地建筑墙体的主要材料。因此，建筑的颜色也是同自然极为相近的材料颜色，如土黄、土灰色、褐色等。这些材料和颜色使建筑同自然浑然一体，非常和谐，就像从那里长出来的一样，与周围环境融为一体。

内蒙古地域的移民大体上是以从邻近地域移民为主，但是经过二次移民活动，内蒙古地域各汉族聚居区的移民来源复杂，多数都是各地移民和当地的汉族、蒙古族混杂在一起。建造房子的时候也是大家一起帮忙，由于经济限制和材料短缺，就地取材成为各地区民居建筑的主要特色。同时，内蒙古地域辽阔，从东到西地形地貌差异较大，因而也造成了各地民居建筑材料和色彩方面的多样化特征。

# 第四章　东北部少数民族地区建筑研究

内蒙古东北部呼伦贝尔具有丰富的地貌资源，境内大兴安岭纵贯南北，形成岭西呼伦贝尔草原、中部大兴安岭林区和岭东丘陵与冲积平原三种典型地貌环境。这一地区曾经孕育出许多北方少数民族，是多个北方游猎民族诞生的摇篮，形成了包括汉、蒙古、达斡尔、鄂温克、鄂伦春、满、回、朝鲜、俄罗斯等多民族聚居的状态。

历史上，在呼伦贝尔，今被称为"森林民族"、"狩猎民族"的达斡尔族、鄂伦春族、鄂温克族以及有外来血统植入的俄罗斯族，在这片土地上各自创造了以森林为主体的多姿多彩具有原生态的民俗文化，这一文化与他们建立在依赖大自然基础之上的生产生活方式有着直接的联系。因此作为民族文化外在形式的重要表达，各少数民族传统民居因生产生活方式的差异也存在着很大不同，呈多元化表现。但由于整个区域多民族聚居的格局，文化的交叉与融合在他们的居住形式上有强烈体现；同时，在森林文化体系下，低下的生产力、闭塞的环境、寒冷的气候条件以及阿尔泰语系中各少数民族相通的文化又使这些少数民族的传统民居具有很多共通的特征。

# 第一节 内蒙古东北部少数民族地区自然、文化与社会环境

## 一、地域环境特点

呼伦贝尔市为内蒙古自治区下辖地级市，位于内蒙古自治区的东北部，以境内呼伦湖和贝尔湖得名。地处东经115°31′～126°04′、北纬47°05′～53°20′之间。东邻黑龙江省，西、北与蒙古国、俄罗斯相接壤，是中俄蒙三国的交界地带，与俄罗斯、蒙古国有1723公里的边境线。呼伦贝尔市总面积26.3万平方公里，相当于山东省与江苏省两省之和。

市境内的呼伦贝尔草原是世界四大草原之一，被称为世界上最好的草原。呼伦贝尔市属亚洲中部蒙古高原的组成部分，著名的大兴安岭山脉纵贯其中，北宽南窄，东陡西缓，构建了岭西呼伦贝尔高原（海拔550～1000米），大兴安岭山地（海拔700～1700米）、岭东丘陵与河谷平原（海拔200～500米）三个较大的地貌单元，形成岭西和岭东两个不同的经济类型区。岭西是驰名中外的呼伦贝尔大草原，草地资源丰富，牧草种类繁多、土质肥沃、水源充足，是典型的草原畜牧业经济区；岭东为低山丘陵与河谷平原，形成了种植业为主的农业经济区。全市可利用草地993.3万公顷，占土地总面积的39%，林地1267万公顷，占土地总面积的50%，耕地126.8万公顷，占土地总面积的5%。岭西的呼伦贝尔天然草原和大兴安岭林地共同构成了我国北方重要的生态屏障。

呼伦贝尔地区是我国最高纬度地区之一，寒温带和中温带大陆气候特点显著。其特点是：冬季寒冷漫长，夏季温凉短促，春季干燥风大，秋季气温骤降，霜冻来得早。呼伦贝尔市年平均气温为-5℃～20℃，降水集中于每年的7～8月的植物生长旺期，且雨热同期。由于研究地区空间范围较广，地形地貌复杂多变，区域内各地的气候差异也比较明显。

根据研究地区数据统计计算得知：西部地区（鄂温克自治旗和新巴尔虎左旗）年平均气温较高，多在-3℃以上，而东部（牙克石市和额尔古纳右旗）较低，多在-4℃以下。

虽然年平均降水量较小，但是由于气温较低，森林、草原覆盖率比较高，所以气候比较湿润。大兴安岭山地为寒冷湿润森林气候，呼伦贝尔高原东部为温凉半湿润草原气候，西部为温凉半干旱草原气候，岭东为温和半湿润气候。

在森林一草原交错带，岭南丘陵漫岗，温和湿润，土壤为暗棕壤，较肥沃，除宜林外，也适合农作物生长，大兴安岭东西两侧，森林外围为杂类草甸及草甸草原，土壤为黑土和黑钙土，土层深厚，有机质含量高，气候温和半湿润，宜农、宜牧、宜林，形成以农牧业为主要成分的农牧结合经济带。

植被与生物资源：呼伦贝尔市共有植物资源约1000余种，隶属100个科450属。森林草原交错带的植被主要以榆树、樟子松、小叶锦鸡儿群落为主。疏林草地一般由乔木、灌木、半灌木和草本植物构成，乔木层高4～5米，但由于人类活动的强烈干扰，相当一部分疏林草地植被只剩下乔木和草本植物两层，林下灌木、半灌木层消失殆尽，部分疏林上层乔木受到破坏后成为沙地灌丛草地。

呼伦贝尔市野生动物品种和数量繁多。全市野生动物400种左右，占自治区的70%以上，居第一位。在这些动物中，受国家保护的一类、二类、三类野生动物和受自治区保护的野生动物品种有30余种，其中有些是珍稀兽类和禽类。主要分布在大兴安岭森林、呼伦贝尔草原和湖泊一带。

## 二、民族信仰与文化

由于地理环境和自然资源的因素，本区东北部（包括呼伦贝尔）是中国北方森林文化主体区域之一，在这个区域中，和森林文化同时并存的还有草原文化与农耕文化，但受地域影响，在其他文化中仍会清晰呈现多样多彩的森林文化图景。

历史上，我国北方有多个游猎民族，主要聚集在现今的东北地区，而以大小兴安岭为最，其中内蒙古的呼伦贝尔是游猎文化的主要地区。据1990年数据，仅在呼伦贝尔境内居住的就有汉、蒙古、达斡尔、鄂温克、鄂伦春、满、回、朝鲜、俄罗斯等35个民族（呼伦贝尔民族志，1997）。现有人口43万多，其中汉族人口约占总人口的84%左右，各

少数民族大约占总人口数的 16% 左右。在少数民族中，蒙古族有 20 多万人，达斡尔族 6.7 万余人，鄂温克族 2.5 万余人，鄂伦春族 3300 余人，满族 8.6 万余人，回族 3.2 万余人，朝鲜族 9400 余人，俄罗斯族 4500 余人，其他少数民族人口各有约千人以下至三五百人不等。这些少数民族中，历史上大多数是以游猎、游牧为传统生产方式，生活在森林、草原的自然环境中。其具有自身独特的传统文化形式，构成了北方森林文化和草原文化的主体，并构建出丰富多彩的原生态的民族森林文化体系和草原文化体系。

呼伦贝尔地区民族森林文化从文化形态上看，表现为极大的多样性。大致可划分为几种类型。

一是树种与民族植物文化。树种文化，有桦树（白桦）文化、柳树文化、樟子松文化、笃斯（樾橘）文化、沙棘文化、玫瑰文化等。民族植物则更加多样化，以柳蒿文化最有代表性。

二是生产生活方式文化。游猎与渔猎的生产生活方式是森林文化的一大特征，其中，驯鹿文化最具有代表性。在呼伦贝尔地区森林文化体系下，这里生活的少数民族，具有相近的生产生活方式，他们之间的不同更多源于历史原因以及生活习俗等方面的差异。历史上鄂伦春人世代以游猎为生，1958 年全部实现定居，到 1996 年，鄂伦春自治旗人民政府先后颁布了《关于禁止猎捕野生动物的布告》和《实施细则》，鄂伦春人彻底结束了传统的游猎生产生活方式，鼓励支持他们办家庭农场或集体农场，从事种植业、养殖业及其他多种经营。

与鄂伦春族同源的鄂温克族从事渔猎和驯鹿饲养，到 17 世纪中叶，鄂温克人的生产生活方式发生了分化，一部分南迁到呼伦贝尔草原从事纯牧业；一部分被清政府收编，兼营农业和牧业；余下部分仍从事狩猎与驯鹿饲养。达斡尔族传说中的祖先契丹族从事渔猎，辽灭亡后，一部分契丹人向北迁至大兴安岭西北和黑龙江中上游地区，这里绵延的山地，起伏的丘陵，蜿蜒的河流，水草丰茂的草场和肥沃的冲积平原使达斡尔人开始从事农业和牧业，形成农、牧、猎三种生产方式并存的局面。赫哲族、锡伯族也是渔猎民族，其生产生活方式与鄂伦春族等相近。

三是森林民族的历史文化。呼伦贝尔作为历史区域概念，远比现今的行政区划大得多，是北方游牧、狩猎民族的发祥地之一。在呼伦湖畔考古发现的"扎资诺尔人"头骨和旧石器晚期的遗址，以及在海拉尔等地发现的大量石器、骨器等新石器前期的遗址，证实了人类的祖先们早已在这里生息、繁衍。"从春秋战国时期直至清朝初期，呼伦贝尔孕育了中国北方的诸多少数民族。东胡、匈奴、鲜卑、室韦、突厥、回纥、契丹、女真、蒙古等民族都曾在这里居住。之后，在漫长的历史进程中，他们携手并肩，为开发、建设和保卫祖国的北部边疆做出了重要贡献"（呼伦贝尔盟志，1999）。这些少数民族在呼伦贝尔都存有历史遗迹，其中以鲜卑族的嘎仙洞文化最具有代表性。

四是森林知识文化。狩猎民族在长期同以森林为主的自然环境的相处与抗争中，积累了较为丰富的经验和知识。相对于现代知识体系，这些经验和知识显得原始和落后，但对于少数民族来说却是实用和智慧的。其中以少数民族的地理知识和动植物知识为典型。

五是森林艺术文化。狩猎民族在长期的历史发展中创造了丰富的森林艺术，包括建筑、诗歌、传说、说唱、绘画、剪纸、刺绣、岩画、器具等多种形式，展现了他们与生俱来的非凡的艺术才能。如达斡尔族的传统民居"介字房"、鄂温克和鄂伦春族的"斜仁柱"有很大不同，但都深深刻有森林文化的烙印。

六是森林宗教文化。北方民族信奉的宗教有萨满教、佛教、东正教。其中以萨满教信仰的历史最为久远和普及。目前普遍的看法是，萨满教是世界性的原始宗教，分布最为广泛，历史最为悠久，有着广泛的群众性，曾为东北亚、北美、北欧等地区众多民族世代信仰、全民信奉。中国地处萨满教流布的核心区域，信奉萨满教的民族众多。"历史上，我国古代北方民族如肃慎、挹娄、靺鞨、女真、匈奴、乌桓、鲜卑、柔然、高车、突厥等族人都先后信仰萨满教。近代，我国阿尔泰语系诸民族也多信仰萨满教或保留萨满教的遗迹"。如蒙古语族系的达斡尔族、蒙古族（后来信仰藏传佛教），满——通古斯语族系的鄂伦春族、鄂温克族、赫哲族、锡伯族等都信仰萨满教。俄罗斯族因是俄罗斯移民的后裔，故信奉东正教。

## 第二节　东北部少数民族地区聚居规划与格局

呼伦贝尔境内大兴安岭山脉纵贯其中，从自然地貌上构建出岭西呼伦贝尔高原，大兴安岭山地、岭东丘陵与河谷平原三个较大的地貌单元，从文化意义上，形成以北方森林文化体系为主导与草原文化和农耕文化交织的状态。呼伦贝尔地区的众多少数民族在这种自然环境背景下，在森林文化体系下由于生产生活方式的差异，从宏观上居住形态呈现大分散、小聚居的格局，而不同民族的聚居状态也呈现复杂的多元性。下面以呼伦贝尔地区具有典型文化特征的少数民族达斡尔族、鄂伦春族以及俄罗斯族为例进行论述。鄂伦春族是北方古老游猎民族，具有森林文化体系的典型性；达斡尔族因是曾经建立辽王朝契丹族的后裔，所以在他们身上具有森林文化和农耕文化交织的特点；而俄罗斯族作为跨境民族，是俄罗斯文化与中国地域文化在森林文化背景下的融合。

### 一、达斡尔族的聚居格局

#### （一）达斡尔族生产生活方式

达斡尔族的历史较为久远，对其族源问题的探讨自清代开始延续至今，无论本民族的还是其他民族的专家学者，乃至国外的研究者，通过相关调查和研究考证，从各自的角度出发，提出了多种看法，其中契丹后裔说是学界讨论较为深入且占主导地位的观点。

契丹是我国历史上北方的一个古老民族，以渔猎、游牧为生。916年，契丹首领耶律阿保机统一契丹及临近各部落，称帝，947年立国号为大辽。在这个政权存在的200年间，不仅第一次将我国广大的北方地区各民族统一起来，而且还第一次打破了长城的阻隔，汉人北迁，北方民族南徙，将北方的游牧经济与长城以南的农业经济结合为一体。

1125年辽王朝灭亡，契丹族的大贺部自西拉木伦河、洮儿河一带北徙至大兴安岭东北、黑龙江中上游地区，契丹后裔说认为这部分人即为达斡尔族的先民。这一地区不仅生活着达斡尔人，还有鄂温克、鄂伦春、赫哲等民族，但在这些民族中，唯有达斡尔族超越游猎、渔猎生活时代，从事定居农业兼营渔猎和畜牧业。达斡尔族学者满都尔图指出"辽亡后北迁的契丹人，把他们的建筑和耕作技术带到黑龙江北，从而使他们的后继者明末清初的达斡尔人，成为黑龙江流域唯一有坚固设防的木城中并从事农业生产的民族。"

#### （二）达斡尔族的聚居格局

在游牧民族和农耕民族冲突和融合中，达斡尔族先民契丹族从汉人那里学到了农业生产，使达斡尔族成为北方森林文化体系下从事定居农业兼营其他生产方式的独特民族。由于具有定居农业，因此达斡尔族聚族而居，形成村庄与城市。早年达斡尔族自然村落多为一姓一屯，或者是数屯一姓。清朝末年至民国初年之际，开始了氏族姓氏杂居现象，但这种杂居的多数人家都有血缘关系。自然村从几户到几十户都有，小屯也有二三十户。屯与屯之间近的只有五六里，距离远的几十里。

在俄国探险者的记录中，描述了当时达斡尔人居住地村落相接，地脉相连的景象以及作物种植和畜禽饲养的情况。苏联学者潘克拉托娃在她主编的《苏联通史》中对当地达斡尔族的物质生活作了如下描述："沿阿穆河（黑龙江）住着达乌尔人及其同族的部落，7世纪时，达乌尔人已有很高的文化，他们定居在村落中，从事农业，种植五谷，栽培各种蔬菜与果树并有很多牲畜。除耕种或牧畜以外，猎取细毛兽，尤其是当地盛产的貂对于达乌尔人也相当重要。因受中国人的影响，达乌尔人也开始建筑好的有窗子的房屋，窗子上糊有薄纸代替玻璃，衣着也学中国的式样。"

多种生产与经营方式使达斡尔族在村落的建设中，非常重视自然环境与水源的选择。从他们开始定居的黑龙江中上游，到17世纪中叶为了响应清朝政府关于断绝沙俄侵略者粮源的决策，南迁到嫩江中下游的沿岸、讷谟尔河沿岸，都

图 4-2-1　达斡尔族村庄（来源：《达斡尔族风情》）

具有相似的自然环境特点：大兴安岭东侧、依山傍水、平整背风、土地肥沃、动植物资源丰富，日照充足。这样既可抵御大兴安岭漫长冬季的寒风，也可利用周围的资源进行农业生产、捕鱼、放牧，河套子里的柳条还能编织筐篓和篱笆，山林可以捕取猎物并提供做饭取暖的烧柴，与自然环境有机地构成了大自然园林式的村落。

达斡尔族人村落的布局与他们的生产方式有直接的关系。达斡尔族人从事农业生产和定居牧业，其中农业生产又分为大田耕作和园田耕种，大田耕种中的耕地一般距村落几公里至 10 公里远，主要生产传统农作物燕麦、荞麦、稷子、大麦等；园田耕种是在庭院的东、西、北开辟园田，每家有几亩到 10 亩左右，种植满足生活基本需求的蔬菜、烟叶、玉米和麻。为防止牲畜破坏，园田四周用柳条编篱笆圈围。（图 4-2-1）

因此，这种园田围篱笆，远耕近牧的生产方式使得达斡尔族人村落占地比较宽阔，各家住房沿东西向排列，每座住房的前后、左右相隔很大距离，中间开辟有园田、院落，村中以东西为干线，形成纵横的车马道路，通向村外。

现今内蒙古呼伦贝尔地区的达斡尔族，主要聚居在莫力达瓦达斡尔族自治旗，在鄂温克族自治旗、扎兰屯市、阿荣旗也散居着少量的达斡尔族。

## 二、鄂伦春族的聚居格局

### （一）鄂伦春族生产生活方式

鄂伦春族是北方古老的游猎民族。学术界对"鄂伦春"名称的含义有两种解释，一般普遍认为"鄂伦春"这个族名由鄂语"俄伦"（山）和"千"（人）组成，即解释为"住在山上的人"。另一种解释为"使用驯鹿的人"。"驯鹿"在通古斯语中也被称为"俄伦"，驯鹿可以运载货物，因此其成为鄂伦春人游猎时不可缺少的生活工具。无论哪一种含义都深刻体现着这个古老民族的游猎特性，森林丰富的资源环境是他们生存的强大物质支撑，其生产生活方式在北方森林文化体系下具有极大的典型性。

在17世纪中叶以前，鄂伦春族主要活动于贝加尔湖以东、黑龙江以北的广大地区，此后，迁移到黑龙江南岸大、小兴安岭广大地区。鄂伦春族近几百年来就在这方圆几十万平方公里的山区进行游猎活动。

## （二）鄂伦春族的聚居格局

鄂伦春族世代以游猎为生，逐野兽而迁徙，形成了一种独特的居住文化。鄂伦春族的居住方式主要有野处露宿、屋内居住两种。野处露宿是人类童年阶段因生产力低下而顺应自然的一种居住方式。鄂伦春族直到20世纪中叶仍然保持着这种居住方式。鄂伦春族主要是在离开宿营地远猎、捕猎旺季往来各地没有时间建造屋时采取这种居住方式。远猎的狩猎队在鄂伦春语里称为"嘎辛"，一般由亲戚或关系比较好的人组成。猎场往往远离聚居区，在捕猎旺季，经常十天、半月不归。此时的居住方式就是露宿野处，无论冬夏都是如此。冬季猎民们都随身携带毛皮被褥和睡袋。睡袋用狍皮缝制而成，如同口袋，封闭好，不透风。睡卧前先选择一块平坦的宿营地，割草垫底，点起一堆篝火，然后脱光衣服钻进狍皮囊中。这样既可取暖，又可赶走野兽。人多时则会用狍皮围起一道皮墙以挡风寒。

住屋居住是鄂伦春族一种经常性的居住方式。鄂伦春这种经常性的居住形式被称作"斜仁柱"。斜仁柱又称"仙仁柱"，是鄂伦春人对这一居住形式称呼的音译，"柱"在鄂伦春语中是"房子"的意思，意为"遮住阳光的住所"。满族人把它称之为"撮罗子"，后来成为斜仁柱的俗称。

由于鄂伦春族游猎的生活特性，随着猎场的改变会不断变动居住地，因此每一个斜仁柱都仅仅是暂时的栖居场所。但即便如此，鄂伦春人在建设他们的居所的时候会形成小小的聚落，并遵循一定的规则。

鄂伦春族的聚落是由一个个斜仁柱、奥伦（储藏东西的地方）、搁架以及产房等组成的。其中斜仁柱和奥伦是固定建筑，产房是临时性建筑。鄂伦春族聚落的布局特点是，所有聚落内的斜仁柱呈"一"字形排列，斜仁柱后面的树上挂着各种神偶"博如坎"，斜仁柱的东南侧为奥伦，产房位于

图4-2-2　鄂伦春族群落（来源：张源 绘）

斜仁柱的西南。所有斜仁柱之间不可以穿插行走，不能分成前后街，只能成一行平行排列，所有门的朝向也相同。新中国成立以后，国家在为鄂伦春族建造房屋时也尊重了鄂伦春人的习惯，将所有的房屋成一字形排列。（图4-2-2）

每个斜仁柱就是一个家庭。鄂伦春族是以家庭为单位的，每个家庭包含着七口人以下的成员，同一斜仁柱内最多不会超过三代。当人口增加到斜仁柱的饱和程度时，就是分家的时候。分家后通常是老人跟小儿子一起过，把长子一家分出去，在旁边另建一个斜仁柱。分家时要举行祭火仪式。

鄂伦春族保持着浓厚的血缘纽带关系，根据血缘关系的浓疏，聚落经历了由"莫昆"、"乌力楞"、"嘎辛"三个阶段。"莫昆"是兄弟们、同姓人的意思，是同一父系血统的人们共同体。据考证，鄂伦春族有20个左右氏族，每一个氏族就是一个聚落。随着氏族人口的发展，氏族分成若干个子氏族"乌力楞"。"乌力楞"是子孙们的意思，一个乌力楞就是一个父系大家族，每个乌力楞由若干个斜仁柱组成，成为一个聚落。乌力楞是由一位父亲的后裔和其他亲属，包括配偶、女婿及收养的养子等组成。这样的大家族的人数有的十几人、几十人不等，分住在几个斜仁柱里。然而，随着鄂伦春族生产力的发展，大约在20世纪三四十年代，乌力楞的性质发生了变化，以血缘为纽带的乌力楞不再是子孙们的意思，而成为"住在一起的人们"或"那一部分人们"的意思。乌力楞成为由多个家族组成的地域性的村社。尽管血

缘纽带关系有些淡化，地缘关系加强，但是同居一起的人仍然主要以同一血缘或有亲属关系的个体家庭组成。后来，乌力愣逐渐被"嘎辛"或"埃依勒"所取代。嘎辛是狩猎队的意思，是由不同的氏族组成的狩猎队，后来，这种临时组成的狩猎队就演变成村屯。

鄂伦春族根据季节不同、野兽活动和出没的情况而经常转移居住地点，聚落经常变化。聚落位置的选择受地理环境的影响甚大，如水源、地貌、气候、资源等因素，其中猎场、水、草是必须考虑的三个基本要素。首先，居住点必须选择在野兽多的猎场附近，这是方便生产、有利于获取生存资料的需要。因主要狩猎对象是马鹿，所以马鹿四季活动的区域和规律就是部族迁徙的主要依据。其次，为了满足人和马的需要，居住点必须选择在水源充足的地方。在游猎时代，鄂伦春族的居住点都分布在黑龙江流域大大小小的河流两岸。正是由于这一活动规律，所以鄂伦春族的各部分一般也是以河流之名自称或他称。再次，聚落靠近草场。马是鄂伦春族的交通工具和生产工具，因此，他们非常注重马的饲养。鄂伦春族的猎马大都是野放大牧，居住地的周围必须适合放牧。为了给马找到好的牧场，春天斜仁柱就建于那些青草发芽早的山南坡向阳地带，秋天则选择水流过后长二茬草的地方。

## 三、俄罗斯族的聚居格局

### （一）俄罗斯族概况

俄罗斯族是我国人口较少的民族之一，据第五次（2000年）人口普查统计，俄罗斯族总人口为15609人，主要分布在新疆维吾尔自治区西北部和内蒙古自治区呼伦贝尔额尔古纳市。

有关我国东北部俄罗斯族的产生，基本可以归纳为以下几个原因：一是关东移民潮。清朝顺治六年，大清帝国解除对东北封禁政策，开始大力鼓励向东北移民，掀起闯关东热潮。其中不少人继续北进进入俄国境内的工厂充当华工，这些人大多是单身男子，与俄国姑娘的频繁接触后，中俄男女开始通婚，后来这些人携妻子和子女回国大多也定居在额尔古纳，他们的后裔成为俄罗斯族。二是俄国人迁徙到中国东北。1689年中俄签订《尼布楚条约》后，仍然有俄国流民非法越境放牧、垦种。从1860年始，大批俄国人越过额尔古纳河涌入中国境内，主要以盗采黄金为主。这些人中的大部分后来就留居在额尔古纳河南岸生活。俄国十月革命（1917年）后，一部分带有明显政治流亡性质的俄国人流入额尔古纳河南岸，特别是1920年，额尔古纳河沿岸的俄国居民相继越过界河来此定居，成为第一代俄罗斯族。

### （二）俄罗斯族生产生活方式

进入到呼伦贝尔额尔古纳的俄国移民的生产生活方式主要是越垦放牧、采矿淘金和经商。额尔古纳河南岸的额尔古纳地区处于大兴安岭西侧的呼伦贝尔草原，这里土质肥沃，水草丰盛，非常适合开垦土地和放牧牲畜。这些人在三河流域进行季节性或长年性农牧业生产，形成了许多俄国侨民聚居的村屯。

### （三）俄罗斯族的聚居格局

在这种文化混生系统中，中国俄罗斯族的文化形态呈现出的典型特征是与其他民族文化从隔离走向互动。这一时期定居于中国境内的部分俄罗斯人在生产方式上接受了中国传统的农牧文化，部分俄罗斯人仍保持原有的大农场生产方式，这些生产方式使他们在人口分布上也表现为对本民族文化需求和发展的不同选择。在民族成分较为单一的俄罗斯人聚居地，他们建立了能够使原生态民族文化得以存留和发展的最好媒介——宗教场地，最为典型的就是东正教教堂和教会学校的大量兴建；而在俄罗斯人口较为稀少而以中国其他民族为主的地区，他们虽保留了自己的主要文化传统，但也在积极融入当地社会，接受当地文化，与不同的文化进行互动和交流。

文化的融合使在额尔古纳俄罗斯族聚居的地方，很难看到纯正的汉族院落，由木刻楞形成的独门独院把每个家庭分开，但房子的布置并没有固定的格局，依据家庭人口紧凑地布置在一起，空出宽阔的院落，因土地的限制因素较小，所以他们尽量的扩大自己的地盘，并且户与户之间不相互搭连，形成松散零星的布置。

## 第三节 东部少数民族地区建筑群体与单体

### 一、达斡尔族传统民居

#### （一）达斡尔传统民居"介字房"形制

达斡尔族传统民居在住房的四周筑墙围成院落，形成典型的三合院院落空间。院子呈长方形，正房坐北朝南，位于院中南北轴线的最北端，是达斡尔族进行室内活动的主要场所；东西厢房分别布置仓房与磨房，用于储藏粮食和农具以及粮食的加工；院子中的院门居于主轴线的南侧，和正房遥相呼应。在院子中靠近院门的左右堆放有柴垛、牛马圈，在正房的南墙下或东南、西南侧为狗窝，这是达斡尔族民居院落空间的典型布置手法。讲究一点的人家在院子的南侧还要再加一道院门，俗称"大门"和"二门"，这样的做法是要把牛马圈和柴垛与内院分离开来，从而形成两进院落：主院套和外院套。在庭院的东、西、北外层是园田耕种的场地。（图4-3-1）

传统的达斡尔族民居中正房为土木结构，大多用草坯垒墙，也有用土坯的。整个房屋的骨架为全木结构。正房以间为单位，有两开间、三开间和五开间之别。传统的达斡尔族正房多为两间和三间房。两间房西屋为居室，东屋为厨房，在东屋开房门。厨房有南北两灶，南灶用于日常做饭，北灶处设"额勒乌"，即池式火炕，用于炕干粮食，平时上面铺木板。西屋为家庭成员的起居处，设南、西、北三面连炕，成为"凹"字形。而三间房中间为厨房，东西两侧为居室，其中尤以西为贵，东屋次之，房门开在厨房。厨房设有4个灶，有的在中屋设"额勒乌"，有的设在东屋。西屋同样为"凹"字形炕，是长辈的起居处，东屋有的为东、南、北三面炕，有的是南、北两道炕，是晚辈的起居处（图4-3-2）。人口多的人家，也有建五间房的。五间房的结构是在三间房的东西两侧各多建一间。家里长辈在靠厨房的西间起居，东面两间的北炕各设一个"额勒乌"。西屋在门框上中央装有一根东西向的木横梁，不起结构作用，只是作为日常生活使用，可以挂婴儿的悠车（图4-3-3）。

厢房中的仓房一般有两间到三间大小，也为纯木框架结构，柱子的埋设方式与正房相同。仓房的地板离地700~800毫米左右，墙壁一直到房檐用粗木头垒起或镶嵌木板条，为双坡屋顶，屋顶上用苫房草做顶盖。仓库因距地有一定高度，易于空气流通，四面墙壁也透风，保持仓内干燥，宜于贮藏谷物和不常用的东西。盖建时，在仓库正面留有800~1000毫米宽的平台，平时可作为晾晒物品之用。磨房：磨房很宽绰，通常有两间大，里面有臼和簸箕。建造方式与仓房相同，只是地面没有抬高。（图4-3-4）

#### （二）达斡尔族传统民居的产生

达斡尔族是北方少数民族中唯一一个在早期从事定居农业的民族，这一典型特征是深受汉族农耕文化影响的结果，而在民居的院落格局上，达斡尔族传统民居也折射出很深的汉文化烙印。

清朝的社会经济制度为达斡尔族人学习汉文化提供了契机。清代达斡尔族朝贡制度始自清初，由于狩猎在当时达斡

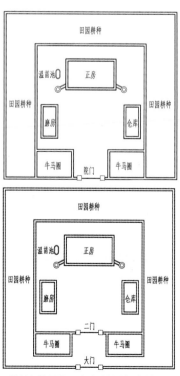

图4-3-1 达斡尔族民居三合院院落空间（来源：齐卓彦 绘）

图 4-3-3 挂婴儿车的横梁（来源：张寒 摄）

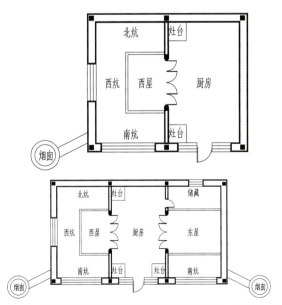

图 4-3-2 达斡尔族民居中两开间和三开间正房（来源：张寒摄、齐卓彦 绘）

图 4-3-4 仓房与磨房（来源：张寒 摄）

尔族经济生活中占有十分重要的地位，猎产品对于达斡尔人来说具有多方面的经济价值，可以对外交换。在16～17世纪，达斡尔人用以对外交换达到互补互换的主要产品是紫貂等细毛皮张。在其隶属了清王朝贵族统治之后，清廷就立即在黑龙江地区的达斡尔等民族中征收细毛皮张以作对朝廷的臣服。清朝在达斡尔族中实行的朝贡制度对达斡尔族经济发展具有十分重要的刺激作用，同时也使达斡尔人与外界的交往关系逐渐密切，并成了接受满文化与汉文化的一种重要途径。

北方汉族合院建筑既是气候环境的产物又是汉族儒家文化的结果。而东北汉族合院建筑在中原的汉族院落空间的基础上具有自身特点，有典型地域性。

东北汉族传统合院式住宅空间布局的轴线意向是非常鲜明的，居中的大门大大方方，直来直去，有的摘下门槛就可以进出大（马）车，入门之后便正对院心，无论从里边看还是从外边看，都觉得心里"敞亮"，很符合这里朴实豪爽的民风。院落空间构成要素沿着这条轴线布置，正房坐北朝南，两侧对称布置厢房，呈现鲜明的序列空间。东北地广人稀，宅地宽余，房屋配置松散。从院落的平面布局上来看，东北大院的房屋建筑都是较为独立的，建筑与外围墙留有一定距离。这与中原合院式民居墙屋相结合建造的形式是有较大区别的。同时，各进院落都较为松散。正房一般为三开间，个别大宅有七开间者，正房与厢房之间留有一定间距，厢房的布置避开正房，以不遮挡正房的光线。一旦正房间数增多，院子就更显得空旷，房屋在院子中的布置也更为松散。这种宽松的布局可以获得较好的采光条件，同时也便于马车的进入及停放。

东北汉族合院中房屋建筑主要包括正房、厢房等单体房屋建筑。院落房屋建筑的立面形态及空间尺度关系、对于当地材料的运用、气候环境的适应及对简易木构架结构的利用是反映院落空间的组成及其架构特点的几个基本环节。正如在东北流传下来的谚语所形容的"高高的，矮矮的，宽宽的，窄窄的"；"黄土打墙房不倒"；"窗户纸糊在外"；"养活孩子吊起来"。东北汉族传统民居建筑及其院落具有鲜明的地域特征和民俗风格。

三开间的布局模式较为常见——堂屋居中，两侧分别为东屋、西屋。而五开间或七开间的房屋在大宅中较为常见，堂屋左右两侧的次间称为腰屋较为常见，堂屋左右两侧的次间称为腰屋，尽端的两间称为里屋。以堂屋为中心来组织室内空间秩序的手法，很好地体现了东北大院的房屋建筑对于中原儒家传统文化"居中为尊"思想的继承。堂屋两侧的东、西屋则为寝卧空间，主要以火炕采暖，并结合南向开大窗的方法来争取室内日照而取暖。"车悠子"便是用绳索将摇篮吊在炕上，使孩子沐浴在南窗的阳光和上升的热气流中。

从以上对东北汉族合院建筑的简单分析可以看出达斡尔族传统民居深受其影响，相似的地域环境使二者在院落格局、建筑形制、宽敞的院子、居中且宽敞的大门上都具有非常多的一致性。但由于民族信仰和风俗习惯差异，达斡尔族传统民居中也体现了大量本民族所特有的特点。

达斡尔族传统民居中建筑单体的开间格局与东北汉族民居类似，但主要的差异在于达斡尔族传统民居的核心空间在西侧，而汉族由于儒家文化的体现，核心空间都是在中间。同时在达斡尔族民居西屋中会设置三面炕即弯子炕，这也是与汉族单面或双面炕的很大不同。

## （三）达斡尔族传统民居的建造

传统的达斡尔族房屋建造工序严谨而复杂，具体的程序为：先打地基，在已选定的建房位置上，夯出高出地面30～60厘米的地基。之后挖1米左右深的大坑，里面垫上石头，在坑里下主柱。主柱的数量视房间的间数定，三间下8根，两间下6根，之后填土夯实。在进深方向的两根主柱之间加两根稍细的辅柱，埋入地里30厘米左右。为了防止柱根的腐烂，在柱子根部涂苏子油，用桦树皮把柱子根部包住，或在其周围放些草木灰。柱子上讲究上双层檩椽，在檩椽上放三脚架，形成"人"字形的突脊。从房脊到房檐每隔一尺二寸（约0.40米）架一根椽子。好的椽子破成方形的松木，涂上苏子油，用铁钉钉在房柁上。除此之外，房子上不用任何铁钉，而是用木料上的榫槽接合固定。在椽子上面铺柳编的房笆，有的住房上面铺拇指粗的柳杆编排的房笆（图4-3-5），在柳笆上抹一层泥，上面铺苦房草，由下而上铺，一层压一层，直到房脊（图

图 4-3-5　正房结构上柳编的房笆（来源：张寒 摄）

图 4-3-8　正房垒墙身的草坯（来源：张寒 摄）

图 4-3-6　正房屋顶上的苫房草（来源：张寒 摄）

图 4-3-7　正房屋脊上的鞍形草架子（来源：张寒 摄）

4-3-6）。房脊上用编成的鞍形草架子压封，既防风吹散，又整齐美观。好的苫房草，可保持20年之久（图4-3-7）。

达斡尔族砌墙用的材料大多用草坯（图4-3-8），也有些地方用土坯。草坯是从草甸子上挖出，也可以挖芦苇根密集的地皮，草根上包着泥块。草坯长约300毫米，宽约200毫米，厚约200毫米，经太阳晒后，具有很高的强度。房屋的墙厚一般为600毫米，北墙由于防寒的缘故会更加厚实，房墙砌好后，内外用羊芥草和泥抹平整，房里墙面多用沙泥打平抹光，有的地方的达斡尔人还取来白石灰，粉刷墙壁，使室内光洁明亮。室内间壁墙用柞木杆或柳杆夹成笆，在上面抹泥即可。

## 二、鄂伦春族传统民居

### （一）鄂伦春斜仁柱形态

斜仁柱外形似圆锥形，用在森林中随处可见的树杈搭建而成骨架，外面夏天用桦树皮、冬天用狍子皮覆盖而成，因是临时住所，所以内部陈设也非常简易。（图4-3-9）

天窗：斜仁柱的围子在对房屋的骨架进行围裹的时候，在靠近圆锥顶部的地方会留有一定的距离，这样在斜仁柱的室内正中的顶部会出现一个小口，这个小口对于斜仁柱来说非常重要，它有采光、通风及排放烟气的作用，遇到雨雪时会稍加覆盖。冬天则用狍皮做成锥形套，夜晚套在上面，白天取下。（图4-3-10）

火塘：在斜仁柱的中央设有火塘，用于取暖、照明、保存火种和做饭。火塘其实就是简易的篝火，多用木材堆积而成，上面架设三角形支架，支架上吊着双耳铁锅，可以随时煮食。（图4-3-11）

内部陈设：在斜仁柱内，除了门的位置，剩下沿着室内周边都是铺位，供鄂伦春人在其中坐卧。铺位有席地铺和木架铺两种。席地铺以直接摆放在地上的半圆形木杆为铺沿，铺沿内铺干草、桦树皮和兽皮褥子；木架铺则是先在地上支起四根30～40厘米高的小木柱，在柱子上搭两根横木，再在横木上一根挨一根紧密排放小木杆，最后在木杆上放干草和褥子。席地铺由于可防潮且坐卧方便，因此在鄂伦春人的使用中较为普遍。

家具是居家生活的重要物品。鄂伦春族的家具有箱柜、盒、桶、碗、吊锅、被褥、摇车等，是满足生活需要的基本用品。家具在斜仁柱内部有较为固定的陈设和摆放习惯，"窝棚内之必要器具，计有铁锅架、铁锅、射死之兽、兽皮及桦皮，此外并陈列弓箭枪械，与以木或布做成之希尔汗神像"。入口的左右摆放水桶、锅等东西，左右铺位的后面存放桦皮桶、皮装、马鞍等，正面铺位之上悬挂各种神偶。其中桦皮制品是鄂伦春族的主要家具，其特点是轻巧、便于携带、抗摔打、耐磕碰，非常适合经常迁徙的游猎生活。尽管清代以后随着鄂伦春族同外界联系的加强，传入了铁器和瓷器，但是始终不能取代桦皮制品。

图 4-3-9　鄂伦春族斜仁柱（来源：齐卓彦 摄）

图 4-3-10　斜仁柱内的天窗（来源：齐卓彦 摄）

图 4-3-11　斜仁柱内火塘（来源：齐卓彦 摄）

## （二）斜仁柱的产生

斜仁柱是森林文化体系下，鄂伦春族原始生产生活方式形态的产物。在世界范围内，保持这种原始居住形态的民族很多，如瑞典山地拉普人的传统住所、草原印第安人的圆锥形帐篷——"梯皮"、巴塔戈尼亚印第安人的"托利多"都是与斜仁柱构造相同的建筑。拉普人的居室是一种可携带的圆锥形驯鹿皮帐篷，用7～12根柱子支撑。在帐篷顶端有一个长方形烟孔，每边有0.6～0.9米长，可关闭以便保暖，地面铺满树枝，这样可使睡觉时暖和、干燥一些。此外，印第安人用竿子搭构、并在上面覆盖着棕榈枝叶的风篱，是为了适应狩猎需要、能够迅速建造或拆毁而采取的建筑形式。北欧萨米人的窝棚式建筑拉乌、北美东北地区的纳斯卡皮人居住的圆锥形的桦皮小屋都同斜仁柱相似。这是人类文化发展共性的反映。在我国，与鄂伦春族生产生活方式相似的鄂温克人、赫哲人也有这种房屋。如敖鲁古雅鄂温克人的房屋都叫斜仁柱，赫哲族打鱼捕猎时的临时住所"撮罗安口"（尖顶式窝棚）、"温特合安口"（尖顶上有通风口的窝棚）等也同斜仁柱相似。可以推测，世界上许多民族在其早期阶段都采用了这一建筑形式。

## （三）斜仁柱的建造

斜仁柱在建造过程中首先是搭建骨架。斜仁柱的外观呈圆锥形，用直径约 10 厘米，长约 4～5 米的细木杆 20～30 根，最多用 40 根搭建完成。细木杆一般用桦木、柳木或是落叶松做成。斜仁柱在搭建之初，首先用 3 根（最好是端部有叉的）细木杆在地面呈三角形分布、在顶部交叉作为基础骨架，之后把其他的细木杆均匀分布在基础骨架之间，顶部集中于一点并相互交叉，用湿柳木条捆扎好，底部在平面上形成圆形。这样形如伞状的房屋骨架就搭建成了。

第二步是覆盖围子。围子分夏季与冬季之用。夏季用桦树皮。早先时候是直接把桦树皮剥下来后，一块一块从斜仁柱的底部向上逐层围盖。由于桦树皮较厚，覆盖后的斜仁柱内的光线很暗，于是，之后鄂伦春人对桦树皮进行改良，即剥去面上的结节和疙瘩及外层白色易脱落的皮，留下中间很薄的一层，在沸水中煮 2～3 个小时之后，再在水中浸泡使桦树皮变软，然后一块一块对接缝好。这样特制的桦树皮卷柔软不容易折断且透风性、透光性都好，易于在搬迁中卷好带走，但它有一个很大的缺点就是害怕冰雹。柔软的桦树皮也是从底部围起，层层相压向上覆盖，外面用有间隔的木杆压在上面。冬季围子换成有厚绒的狍皮。狍皮围子一般由三大块组成，两块较大的用狍皮 25 张，小的用狍皮 10 张左右。这三块围子缝合成扇形，在扇形的四个角上系有较长的皮条，之后把狍皮围子覆盖在房子的骨架上。覆盖时，两块大的放在房子骨架的两侧，小的盖在后面，用皮条绳系在房子的骨架上。之后仍然在围子的外侧用均匀分布的细木杆压牢。围子与地面之间的缝隙用茅草塞严，有的还会在茅草外面加一层土，使斜仁柱的保暖性更好。（图 4-3-12）

最后是搭门，斜仁柱的门是放在朝南或朝东的两根木杆之间，门高约 1 米，宽约 80 厘米，夏天多用柳木或苇子编织成帘子覆盖，冬天则用有厚绒毛的狍皮鞣软后覆盖。（图 4-3-13）

一般而言，斜仁柱内部高度可以达到 3～4 米，底部圆形的直径为 4 米左右。但其空间大小也可以依据季节、人口的不同，进行调整。内部空间在夏天时会较大，冬天会小一点。

鄂伦春猎人在游猎迁徙时，只是把外面的围子打包拿走，至于斜仁柱的木杆骨架就弃在原地，待到新的驻扎地点的时候，可以就地取材，再重新进行搭建。

图 4-3-12　斜仁柱搭建过程（来源：呼伦贝尔市申遗中心）

图 4-3-13　斜仁柱搭门（来源：呼伦贝尔市申遗中心）

斜仁柱可以说是搭建非常快速且简易的一种可移动性住房，建造的材料全是就地取材，森林中的桦木杆、桦树皮、芦苇、动物的皮毛都成为建造斜仁柱的原料。

## 三、俄罗斯族传统民居

### （一）俄罗斯族木刻楞形态

木刻楞是具有典型俄式风格和建造方式的一种井干式纯木结构房屋，它的基本构造特点为用圆木水平叠成承重墙，在墙角相互咬榫，木头的榫槽用手斧刻出，有棱有角，规范整齐，为迅速排除积雪，屋顶都是陡峭的坡顶。

额尔古纳木刻楞主要分布在各个俄罗斯族聚居乡中，成为这一区域普遍的居住形式。它们偏重于简单、朴实、实用，没有过多的装饰。（图4-3-14~图4-3-18）

平面：俄罗斯族住宅每户人家自成小院，小院内有菜地、牲畜圈舍。院门方向不定，一般为朝向街道的方向。俄罗斯族住宅一般朝南，窗户多开在南侧，其他方向不开窗或很少开窗，入户门各个方向不定，依据院子进入房间的方向而定，以北侧居多（4-3-19）。住宅多为两间，外间和里间。外间为厨房，连接通顶火墙，为房间供暖，里间是起居的地方，放置生活用的家具（图4-3-20~图4-3-22）。俄罗斯族喜睡床，没有睡炕的习惯（图4-3-23~图4-3-26）因此房屋的采暖全靠火墙。屋内布置干净整洁，虽然朴素，但处处体现俄式的浪漫情怀：桌子、窗户、床上喜欢布置白色绣花的布帘；家中四处都是开满鲜花的植物。由于俄罗斯族人信奉东正教，所以一般都会在里间的墙角

图4-3-15 额尔古纳木刻楞2（来源：齐卓彦 摄）

图4-3-14 额尔古纳木刻楞1（来源：齐卓彦 摄）

图4-3-16 额尔古纳木刻楞3（来源：齐卓彦 摄）

处供奉着圣母玛丽亚的神像。（图 4-3-27、图 4-3-28）

立面：早先的木刻楞是直接把圆木墙体落在地面上，但这种情况时间一长，木头就会腐烂，房屋进而也会倒塌，所以之后所建住宅，都会用石头作为基础。额尔古纳俄罗斯族的住宅立面多在窗上附加窗套作为装饰，其余地方都很难见到装饰的痕迹。房屋不施色彩，完全再现木头最原

图 4-3-17　额尔古纳木刻楞 4（来源：齐卓彦 摄）

图 4-3-20　木刻楞中的火墙 1（来源：齐卓彦 摄）

图 4-3-18　额尔古纳木刻楞 5（来源：齐卓彦 摄）

图 4-3-21　木刻楞中的火墙 2（来源：齐卓彦 摄）

图 4-3-19　额尔古纳俄罗斯族小院（来源：齐卓彦 摄）

图 4-3-22　木刻楞中的火墙 3（来源：齐卓彦 摄）

始的风格。也有的房屋在圆木外面抹一层白灰和泥来御寒（图 4-3-29~图 4-3-31）。

### （二）俄罗斯族木刻楞民居的产生

俄罗斯族木刻楞民居是具有俄罗斯装饰风格与风俗习惯与中国东北土生土长的井干式民居结合的产物，具有典型森林文化特征。井干式是中国传统木结构中的一种，是一种用圆形、矩形或六边形木料，平行向上层层叠置而成的结构形式。相互交叉的圆形或矩形木料，在房屋的转角处交叉和咬合，使结构形成一个整体，并起到围合墙体的作用。从房屋的

图 4-3-23 俄罗斯族喜睡床 1（来源：齐卓彦 摄）

图 4-3-26 俄罗斯族喜睡床 4（来源：齐卓彦 摄）

图 4-3-24 俄罗斯族喜睡床 2（来源：齐卓彦 摄）

图 4-3-27 俄罗斯族木刻楞中供奉的圣母 1（来源：齐卓彦 摄）

图 4-3-25 俄罗斯族喜睡床 3（来源：齐卓彦 摄）

图 4-3-28 俄罗斯族木刻楞中供奉的圣母 2（来源：齐卓彦 摄）

平面形式看，彼此十字交叉搭接的圆木好似中国汉字"井"字，又因建造方式是圆木层层相叠构成墙体，形如井壁，故名"井干式"。

我国东北部井干式民居形态的形成和自然环境是息息相关的，东北地区森林资源丰富，为井干式民居的产生提供了必要的条件。首先，材料易得且便宜。在东北地区井干式民居分布的林区，思想认识较为落后，经济技术水平低下、交通运输困难的情况下，人们建造房屋所需要的材料，首先想到的就是就地取材，并最大限度地发挥当地材料的物质特性。其次，木材具有热传导率较低，比热高，保温性高，不会发生结露等优良特点，是东北严寒气候条件下非常适合的建筑材料。

俄罗斯木制结构建筑是俄罗斯传统建筑形式，具有一千多年的历史。俄罗斯具有丰富的森林资源，在10世纪拜占庭石头技术进入到基辅罗斯之前，都保持着木制结构建筑传统，在经历了近十个世纪建筑的发展，这一传统的木屋建筑大多以民居的方式保留下来，分布在乡村。俄罗斯木刻楞具有典型的俄罗斯文化，建筑外部涂着鲜艳夺目的色彩，并在关键部位装饰有各种图案，图案精致，充满俄罗斯民族特点，样式沿袭俄式传统；屋内卧室铺着漆有红色外观的木地板；室内窗台宽大，可以摆设一盆盆鲜花。同时，在俄罗斯民居中，正房的旁边常建有侧房，用来存放家具或作仓库。这在中东铁路修建时，俄国人在中国的中东铁路沿线修建的大量俄式木房屋中可以明显看到。

我国内蒙古额尔古纳地区在具有俄国血统的移民文化与中国本地人的文化的长期交织中，形成了俄罗斯族木刻楞民居建筑形式的外在表现，成为具有俄罗斯风格和习俗与中国东北土生土长的井干式民居结合的建筑产物。

图4-3-29　俄罗斯族木刻楞的门窗装饰1（来源：齐卓彦 摄）

图4-3-30　俄罗斯族木刻楞的门窗装饰2（来源：齐卓彦 摄）

图4-3-31　俄罗斯族木刻楞的门窗装饰3（来源：齐卓彦 摄）

### （三）俄罗斯族木刻楞建造

木刻楞的建造可以分为以下几步：

打地基：在平坦的地面开挖基槽，基槽宽约500毫米，深约300毫米，之后在基槽内垒砌石块，形成表面平整的矩形基础，基础高出地面依地形及户主的要求而定，一般为300~500毫米。基础用水泥灌缝，使其结实、牢固。

垒墙身：挑选直径为18~20毫米的挺直松木几十根，去枝杈剥皮晒干后两端削平，再按尺寸把横放圆木的下侧面凿出圆弧形凹槽，上侧面保持不变，以使得上下圆木在相叠时能够相互咬合，稳定牢固。上下两根圆木之间还会以木楔相连接，即在木头上钻以圆孔，敲入木钉。木钉在每根松木上一般有两三个，上下层木钉彼此错开。层层圆木间用青苔塞缝，用以增大摩擦并且保温。有的墙体垒完圆木之后会在门窗洞口之间加立柱支撑，以保持结构的稳定（图4-3-32）。

木刻楞的平面一般都为矩形，相垂直的两面木墙在相交时会有两种做法——硬角、悬角。硬角（燕尾形角），先把每根松木放在转角处一端加工成楔形如同燕尾，再根根上摞。转角处先出挑30～50毫米，供人在建造房屋时抬用，摞好后锯掉，形成整齐的硬角，也有的在硬角外再包上长条木板并涂油漆，作为装饰和保护。这样处理的建筑转角干净利落，外大里小的燕尾榫使转角处松木结合稳固。悬角（大码头角，也叫大角），每根松木边摞边刻槽，在转角处多面刻槽使两圆木相贯，转角处两侧圆木出挑约200毫米左右，形成一种十字形悬角。出挑的圆木外大里小把转角处紧紧卡住，使其结合稳固。悬角使木刻楞房豪放粗犷，具有原始的野趣。（图4-3-33）

上屋架：木刻楞房常用人字形屋架。一般房屋有7根大柁，在每根大柁处钉人字形屋架。每个屋架用两根斜木筋或金属吊筋吊住。起连接大柁、稳定屋架的作用。沿人字形屋架间隔约1米钉檩条，檩上挂椽，然后钉木楞，上覆雨淋板或石棉瓦，现在大多数采用镀锌铁皮或金属板做屋面。因为金属材质阻力小，冬季不易积雪，可减轻屋架荷载。保温屋面做法是在大柁上钉一层木板形成顶棚，上覆一层灰袋纸，抹一层草泥，晾干后再压200毫米厚干马粪（因马粪颗粒细小且不易燃，保温效果好）或煤灰、锯

图4-3-32 俄罗斯族木刻楞打地基、垒墙身（来源：齐卓彦 摄）

末等达到保温御寒作用。大柁下面作屋内天棚，抹麻刀灰，再刷一遍白灰。同时木刻楞房的屋檐距外墙出挑500毫米左右，可防雨防晒。（图4-3-34）

上门窗框装饰：因木材具有很好的抗弯性能，故在门窗洞口上不需另加设门窗过梁。多为木框双层玻璃窗，之后在门窗洞口上加上富有民族风情的装饰框。

图4-3-33 俄罗斯木刻楞的转角（来源：齐卓彦 摄）

图4-3-34 俄罗斯族木刻楞建造：上屋架、上窗框（来源：齐卓彦 摄）

## 第四节 东部少数民族地区建筑元素与装饰

### 一、达斡尔族传统民居中的建筑元素与装饰

#### （一）院门

达斡尔族的院门开在南向，一般是立两个一尺多（约0.33米）粗的木门柱，相隔距离为能过拉草的大轱辘车为准。门柱上凿出两三个孔，需关门时，横穿木杆即可。有时为了方便，会把其中一个木杆上下斜插，以防止牲畜的出入。（图4-4-1）

达斡尔族院门的设置深受东北汉族民居的影响，院门开在院落南侧的正中，院门宽大有其功能需要，可以很方便地出入大轱辘车和牲畜。大轱辘车是达斡尔族传统交通工具，适于山区草原上使用，具有轻便、耐用的特点。

#### （二）围墙

达斡尔族人院子四周都有围墙，当地人俗称"障子"，各家的园田连成一片，仅由障子加以分隔。障子有用柳条交叉编成花纹篱笆，或用柞树或白桦、黑桦围成，因达斡尔族人在选择村落时依山傍水，因此水岸边盛产的柳条和大兴安岭山林中盛产的树木成为他们的原材料。围墙在制作时，以柳条编织而成的，每隔600～700毫米会有一个立柱；用柞树或白桦、黑桦做成的障子，中间会植入间隔1000毫米左右的立柱，现在的材料多以松木为主。（图4-4-2、图4-4-3）

#### （三）门

室内西屋的隔扇门的制作比较精制，讲究的以红松为原料。隔扇门基本相当于一个进深，可以作为东、西屋与门厅的隔墙。整个雕花门分为门扇和门楣两部分，门楣上多雕花瓶或五幅奉寿等题材图案，有的人家则雕饰满、汉文的福、禄、寿文字，形式为圆形。门扇由4扇门组成，当中的两扇可经常开关，两边的两扇平时总是关着。门扇可分为上下两个部分，其上部都为窗格式结构，下部为雕花木板屏式结构。上部窗格式结构中会饰以雕花木块做横撑，图案以文房四宝或八仙的象征物如宝葫芦、芭蕉扇、荷花、竹板等纹饰为主；

图4-4-2　达斡尔族民居中障子1（来源：朱秀杰 摄）

图4-4-1　达斡尔族民居中院门（来源：朱秀杰 摄）

图4-4-3　达斡尔族民居中障子2（来源：朱秀杰 摄）

下部木板面上多雕有宝瓶，上置四季花草，花卉以牡丹、杏花、梅花为主，花卉枝叶繁密而清晰，花簇造型优美具有唐代团花风格。（图4-4-4）

### （四）窗

达斡尔族传统民居有在西面开窗的习惯，有利于室内采光和通风，这是达斡尔族住房的一个特色。三间房有10扇窗子，其中西屋南面3扇，西面2扇，中间房门的两边各一扇，东屋南3扇。传统的窗子分为上下两扇，上扇可以支起敞开，下扇可以向上抽出取下。窗扇也非常讲究窗格的花纹，中间多为方形或竖式长方形框，框内多有双菱形图案，外面糊窗纸，在窗纸上喷上豆油，起到防雨雪潮湿和透亮美观的作用，现在都镶嵌为玻璃。（图4-4-5）

### （五）炕

达斡尔族传统民居的正房中主要起居空间以炕为主，在正房西屋的北、西、南三面设有连在一起的三铺火炕，叫凹形炕。火炕长度等于房间间宽，宽度通常为1.8～2.2米，高度0.6米，略高于成人膝盖。炕上早年铺兽皮或桦树皮薄片，与汉人接触后改成铺芦苇席或高粱秆皮编成的席。炕沿多为木板，讲究一点的人家炕的外壁多用木板镶嵌，木板上还雕有各种各样精美的图案。（图4-4-6）

### （六）烟囱

达斡尔族传统民居的烟囱很有特色，它们设在住房的侧面，三间或五间的住房会在左右有两个烟囱，分别距离东西墙面一二米远。烟囱有圆柱形，有方柱形，同样用草

图4-4-4　达斡尔族民居中西屋隔扇门（来源：朱秀杰 摄）

图4-4-6　达斡尔族民居中的炕（来源：张寒 摄）

图4-4-5　达斡尔族民居中的窗（来源：张寒 摄）

图4-4-7　达斡尔族民居中的烟囱1（来源：张寒 摄）

图4-4-8 达斡尔族民居中的烟囱2（来源：朱秀杰 摄）

图4-4-9 斜仁柱中的铺位与火塘（来源：齐卓彦 摄）

坯垒成，直通火炕。早先的烟囱同样用草坯垒成，直通火炕。早先的烟囱收口的部分会用枯木树干，现在有些会直接用草坯垒砌，或用铁皮烟囱代替。这种烟囱的建构可以在一定程度上防止火灾的发生，具有一定的科学性。（图4-4-7、图4-4-8）

## 二、鄂伦春族斜仁柱的建筑元素与装饰

### （一）铺位

斜仁柱内的铺位对着门口呈三面布置，铺位的等级非常讲究，对着门的铺位是正铺，鄂伦春人称作"玛路"，铺的上方悬挂着桦树皮盒，里面装着神偶，是供神的地方。正铺在家中只允许老年男子或男性客人坐卧。正铺的两侧被称作"奥路"，是家族的席位，左边为儿子、儿媳的居处，右边为长辈父母的居处。男主人只有丧偶后才能在正铺居住（图4-4-9）。

### （二）火塘

斜仁柱内的火塘位于正中央，与天窗相对，烟从天窗出。这种火塘最为原始，就是拢起的一堆火，但并非随便拢起。北方通古斯人到林中用猎刀砍来可用以烧火的短木棍（较粗的木棍再劈成木楔）。这样的木棍和木楔总有锐利的一头，绝不可以把这头冲着火，而且木棍要依次摆成一个圆形，一如他

们的居室。木棍燃尽一段，就把它们往中间移动一段，火塘始终保持圆形。这样做的原因是他们把火敬重为火神，并且火塘不能熄灭，即便到了夏季仍然要继续。

## 三、俄罗斯族民居建筑元素与装饰

### （一）门窗装饰

俄罗斯人是浪漫热情的民族，在传统的俄罗斯民居中，装饰性的木构件则是作为一种艺术的表现手段来凸显和强调建筑的主要部分和细节，这些单纯的装饰性木构件主要集中体现在三个方面：门窗洞口装饰、檐下及檐口装饰、三角山花及檐下装饰。内蒙古额尔古纳地区的俄罗斯族的木刻楞在装饰上仅保留了门窗洞口的保护性装饰，延续俄罗斯人在建筑中注重装饰的习惯，装饰风格充满民族特色，而其他地方则不加以装饰，以建造材料的原始美进行朴素的表达。俄罗斯族的木刻楞建筑中门窗洞口的木构件的形态非常丰富，每个构件都由檐部、中部和端部组成，以檐部的形态区分，有的为无山花无挑檐的直角平板，有的为三角形山花，有的为三角曲线形山花，在山花中会有一些细致的图案。颜色以白、黄、绿为主。但总体来讲，俄罗斯族木刻楞中的装饰与传统俄罗斯建筑相比，除了在位置上进行精简外，山花的细腻程度也大为降低，风格更加趋

图 4-4-10　俄罗斯族木刻楞的门窗装饰（来源：齐卓彦 摄）

于粗犷与原始（图 4-4-10）。

## （二）火墙

在中国东北传统井干式住宅中，也可以看到火墙的踪迹。火墙也是隔墙，分隔外屋和里屋，火墙用砖砌成，砖墙内部形成花洞供灶台烧火时走烟，并给里屋的炕供暖，这是北方寒冷地区室内取暖的普遍方式，火墙在外屋连接灶台，在里屋连接炕。但在俄罗斯族木刻楞民居中，因俄罗斯族喜欢睡床，所以里屋没有设炕，而作为取暖设施，火墙仍然存在，只是作为隔墙和连接灶台。

## 第五节　东部少数民族地区建筑特征总结

内蒙古东部地区共同孕育着多种少数民族部落，历史上各民族由于生产生活方式、风俗习惯的差异，不同民族传统居住形式都有所不同，有的还存在着很大的差异，呈现多元化的表现。但整个区域多民族聚居的格局，文化的交叉与融合在他们的居住形式上有强烈体现。就是，同在森林文化体系的背景下，加上历史上生产力低下、环境闭塞、严寒的气候条件以及阿尔泰语系中各少数民族相通的文化又使这些民族的传统建筑在风格上具有鲜明的特点。

## 一、多元的少数民族建筑形式

历史上中国东北部孕育出非常多的北方少数民族，是多个北方游猎民族诞生的摇篮。今天，这些少数民族包括蒙古、达斡尔、鄂温克、鄂伦春、满、回、朝鲜、俄罗斯等分布在包括内蒙古呼伦贝尔在内的广大东北部地区，形成以汉族为主体，多民族混居的状态。这些北方少数民族在整体分布上又呈现大分散、小聚居的格局，如在呼伦贝尔境内形成了莫力达瓦达斡尔族自治旗、鄂伦春自治旗、鄂温克自治旗、根河敖鲁古雅鄂温克民族村、室韦俄罗斯族民族乡、三河回族乡等少数民族的聚居区。这些少数民族均具有代表本民族特征的传统文化，而作为文化形式的外在表达，进而形成了丰富多元的建筑形式。

### （一）建筑群落

达斡尔族是内蒙古呼伦贝尔北方森林文化体系下从事定居农业兼营其他生产方式的独特民族，主要生活在大兴安岭东侧依山傍水、平整背风、土地肥沃的平原地区。由于具有定居农业，因此达斡尔族聚族而居，形成村庄与城市。达斡尔族的村庄由每户院落作为一个单元沿东西方向连接而成，村内道路沿东西延伸。每户单元为典型的三合院院落空间，与东北汉族院落空间相近。

鄂伦春族是北方古老的游猎民族，依托大、小兴安岭广袤森林，随狩猎动物迁徙是其居住的最大特征。鄂伦春族暂时性的居住形式"斜仁柱"在建设时会以父系大家族为单位，形成小的聚落。聚落内斜仁柱按一字形的规则排列，并进行等级分布，地位最高者在中间，依照习俗，斜仁柱后面的树上挂着各种神偶。

而俄罗斯族则是外来民族在中国的延续，在内蒙古呼伦贝尔主要居住于大兴安岭西额尔古纳市，文化的融合使在额尔古纳俄罗斯族聚居的地方，很难看到纯正的汉族院落，由木刻楞形成的独门独院把每个家庭分开，但房子的布置并没有固定的格局，依据家庭人口紧凑地布置在一起，空出宽阔的院落，因土地的限制因素较小，所以他们尽量扩大自己的地盘，并且户与户之间不相互搭连，形成松散零星的布置。

## （二）建筑单体

达斡尔族传统民居中有非常完整的院落空间，每户住房四周筑墙围成院落，形成典型的三合院：正房坐北朝南居于北侧，东西厢房分别布置仓房与磨房，院门在南侧居中布置。正房为土木结构，墙体用草坯或土坯，正房以间为单位，多为两间或三间。达斡尔族以西为贵，以三间为例：正房中居中的空间为厨房，西侧则是家庭中最重要的起居空间，内设南、西、北三面连炕，其中以南炕为家中长者的位置。

鄂伦春族的斜仁柱由于经常迁徙和可拆卸的需求，具有简易和原始性。斜仁柱外形似圆锥形，用在森林中随处可见的树杈搭建而成骨架，外面夏天用桦树皮、冬天用狍子皮覆盖而成。内部陈设简单，主要布置可以坐卧的铺位。铺位有等级设置，正对门中间位置是正铺，在家中只允许老年男子或男性客人坐卧，上方供奉神偶。

而俄罗斯族的民居则是井干式纯木结构房屋，住宅多为两间，外间和里间。外间为厨房，连接通顶火墙，为房间供暖，里间是起居空间，放置俄罗斯族喜欢睡的床。

## （三）少数民族多元建筑形式产生的原因

### 1. 生产方式的差异是形成各少数民族传统民居多样性的根本原因

依托大兴安岭及其周围地域环境及其气候条件，虽同在森林文化体系下，各少数民族传统的生产生活方式却存在很大差异。

达斡尔族的族名始自清代，学界的主流声音认为其为中国古代契丹族的后裔，对于曾经建立过中国历史上辽王朝的契丹族而言，王朝的建立为当时先进的华夏农耕文明与原始游牧文明的碰撞与交融提供了契机，使得契丹后裔再次回到北方地区生活时已经深深带有农耕文明的烙印，并最终发展成为达斡尔族——一支以定居农业为主，兼营牧、渔、猎等其他原始生产方式的独特北方少数民族。因此达斡尔族聚居的地方出现了村庄与城市，形成了固定的民居形式。

鄂伦春族被称为北方古代民族文化的守望者，曾一直保持着原始渔猎的生产生活方式，逐水草、野兽不断迁徙使得他们的斜仁柱在建造时会利用环境素材进行简易快速但相对牢固的搭接，而骨架外面的覆盖物则具有可携带性。这种圆锥形的原始居住形态是人类文明早期阶段的产物，在世界上很多区域都出现过，因此与使用民族原始的生产方式密不可分。

### 2. 微观地域的差异、多种文化交融形成了少数民族传统民居多样的外在形式

在以大、小兴安岭为依托的宏观森林文化背景下，也存在微观地域的差异，如林区、冲积平原以及丘陵地带，这一微观差异使扎根在其上的民居形式有所不同，东北平原地带汉族合院建筑与北部林区井干式建筑就是典型代表，而在同一区域生活的达斡尔族与俄罗斯族的传统民居也各自受到他们的相当影响，表现出相近的外在形态。如农业生产使达斡尔人都会寻找丰沃的平原地带定居下来，受周围汉族民居的影响，达斡尔族的传统民居形成了典型的三合院；俄罗斯族虽是外来民族的延续，但在定居于额尔古纳后，大量的森林资源使他们民居沿用了当地井干式民居的形式。

## 二、多文化交融的空间形制

武汉大学哲学系教授赵林在讲述文化融合与文明冲突时提到，中国古代文明的进程就是在农耕文明与游牧文明的不断冲突中完成，同时也形成了相互之间文化的大融合。呼伦贝尔多民族聚居的状态，文化交融与碰撞使少数民族传统民居成为多元文化的载体。

达斡尔族作为历史上北方唯一从事定居农业的少数民族，他的生产生活方式带有典型汉文化农耕文明的特点，因此达斡尔族很早就建有设防很好的城市和村庄，居住形式也受汉、满的影响逐步形成与东北汉族民居大致相同的格局。如达斡

尔族传统民居中具有典型的三合院院落空间，正房坐北朝南居中布置，两侧仓房和磨房对称分居两侧，大门居中设于院子的南面，整个院落空间松散、开敞，既具有汉文化儒家思想中典型的中轴对称格局，又有东北汉族民居宽敞的特点。正房的建造也受汉文化颇多影响，房屋采用土木的结构形式、屋内设炕、豆油喷过的纸置于窗户外侧以及室内门窗上的花饰与唐代的花饰有很多相似之处。

但达斡尔族传统民居在受到汉文化的影响之时，依然保留了本民族风俗习惯、宗教信仰的独特之处。达斡尔族传统民居正房中最重要的空间并非如汉族设在中间，而是设在西侧，并因宗教的崇拜在西屋布置三面的弯子炕，西侧的炕靠北放置神灵，这与汉族设单面炕有很大区别。

俄罗斯族传统民居木刻楞也是俄罗斯族生活习惯、建筑的装饰风格与东北本土井干式住宅融合的结果。

俄罗斯族除了在外貌上有典型的俄罗斯人的特征外，生活习惯也有一定延续，并在民居上有明显体现。

由于天气寒冷，紧邻大兴安岭林区丰富的木材资源，以及木材良好的保暖性，简易的建构方式使东北井干式木构建筑历史上在林区成为普遍的居住方式。这一民居形式一般以两间居多，外间为厨房，里间是生活起居空间，之间由火墙连接厨房的炉灶和起居空间的火炕。俄罗斯族的木刻楞在东北井干民居的基础上融入了本民族的居住习惯，如替换火炕为床，但住房中仍保留两间的基本格局以及炉灶和火墙的设置。俄罗斯族屋内布置干净整洁，虽然朴素，但处处体现了俄式的浪漫情怀：桌子、窗户、床上喜欢布置白色绣花的布帘；家中四处都是开满鲜花的植物，俄罗斯族人信奉东正教，所以都会在里间的墙角处供奉着圣母玛丽亚的神像。建筑的门套和窗套上会有典型俄罗斯风格的装饰。

## 三、朴实的气候应对策略

辽阔的内蒙古东北部呼伦贝尔具有丰富的地貌资源，境内大兴安岭纵贯南北，形成岭西呼伦贝尔草原、中部大兴安岭林区与岭东丘陵与冲积平原三种典型地貌环境，气候条件寒冷。这片土地上少数民族传统民居的产生，均与当地的气候特征有着紧密联系，建筑的体量、布局及建造方式都以自然为宝库，以森林文化为背景，深刻体现了居住环境的特点，形成了建筑与环境强大的共生关系。

由于气候寒冷，各少数民族的固定居所都会利用南向充足的阳光以获得室内良好的温度，如达斡尔族的正房均坐北朝南，南向大面积开窗，而北侧不开或开小窗；俄罗斯族的木刻楞虽布局没有固定方式，但都会在南侧开大窗，北侧不开窗。

为应对寒冷的气候条件，民居中的外墙和屋顶是主要的保温构件。达斡尔族受汉族民居影响，以取自然的泥土墙或草甸子墙为主，而墙体的厚度在北侧可以达到600毫米宽以达到保温的目的；俄罗斯族的木刻楞所使用的木材本身即具有很好的热惰性，是一种温暖的材料，而俄罗斯族在选择木料时更会选择直径较粗的以达到更好的保温效果，并且会在木头叠放时的缝隙中垫入苔藓，在内墙或外墙上抹泥，在屋顶覆以锯末或马粪以增强房子抵抗寒冷的能力。鄂伦春族的斜仁柱虽是简易居所，但冬季时也会用有厚绒的狍皮围子作为骨架的覆盖物，以抵御寒风。

炕和火墙是北方寒冷气候特有的产物，虽然各少数民族由于居住习惯和精神信仰的差异会使炕和火墙在具体形制上有所变化，但不可否认，它们成为了北方地区应对严寒气候最有效和传统的策略。达斡尔族虽没有沿用汉族的单面炕而改成了弯子炕，但炉灶与火炕的相连是精髓所在；俄罗斯族因没有睡炕的习惯，因而炉灶直接和火墙相连后即为终止，火墙承担了住空间取暖的任务，这一传统而朴素的取暖方式在床替换了炕之后仍旧保留。

## 四、多元建筑形态下精神文化趋同的特征

从人类学的角度，呼伦贝尔地区的蒙古族、达斡尔族、满族、鄂伦春、鄂温克等民族都属于阿尔泰语系下的不同分支，但他们却都信仰或曾经信仰过萨满教，都具有崇尚太阳的精神需求，因此在各民族的建筑形式具有差异的情况下，其背

后的形制格局却具有惊人的相似之处。

阿尔泰语系各族民居内部结构可以概括为门、与门相对的铺位、门两侧的铺位以及火塘几个部分。其中门是一个坐标，门的方向确定了，其他部分的位置才能确定。这与阿尔泰语系各族的信仰有一定关系。

1. 门：有关斜仁柱和蒙古包门的朝向均有三种说法，即朝东、朝东南、朝南。这三种说法看似矛盾，其实并不矛盾，雅库特鄂温克人把仙人柱门的朝向解释为日出的方向，蒙古人也有类似的解释。而满族、锡伯族、达斡尔族和赫哲族的民居都是以西为贵，其最重要的核心空间西屋的门也正是朝向东方，这种高度的一致性，有学者判定是对太阳神的崇拜，朝向日出方向的结果。

2. 正对门的铺位：斜仁柱内部共有三个铺位，其中与门相对的铺位叫"玛路"。"玛路"的意思就是"神位"。只有家中的男性长者或男性客人可以坐卧。满、锡伯、达斡尔、赫哲等民族的民居中的西屋共有北、西、南三铺炕，形成凹形炕，其中西炕与门相对，较窄，乃神之位，但主要是供奉祖先神灵和祭祖的地方，但锡伯族和达斡尔族没那么严格，通常他们把西炕作为客人的铺位。

3. 火塘：寒冷使阿尔泰语系各族民居冬季室内取暖成为必要，火塘应运而生。斜仁柱内的火塘位于正中央，与天窗相对，烟从天窗出，火塘垒成圆形且终日不能熄灭。蒙古包内正中央也设火塘。火塘正对"陶音"，烟从陶音出。陶音是用铁制成的圆圈，置于蒙古包的顶部，即天窗。火塘置于中间，三个铺位围绕火塘，这都是对火神的崇拜。

## 五、建筑材料原始朴素、建造方式简易实用

由于生产力低下、环境的闭塞，历史上呼伦贝尔地区各民族传统民居的建筑材料对所生活的自然环境都具有强大的依赖性，房屋以及宅院建设所需材料均来源于自然，具有周围环境鲜明的特点。

达斡尔族在学界中被绝大多数学者认为是契丹后裔，历史上契丹族建立的辽王朝与汉文化的交融，使达斡尔族成为北方森林文化体系下唯一从事定居农业兼营渔、牧、猎等其他生产方式的少数民族，因此他们在选择聚居地时，都会选择有山有水，平整肥沃的土地来维系多种方式并存的经营体系。达斡尔族传统民居在建造时所需材料都取自周围，并依照材料特性进行建造：院子的围墙用河边多产的柳条编织或用周围山上盛产的柞木或桦木扎成；建筑主体是典型的木构架结构，木头来源大山深林，墙体材料为俗称的草甸子，是河中芦苇根捆绑泥土后晒干形成，有的墙体材料是北方常见的土坯；屋顶建造时在椽子上铺柳条编的房笆，在柳笆上抹一层泥，之后不用瓦覆盖，而是用当地常见的"苫房草"铺在最上面。

鄂伦春族是北方最古老的游猎民族之一，其游猎的生产生活方式完全依赖于森林环境，是北方森林文化体系下的典型代表。鄂伦春族传统民居被称作"斜仁柱"，它外形似圆锥，因鄂伦春族游猎的特性，斜仁柱具有取材方便、建造迅速、设备简单和易于搬迁的特点。斜仁柱的材料和建造完全处于原始的状态，它在建造时先用在森林中随处可见的木杆搭建成骨架，这些木杆顶部集中于一点并相互交叉，用湿柳木条捆扎好，底部在地面上形成圆形；骨架外面则用桦树皮（夏天）或狍子皮（冬天）覆盖。

俄罗斯族是具有俄罗斯血统的少数民族，在内蒙古境内分布在额尔古纳市的民族乡中。木刻楞是俄罗斯族的传统民居，它是用森林中的圆木上下相叠、相互咬合搭建而成，形成最朴素、原始的木构井干式结构。搭建时圆木与圆木之间加入苔藓用以保温；人字形屋架上覆盖的雨淋板取材于山林，并可使雨水顺纹下流，不致灌入屋内。人字形屋架的水平屋面上则覆一层灰袋纸，抹一层草泥，晾干后再压干马粪或煤灰用以保温。

# 第五章　内蒙古传统建筑空间的当代文化解析

　　内蒙古的建筑文化独特而丰富，上篇三章的容量只能建构一个基本框架，对其核心文化需要不断认真总结，并应从多种维度进行解析。因此，在上篇即将结束之际，本章试图选取内蒙古传统建筑中最典型的三种类型——蒙古包、敖包、藏传佛教召庙，再从文化的层面进行解析，一方面，可作为上篇的一种总结，另一方面，则为下篇内蒙古现代建筑的传承实践做一铺陈。

## 第一节　蒙古包建筑空间的文化解析

毡包是内陆欧亚草原上分布最为广泛、历史最为悠久的建筑形式之一。其形态、尺度、材料虽各具地域性特征，然而，圆形平面与穹顶正中的天窗是所有毡包的共性特征。建筑元素的这一共性成为深深融入游牧族群深层文化结构中的共性要素——圆形平面与中心天窗成为游牧民建筑文化的空间逻辑与意义载体。

### 一、蒙古包室内空间的文化解析

单一围合空间中的多重场所布局是蒙古包室内空间秩序的基本特征。多样化功能场所在单一空间内的重叠使蒙古包室内空间的限定与划分主要借助文化秩序，而非实体墙或隔扇来完成。故此，对外人看来是单一的，无视觉阻隔的空间对于居住者而言是秩序明确的多样化空间。因此，对蒙古包室内空间的文化解析需考虑到一系列地方性知识，即居住空间的二元对立模式、沟通行为之需、文化认知图式、关于"建筑"本身的理解、起居习俗惯制及由此形成的感知等文化深层含义。

#### （一）室内空间划分

在蒙古包室内空间中，男人占据西侧，妇女占据东侧的空间划分已成为一种常识。早在13世纪时已有此空间划分，鲁布鲁克记载"男人的位置在西侧，即是在右手，进屋的男子从不会把弓放在女人的一边"。[①]然而，这只是初步的划分，在具体生活场景中有着更为复杂的划分方法。

若站在蒙古包中心区位，环视蒙古包室内布局，可以看到蒙古包的圆形空间被分为正北、西北、西南、西南靠门处、东南靠门处、东南、东北、中央、门口处等9个区位。在各区位内摆设的器具与铺垫物是判断区位属性的主要依据。蒙古包室内平面呈围绕中央火撑区位而层层环绕的三层同心圆模式。外层为紧贴哈那的家具区位，最里面的是火撑区位，中间层是主要的起居区位。

在室内空间属性与划分方法上，内蒙古地域内的数十支部族虽有地域性差异，但其共性是非常明确的。文化的这一共性主要体现在中央火撑区位、西北或正北佛龛区位、东南碗架区位的相同性。（图5-1-1、图5-1-2）重点区位的相同性说明了蒙古包文化的一种高度一致性。然而，地域性差异也是值得重视的一种现象。内蒙古地域蒙古包室内布局

图5-1-1　苏尼特蒙古包室内的东南碗架区，这是内蒙古地区蒙古包室内空间的共同特点（来源：额尔德木图 摄）

图5-1-2　巴尔虎蒙古包室内的东南碗架区，这是内蒙古地区蒙古包室内空间的共同特点（来源：额尔德木图 摄）

---

① 耿昇、何高济译. 柏朗嘉宾蒙古行纪、鲁布鲁克东行纪［M］. 北京. 中华书局，2002：122.

可以被分为两大类型。呼伦贝尔草原上的巴尔虎、布里亚特两部的室内空间划分极为相似，可以称之为"东部模式"；而乌珠穆沁、苏尼特等其余部族的室内空间划分基本一致，故可称之为"西部模式"。

"东部模式"的首要特征为左右对称的一对单人木床。（图5-1-3）这一特征普遍见于蒙古国境内各部族蒙古包中。虽不可排除俄罗斯文化传播之可能性，但床榻曾是古代蒙古人所熟悉的家具这一事实有着确凿的文献依据。在"蒙古秘史"中常见被称为"伊斯日"的木床，"连伊斯日下面都未放过，搜查一遍"①及"用伊斯日煮熟羔羊肉"②的记载证实了一种架空的木制床榻之存在。然而，在"西部模式"中至迟到20世纪80年代中为止仍无床榻，牧民普遍认定床榻并非是本土的文化创造物。除正方形火撑木格外地面层层铺设毛毡、皮革，人们以席地坐卧的方式享用室内空间（图5-1-4）。床榻的使用影响了人们的日常起居模式以及地面做法。布里亚特人的夏营地蒙古包直接搭建在草地上而从不在地面铺设任何东西（图5-1-5）。也由此形成了与席地就座的西部模式截然不同的起居习惯。

### （二）空间秩序与文化特性

对于现代人而言，解读传统建筑的室内空间需跨越一种现有居住模式定制的认知逻辑。文化在塑造建筑空间的同时也塑造了人的行为方式与住居理念。墙、窗、梁架等建筑构件在整体建筑构成中的意义以及"私密"、"舒适"、"洁净"等空间需求与感知全然是一种文化语汇。蒙古包的空间秩序与牧民的感知完全遵循着另一种文化逻辑。

蒙古人所经历的文化变迁及每一时代的主流意识形态为蒙古人的起居习性与建筑空间秩序提供了多种解释可能。历法的创建与普及曾以日晷圆盘定律重新建构蒙古包室内空间，并改换了包门的朝向。佛教的传入使西北区位成为置放佛龛的神圣区位，由此，包内神圣区位一分为二。而

图5-1-3　呼伦贝尔草原上的巴尔虎蒙古包室内（来源：额尔德木图 摄）

图5-1-4　锡林郭勒草原上的苏尼特蒙古包室内（来源：额尔德木图 摄）

图5-1-5　由于两侧架设木床，布里亚特蒙古包室内的佛龛位居正中，地面为草地（来源：额尔德木图 摄）

---

① 巴雅尔校注．蒙古秘史[M]．上册．呼和浩特．内蒙古人民出版社．1980：184.
② 巴雅尔校注．蒙古秘史[M]．中册．呼和浩特．内蒙古人民出版社．1980：622.

在普遍信奉萨满教时期，毡制偶像只是悬挂于屋顶。现代电器的传入使电视机、电瓶等设施占据了蒙古包的特定区位（图5-1-6）。那么，究竟哪一个是最为古老的形式抑或古老的形式为何样？古老并非是对原型的探知而是对现有居住理念、习性的一种"知识考古"。

试以天窗为例，探讨一下这一文化特性。蒙古包的天窗与现代建筑的窗户有着根本区别，或其功能指向有所区别。内蒙古中、东部人称天窗为"陶脑"，西部阿拉善人称为"哈拉齐"，普遍说明了其"视觉"的功能。天窗是蒙古包的气孔，除雨雪天气外，无论冬夏，天窗是昼夜开启的。无论在任何时代，牧民从未用透明的材料封闭过天窗。天窗并非为观察室外而开启，而蒙古包的真正窗户其实是门。在包中作息喝茶，顺便观察室外畜群的走向是一种典型的牧区生活写照。

对于空间私密性的追求恰恰相反，蒙古包尽力使内部各区位之间和室内与室外空间保持一种通透关系。沟通的需求甚于私密的遮蔽，此时私密性仅仅是一种文化感知方式。盘腿就坐于毡垫是一种"舒适"，顺手拿到室内任何一件器具是蒙古包的"便捷"，少量、精致、小巧的家具与器物被摆放在紧靠哈那处或挂在哈那上，夹在乌尼与顶毡间是蒙古包的一种"清洁"（图5-1-7），对于文化内部人的感受而言，蒙古包是理想的居所。这一感受完全源自文化的特性，而非建筑空间的有意设置。

## （三）行为方式与文化认知

行为与空间之间的辩证关系以及内化于行为方式中的空间秩序是解析蒙古包室内空间的关键。在多人共处一个单一圆形空间的前提下，何以维持其日常起居的正常秩序？嵌入于行为方式中的空间序列是维持这一秩序的基本手法。此时，蒙古包室内空间的"狭小"只是一种文化偏见。

蒙古包室内的日常起居需遵守许多规范与禁忌。禁忌之多证实了秩序之严格。空间塑造并限制了行为，而行为方式又内化并阐释了空间秩序。在室内起居习俗方面，牧民通常遵守着若干种行为规范，而禁忌出于一种文化认知模式，为行为之发生限定了一系列情景界定，由此强化了这些规范。在蒙古包内坐、卧、行、站等基本行为均要遵守特定的习俗惯制。坐姿方面，几乎在所有地区均规定了男人盘腿坐，妇女蹲坐的基本模式，而在察哈尔地区，人们曾普遍遵守单腿蹲坐形式，并且脚心朝向门处。若在室内走动，忌讳从坐着的人的前面经过。除休憩时间，忌讳躺卧于地面上，休憩时亦要围绕火位，在正北区位呈横向躺卧，脚心向东侧，在火位两侧呈竖向躺卧，脚心朝门。特定的行为在"节省"有限空间的同时保证了室内行为的畅通有序性。

蒙古包室内"神圣与世俗"、"上与下"、"左与右"的二元对立式区位划分为起居行为起到了有效的限定作用。室内正中、正北、西北区位为神圣区位，而门口处、门口两

图5-1-6　在蒙古包中摆设的电视机（来源：额尔德木图 摄）

图5-1-7　蒙古包室内北部区位（来源：额尔德木图 摄）

侧为世俗区位。上座与下座的区分、右侧与左侧的区位使蒙古包在宾客盈门或是举家作息时丝毫不失秩序。一些构件与区位的属性以及由此构成的禁忌，更加细化并限定了行为方式。不许背靠柱子与哈那、踩踏门槛与火位木格、骑坐于门槛、忌讳外人触摸天窗及天窗绳等行为，禁忌普遍见于内蒙古各地域。而文化认知的特定模式为其提供了充足而必要的依据。如门槛是家庭主人的颈项、柱子是家族子嗣福分的象征、天窗是家业兴旺的象征等等。

蒙古包是一种富于象征意义的住居形式，从区位的设置以及绳索的拴法均遵守特定的文化寓意。这一文化特性至今仍完整地保留于草原牧区。做客于毡包中，时常会观察到牧民的一些特殊行为方式，而这些迥异于砖瓦房中的行为方式能够使人感受到住居形式与文化特性的密切关联性。

## 二、蒙古包室外空间的文化解析

对于与室外空间保持密切的通透关系，多数功能设施均设于室外的蒙古包而言，营地小环境是蒙古包空间解析所必需着眼的另一个重要视点。由多个蒙古包组成的营地聚落的布局图式以及围绕蒙古包而排列设置的营地设施布局都要遵守一定的文化依据。

### （一）多座蒙古包的排列布局

由多座蒙古包组成的营地布局是观察草原人居环境的一个重要视角。蒙古包的排列布局程式因时代而异，特定历史时期内曾出现围绕部族首领的帐幕呈圆形"古列延"式排列的布局形式，而在近代，牧营地多由并行排列的2～5顶蒙古包构成（图5-1-8）。蒙古包的排列程式反映了特定时期社会组织、秩序的同时也反映了蒙古人传统的方位观念与宇宙文化图式。

多座蒙古包的排列布局通常遵守如下规则。蒙古包以由西向东的顺序，横向排列，包门向南。若有十余座蒙古包将会排成两排。其东西间距保持1～2米，南北间距保持2～3

图5-1-8　并排搭建的两个蒙古包（来源：额尔德木图 摄）

图5-1-9　并排搭建的三个蒙古包（来源：额尔德木图 摄）

米。在一些地区，同一营地的蒙古包数量也会受到习俗观念的限制，如牧民忌讳在一处营地内搭建7座蒙古包，而偏向于选择3、5、8、9等数字。从聚落内的方位选择上，右侧或右上侧为尊贵的方位，以家族为单位的营地布局中通常将老人居住的蒙古包搭建在右侧，将子女的蒙古包搭建于左侧或左上侧。故当客人走进营地后首先拜访居于右侧的家户（图5-1-9）。

然而，共处同一营地内的居所类型及数量比例也会影响整个布局形式。以清代为例，蒙古草原的营地有单纯蒙古包营地与复合式营地两种类型。后者指蒙古包与某类固定建筑相结合的形式，并有寺庙、府邸、民间聚落三种类型。因财富程度的不同，除体积、装饰之外，每个家户所拥有的蒙古包数量也会有所不同。在清末至民国时期，富裕的牧民拥有

2~5顶蒙古包，而贫寒的牧民只拥有1顶蒙古包。单户拥有多顶蒙古包或2~3户共居一个营地时，蒙古包的搭建完全遵守单排布局的规则。

## （二）营地布局

通常的牧营地是以蒙古包为中心，以车辆、棚舍等设施为辅的小型聚落，蒙古语称为"浩特"。从牧民日常生活实践的"作息表"来看，户外劳作占据着其多数时间，而住居只满足少部分休憩需要。在特定历史时期，人们曾借用帐篷、屏风等附属物扩大并限定蒙古包的室外空间，用于公共娱乐与休闲事项。这在"胡笳十八拍"等古代图卷以及清代画卷中有着详细的描绘。直到晚近时代，牧民仍旧使用此类方法限定营地空间，用于珍珠节、马奶节等公共生产与节庆仪式。在夏日的夜晚，牧民常在蒙古包前铺一张毛毡，再摆放茶桌，喝茶谈天或休憩，以避开室内闷热的气息。从空间限定的角度而言，这是最为普遍，也是最具传统性的空间设置方式。

从平面布局上看，以蒙古包为中心的营地仍呈圆形或椭圆形排列布局。蒙古包室外设施包括苏鲁锭祭祀台、储食架（四脚架或牛粪箱）、拴马桩、车辆、羊圈、拴牛犊绳、粪堆（有牛粪堆、羊粪堆、羊砖堆等三种）、灰堆等设施。各类设施的布局因地域而异，但普遍呈现一种相似性，即无院墙限定及各类设施按功能占据特定方位，与蒙古包的距离有着远近之别。浩特附属物的有序排列，扩大了蒙古包的空间领域，其布局有合理的安排与清晰的规定。布局的依据多出于气候与实际生活经验的考虑，然而，与传统文化也有密切关联。因环境、季节、风向及所养畜种的不同，营地设置常有变化。以锡林郭勒盟苏尼特右旗北部牧区为例，夏营地呈现如下布局：蒙古包与砖瓦房并行排列构成营地中心，拴马桩位居西北高处上风处，拴牛犊绳与羊圈位于东南区位，四脚架位于西北或西侧，粪堆在拴牛犊绳的东侧，离蒙古包最远的地方。营地呈向南北延伸的狭长形状。设施的布局均遵守着一定文化依据，如拴马桩位居上风处是由于避免炊烟污秽"风马"，而羊圈须设在下风处，炊烟将驱散蚊虫，有利于羊群的休憩。在草甸草原牧区，箱车、水车等多种功能型车辆常以连贯排列方式停放于营地正北处，对整个营地起到储存活物、限定营地界域的作用。

冬营地的室外空间布局与夏营地稍有不同。寒冷的冬季，羊和牛等牲畜需要温暖的卧处。故营地设置上需要增设一些避风处。故冬营地的牛粪堆、羊粪堆通常要比夏营地多。在戈壁牧区，牧民踩羊粪砖，砌筑羊圈及围墙，搬迁时将整个院落留在旧址。牧户多年留居的冬营地有充足的燃料和避风处，足以抗衡暴风雪的袭击。牧区有句"乡土如金"的民谚，恰好道出营地布局、区位对整个生产环节的关键作用。

除蒙古包室内、室外空间的文化设置外，试图维持居住环境与宇宙定律之一致的文化观念是蒙古包建筑空间的另一个亮点。蒙古包的朝向、气势以及人在其中的行为模式尽量展现了一种顺应自然节律、维护宇宙力场的文化考虑。如牧民在设定蒙古包朝向时，将门稍许偏离太阳升起的方向，以避免形成直冲；搭建过程中顺时针连接哈那、加盖围毡及捆接围绳，顺势符合自然节律等等。深度理解蒙古包所蕴含的文化智慧成为探测游牧民传统住居观念与偏好的必经之路。

## 第二节 敖包建筑空间的文化解析

敖包为蒙古语，意指"堆"。关于敖包所含文化意义的误解多源自对此词所指意义之多样。常人所理解的敖包是指牧民在高山丘陵、河流、泉水等殊胜之地，用石头、树木等材料构筑的呈多样化形态、数量、布局的堆状物，不管其形态、构造、材料及场所意义如何，均被称为敖包（图5-2-1）。一些天然形成的特殊自然体也被称为敖包（图5-2-2）。因此，仅就敖包的构成及形体去评价其建筑属性实有难度，而只有将其归还至它所依靠，并由此获取"生命"的地景与场所中方可感悟其深刻的建筑意义。若非要从单体敖包的构成层面探寻建筑意义的话，只有一部分敖包类型完全符合建筑标准。敖包是一种亘古的文化创造物，对其场所意义、空间构成予以文化阐释是深度理解游牧文明的一个重要途径。

## 一、神圣地景中的"堆"

对于熟知地方的牧民而言,其生存繁衍的地方是一组具有明确秩序的空间体。在外人看来是空旷的、无明确界限或标志的茫茫草原,对当地牧民却是界域明确、一目了然的生活空间。这是一种借助于传统的、地方性智慧的定位方法。在地理特征不是很明显、人烟稀少,缺少参照物的大草原,敖包就是一种阀门,一种路标。对于外来者而言,它具有警戒、告示的作用。

### (一)点——神圣界域的标记

草原并非是漫无边际的空间,游牧民的迁移也并非是漫无目的的游荡。传统牧业社区的空间是具有一种乡土性"规划"特性的,一片牧场其实被分为神圣的敖包界域与世俗的生产界域两类基本场所,这一分类与划分出于人类行为之普同性规律之需。在一片草原中总有一至多个特殊场域——一般是山川、丘陵、河流、泉水,有时是根本"不起眼"的一些区域——被人们赋予神圣属性(图5-2-3)。牧民将这些区域划为神圣区域,并认为有地方守护神栖息并保护这一区域。特定的自然环境成为一种界域时需有一种标记。标记在限定界域的同时能够满足特定祭祀行为之需,由此人们设立某种标记作为符号标示这一界域之属性。修筑敖包成为常用的方法。

图5-2-1 呼伦贝尔市新巴尔虎左旗道鲁德敖包(来源:额尔德木图 摄)

图5-2-2 巴彦淖尔市乌拉特后旗的天然敖包(来源:额尔德木图 摄)

图5-2-3 乌兰察布市四子王旗的脑木敖包形制更独特,在高达70米的天然土堆上修筑了方形白色敖包,位居四子王旗与苏尼特右旗地界,由两旗民众共同祭祀(来源:额尔德木图 摄)

在文化本质上，祭祀敖包并非是祭祀敖包本身，而是祭祀由敖包限定的那一片区域。这是强烈的地域崇拜意识之反映，其中凝结着蒙古人的生态意识、地域崇拜主义、社区文化精神。界域的存在保证了牧业社区生活节律之正常运行，人们忌讳在敖包近处搭建营地，除驼群、马群等大牲畜偶尔光顾这些神圣界域外除祭祀时间无人接进敖包圣地。石堆作为神圣界域的标志成为人们所崇拜的物体。

## （二）场所——与环境的对话

与愉悦某处环境并将其设为人居环境相同，畏惧并回避一些环境也是人类的一种普遍心理。在蒙古人的观念中，红色的土地、形体奇异的自然体、独自生长在一处的树木、常有野生动物出没的沟壑是不宜接近的特殊环境。在内蒙古各区域均有一些殊胜的自然体，为平坦而一味延续的地景增添一种醒目的节点，地平线之平缓延续到此戛然停止，出现一种神圣而壮丽的地景。若有此类地景，其上或近旁定有敖包。广袤草原中并非每一处都适于居住生活，而不适于生存的环境又与生活界域共处于整体环境中，故产生一种需要，即接纳并认同这些特殊环境。"认同感"意味着"与特殊环境为友"。[①]敖包的修筑是认同并接纳这些特殊环境的一种文化手法。（图5-2-4）

当敖包被修筑成后，特定的自然环境也被建成人为环境。敖包的存在使原先孤立而无序的自然体重新被整合至一个有序完整的场所结构中。敖包界域内的山丘、树木、水流承担各自角色，其方位、朝向、布局被予以清晰可辨的定位。在内蒙古各部，用于修复砌筑敖包的石块、插于敖包上的沙柳、用于祭酒礼或予以仪式净化礼的水源均来自敖包界域内，并有清晰严格的规定。在整体场所中，敖包通常为中心，而其余自然体或区位围绕敖包而形成分担不同角色，交互构成场所结构的多个点。若干点的连接构成敖包场所空间的平面秩序。而在景观意义上呈一种整体完整的地景。在祭祀仪式时期，人们骑马赶至某一点（某一石块、圣树或小石堆），将

图5-2-4　与特殊环境为友——敖包与牧营地的共处（来源：额尔德木图 摄）

---

① （挪）诺伯舒兹.场所精神：迈向建筑现象学[M].施植明译.武汉：华中科技大学出版社，2010：20.

会下马步行一段距离，到达另一点（泉眼或小石堆）行祭祀礼后再度行进，到达第三点（敖包）时特定群体或人们（如妇女或儿童）止步于该处，另一群人继续前进并到达终点——即主敖包，完成祭祀仪式后返回第三点，共同举行那达慕庆典。这一路线假设适用于多数敖包的祭祀仪式，说明敖包对所处环境的一种对话结果——将自然环境改为有序的场所，将殊胜之地接纳为神圣区域。

由敖包主导的微环境构成神圣的界域，其地理尺度可大可小。界域大时通常由若干敖包单元组成的敖包群加以限定和组织，而界域小至一个孤立的沙丘时由单座敖包加以标示。大尺度的敖包界域横跨方圆数公里的区域，由若干座敖包遥相呼应，建构了一张敖包网，用于覆盖整体区域。其祭祀序列与整体仪式中的功能各不相同。可以说由敖包划定的旗界便是一个敖包界域。

### （三）话语——空间意象的营造

当奇异的地景经敖包之修筑而被建构为神圣界域后，就可以重新被纳入地域景观体系中，成为各类文化得以展演的时空场所。然而，敖包一经修筑，却具备了自身的景观特色。敖包的谱系、类型十分复杂，其形体、颜色、数量、布局各有象征喻义。牧民并非仅筑一座敖包用以标示神圣界域，而是借助多种手法强化神圣界域之神秘属性。石堆成为敖包神得以栖身的点，周边环境成为敖包神巡游保护的界域。民间的多种口述文本为敖包的种种属性做出了充分的阐释。因此，话语的解读能够为敖包的建筑空间做出一些必要的解答。

敖包是一种话语体系，关于敖包的种种拟人化的传说逸闻为静默地矗立于山川原野的石堆注入了鲜活的文化生命。因此，了解有关敖包的"背景知识"，即传说故事后踏入其领域与全然不知这一知识而独自闯入敖包界域内的感受——尤其是对场所的感知——是十分不同的。仅在场所气氛与意义层面，口述文本是一种借助话语而表达的场所意义说明。敖包神的喜怒哀乐及其迥异的性格喜好、敖包互为兄弟姊妹的亲属关系、敖包想念或追赶远赴他乡的游牧人等等传说在

另一方面证实了敖包界域之不同场所气氛。一些敖包被认为是性情柔顺，喜于接纳的敖包，因此，当地牧民或外人不分性别、年龄自由参加其祭祀仪式，甚至有人捡些献祭物带回家都无妨于自身安危；而一些敖包严厉挑剔，对于献祭者有严格规定，甚至那达慕场地都设于敖包视线之外的地方。平时路经其旁必须下马献祭，就连挪动一块石头都会遭受敖包的惩罚等。

敖包是游牧民亲近自然，与环境对话的过程中形成的"文化策略"，其中含有多重文化属性。除在自身所处微环境中的主导意义外，在大尺度空间体系中，敖包组织、划分了面积更为宏大的草原区域。在对空间尺度的认知方面，游牧民的尺度感往往大于从事其他类生产的民族已是一种共识。然而，广阔的空间须有一种组织手段。敖包就是蒙古人为适应于广阔空间而创建的一种坐标体系。

## 二、敖包仪式空间解析

敖包仪式空间指由敖包主导的神圣界域空间。无论单个敖包、组合敖包或敖包群均有界限明确的场所空间。这一空间又由祭祀空间、那达慕空间及近代形成的商贸交易、集会议事等多类空间组成。划分空间的标志性物体为子敖包、小石堆或河流、湖、树木等自然体。

### （一）祭祀场所——神秘空间

祭祀空间是由祭司专门主持祭祀仪式的空间。一般情况下，敖包的祭祀空间被设在敖包近旁区位。藏传佛教的传入使敖包的祭祀仪式充满了浓郁的教义色彩，一些大型敖包的祭祀仪式上升为一种礼制。并由此对原有空间秩序制定了一套新的规定。内蒙古地域内的多数敖包在举行祭祀仪式之前均要行一至三天的降神仪式。由当年轮值的祭司（由辖区内的牧民轮流承担）与喇嘛在敖包旁搭建蒙古包进行神圣界域内的净化、装饰、修复等工作。一些敖包的祭祀空间由等距排列的小石堆加以限定。有时敖包的祭祀空间与那达慕空间是重合的，而有时保持一定距离。这要看敖包所处区位的地

形条件以及有关敖包神之品性。

祭祀仪式当天，一些敖包在敖包正前方（依据祭台位置可以断定敖包的朝向）铺设新毡，参加仪式的僧侣分左右两列盘腿就坐于两侧念经祈福。一些敖包在近旁数十米处搭建蒙古包，僧侣在包内行祭祀仪式。但个别敖包无特定的祭祀空间，而是选派专人独自接近敖包行毕祭祀仪式后再返回那达慕场地。苏尼特右旗北部戈壁的一座敖包由专人牵着驮着祭品的骆驼步行跋涉荒漠走近敖包处行礼。阿巴嘎旗博格达敖包的主敖包由九名身着白色长袍、骑白马的男子手握长箭走近敖包行礼。在祭祀空间内禁止骑马、大声喧哗，一些寺院敖包禁止抽烟喝酒或携带肉食。多数敖包禁止妇女接近或攀登，故此在牧区常见在敖包山下久居多年，却从未目睹过家族敖包的妇女。

## （二）那达慕场所——公共空间

那达慕意指娱乐，那达慕空间是指敖包祭祀仪式后供竞技娱乐等公共行为得以进行的场所。与平常的那达慕不同，敖包那达慕的主旨为娱神祈雨。因此，竞技本身成为一种献祭行为，搏克、赛马均作为一种"祭品"而献给敖包神。也由此多数敖包的那达慕场地必须设于敖包视野所及之处。（图5-2-5、图5-2-6）那达慕场地的设施虽因时代而有别，其布局却未有很大变动。那达慕空间明显呈圆形，帐幕或毡包位处中心，包前形成由众人围合的圆形搏克场地，其外围为灶台、水车、货车等设施，最外面便是马匹与运载货物、毡包的车辆。

在一些知名敖包的祭祀仪式之前不少牧民驱车载帐赶赴敖包那达慕场地，在祭祀人员的统一安排下划定区域搭建居所形成规模可观的临时性聚落形态。在近现代机动车辆的使用使空间距离大大缩小，牧民可当日往返营地，故搭建居所的牧民越来越少，换之以多辆交通工具。那达慕空间的中心为专为僧侣、客人或工作人员搭建的被称作"恰恰日"的大型帐幕，其两侧夹斜角各搭建一顶规制较为低的帐篷。帐幕通透开敞，内铺毡垫，上摆小茶座，人们就坐于帐下，观看比赛。

图5-2-5　愉悦敖包——敖包下的搏克比赛（来源：额尔德木图 摄）

图5-2-6　愉悦敖包——敖包下的赛马绕行祈福仪式（来源：额尔德木图 摄）

## （三）空间设置的文化记忆

在游牧民临时聚集的敖包仪式空间内虽常见自由散乱的情形，但若仔细观察会发现一些布局规划理念，如多数敖包具有祭祀与娱乐相分的空间设定；竞技场地的设置遵循着娱神的终极目的；多向排列的敖包阵可以有效疏导人群，使人流顺着特定方向聚散；人群的围合习惯性地形成圆形布局等。布局的背后是对行为终极目的的认真考量，因仪式具有一种结构特性，并以特定布局作为仪式顺利进行的前提，故仪式与场所程式一旦形成，将会互动维持很长时间（图5-2-7）。

随着时间的流逝，敖包文化不断有新的内容增添。然而，仪式与布局基本维持了古老模式。以竞技场地为例，搏克被分为左右两翼，分坐场地两侧，形成两扇半圆形构架，其间

图 5-2-7　就坐于中心蒙古包门口观看比赛的活佛，活佛的驾临能够提高敖包祭祀仪式的等级与规模（来源：额尔德木图 摄）

图 5-2-8　蒙古包是敖包那达慕会场的中心，人们在蒙古包前形成圆圈观看搏克比赛（来源：额尔德木图 摄）

及背后填充观众，构成圆形场地（图5-2-8）。参赛选手分若干组上场，顺时针绕行于圈内，再双双对峙摔跤。参赛马匹的重点线设于那达慕会场中心南段，参赛的马匹或横向穿越主敖包前，或取斜线直冲敖包脚下。因场所与行为模式的特殊设置，竞技本身具备了浓烈的仪式气息。

仪式具有文化记忆的功能。敖包文化虽历经藏传佛教教义的润色与改变，然而，在敖包仪式场所始终能够感受到迥异于寺院诵经仪式的古老而纯朴的草原文化气息。在仪式展演的背后潜藏着游牧民古老的场所精神。

## 三、敖包近体空间解析

布鲁诺·塞维认为："凡没有内部空间，都不能算作是建筑"。[①] 当然，每一个建筑物都会构成内部空间与外部空间，而对后者的组织与维持是敖包的主要建筑任务。并且，一些敖包具有神秘的封闭式内部空间。敖包的建筑特性虽见于其远距离宏观尺度的空间组织性质方面，但零距离接近敖包时也会感触到其场所的另一种属性。

### （一）敖包的近体空间——在场气氛

敖包的近体空间指由敖包及其附属设施构成的空间。组合敖包的近体空间场所感较为清晰而强烈，而单个敖包若有苏鲁锭、祭台、香炉等附属设施，其空间序列也较为明显。以组合敖包为例，敖包在三向度的层面均构成一种序列清晰的结构。高大的主敖包由形体矮小的众多子敖包簇拥、紧随，呈多样化排列布局阵势，使整体敖包充满寓意深刻而神秘的气质。

一年之中只经历一天的祭祀仪式而平时处于寂静状态的敖包多少有一些神秘非凡的气势，而这一感知来自于其"静"的一面。然而，借助于草原上的光与风，敖包又有着一种"动"的灵性气质。插于石堆上端的枝叶茂密的沙柳在风中摇曳，呼呼作响，从主敖包旗杆连接至子敖包旗杆上端的马鬃尾编织的长绳，将分割的敖包连接成一体的同时系满绳索上的风马旗、哈达随风飘扬，光影闪动，形成敖包"动"的一面。牧民常说的敖包之"苏格"，即灵在心灵的感知层面来自于这一场所气氛——动与静的结合（图5-2-9、图5-2-10）。

单个敖包的近体空间由苏鲁锭台、祭祀台、香炉等沿一条线纵向排列于敖包前的设施构成。人们在接近敖包时依次行祭拜苏鲁锭、将祭品摆放于祭祀台上等仪式，再顺时针绕行敖包三圈（步行或骑马），从敖包脚下捡拾小石块投放于敖包上端（图5-2-11）。敖包近体空间的设置不同，因此

---

[①]（意）布鲁诺·塞维.建筑空间论——如何品评建筑［M］张似赞译.北京：中国建筑工业出版社，2006：13.

图 5-2-9 锡林郭勒盟阿巴嘎旗石砌敖包上的沙柳与挂满风马旗的毛绳（来源：额尔德木图 摄）

图 5-2-10 锡林郭勒盟正蓝旗挂满哈达的柳编敖包、柳条束子敖包以及标示方位的旗杆（来源：额尔德木图 摄）

图 5-2-11 包头市达尔汗茂明安联合旗宝日敖包正前方的祭祀台、苏鲁锭以及围绕敖包不规则分布的子敖包（来源：额尔德木图 摄）

对围绕敖包的尺度、圈数、朝向及人行路线与参赛马匹的绕行路线都有不同规定。

### （二）地井或宫室——神圣与想象

修筑敖包需遵守一定的选址、奠基、砌筑等施工步骤与形制规定。作为宗教场所，其具体的修筑过程中多少有一些"不宜阐明"或"有意回避"的神秘之处，而其中的最大秘密为用于填埋神圣珍宝的地下洞窟。这一秘密借助民间口述文本之渲染，更加增强了敖包的神秘性。据传在一些敖包的地下洞窟内建有蒙古包、小型殿宇，一些敖包由祭司从专门通道进入地下宫室行祭祀仪式。无论真实与否，它表明了一种民众的文化想象，试图说明敖包非凡的场所属性。关于地井之存在、其封闭而神秘属性的一系列话语在另一方面证实了敖包的建筑特性——敖包对室外空间的单向重视。可以说地井与洞室的存在与否并非由技术水平决定，而是出于一种"文化需要"。

## 第三节 藏传佛教召庙建筑空间类型的文化解析

内蒙古地域的藏传佛教建筑群是本地域独有的历史文化遗产，由于历史原因，其位处政权与教权的模糊地带，它不同于内地依附政治的佛教寺院，也不同于西藏政教合一的宗教寨堡，它是一个具有开放性的建筑群落，是蒙古草原社区的精神原点，是本地域草原城市文化产生的重要根源。内蒙古地域的藏传佛教建筑在蒙古游牧社会中形成了信仰、文化、经济、教育和医疗中心，它对蒙古社会曾经有过长期而深刻的影响。

藏传佛教二度传入蒙古草原，是藏传佛教格鲁派宗教领袖（后来的达赖三世）和成吉思汗嫡孙阿拉坦罕联手完成的，因此内蒙古地域的藏传佛教建筑群是因承西藏格鲁派寺院规制，其主要建筑分佛事活动建筑和居住建筑两大类，本节研究范围主要针对具有文化传播特性的佛事活动建筑。其功能结构主要分为三大类：第一，祭神；第二，讲经、说法；第三、授徒、修行。支持此三大类功能的建筑类型主要有：大经堂（措钦），佛殿（包括灵塔殿、护法神殿），转经建筑，转经道，喇嘛塔，辩经塔，西佛台，印经院，译经院等。

下文试图分析其当代对应的"生活方式"，把表象结构整理出来，从这些建筑中提取出支持佛教文化发展的主要空间类型并对其进行相应的文化解析，希望能为当代的建筑空间设计更好地满足人们丰富且复杂的原初需要提供借鉴。

## 一、场所感和均质空间并存

对佛寺空间组群有着可能的直接影响的，除了各民族固有的文化影响而外，一是佛经中所描绘的佛国宇宙的空间模式；二是深蕴于大乘佛教（主要是密宗佛教）中的曼陀罗的空间思想。①唐代高僧一行所著《大日经疏》云：夫曼陀罗者，名为聚集，以如来真实功德集在一处，乃至十方世界微尘数差别智印……使一切众生普门进取。②其大意为：为众生提供修炼场所，而聚集最高"功德智印"，以排除魔障干扰。王贵祥先生在《东西方的建筑空间》中指出：佛教建筑在空间组织上似无一定之规；正是因时代于地域的差别而各不相同的建筑群中，透析出佛教曼陀罗所内含的环绕中心（佛主尊、佛塔、禅堂、经堂）四周布列（诸佛、菩萨、罗汉、法器）周边护卫（护法神、天王、金刚力士）的"聚集型"空间本质性特征。③

而大多藏传佛教建筑群不似汉式寺院规整有序，但却具有"形散而神不散"的特征，其原因又如何？唐代僧人道宣在《释迦方志》中，以一语道破了佛教建筑空间的玄机"全身碎身之象，聚塔散塔之仪"④其意为佛祖释迦牟尼的涅槃"碎身"之象，与阿育王的分舍利以"散塔"给各方信众供奉之举，使得佛法得以弘扬天下。具有普适性的大乘佛教，致力于佛法的大规模弘扬。而佛法弘扬的过程，也正是一个"散"而传法与"聚"而听道参悟的过程。

笔者以为曼陀罗空间格局本身既同时包含着散与聚的含义，向内则聚、向外则散，如道家的阴阳相互转换同理。从空间内涵来讲，聚向"最高智慧"的力场，散则意味着开放性空间，如由转经空间所贯穿的藏传佛教建筑群，由内、中、外三层转经道"内聚""外散"，同时又具备随时进入、随时退出的开放性。

而"内聚"的向心力是人们对智慧与标准的追求，对生命真谛的渴望；"外散"是均质空间对人们差别的尊重和包容，这正是当今文化建筑中所需的空间特质——吸引人们进入较强的场所感和均质空间的平等性与开放性。

## 二、聚而听道空间——大经堂

在藏传佛教建筑中，中心主体建筑一般是大经堂（图5-3-1），大经堂在功能上承担着全寺喇嘛集合和集中念经的地方，其所循建筑规制"都纲法式"是曼陀罗宇宙空间模式。"都纲"乃藏文音译，意为"大会堂"，其法式中心平面为回字形，中部拔起高侧窗，"都纲法式"实际上已成为具有形而上意义的"天启建筑空间"，它既具有鲜明的藏式风格，又有特定的宗教意义。

此为听"道"而聚集的空间，已蕴涵着对最高智慧的接受与尊重，佛教教义的核心在于追求觉悟，由大彻大悟而脱离轮回之苦，最终进入涅槃的境界。大经堂之最初类型是"菩提树下"——信徒听佛祖讲经说法之处，其空间原型意义在于——文化建筑中应设有渴求智慧的人们能大量接受知识的空间，此空间被崇敬的地位是谓"重道而尊师"。

---
① 王贵祥.东西方建筑空间［M］.北京：百花文艺出版社，2006：362.
② 转引自王贵祥.东西方建筑空间［M］.北京：百花文艺出版社，2006：363.
③ 王贵祥.东西方建筑空间［M］.北京：百花文艺出版社，2006：360.
④ 转引自王贵祥.东西方建筑空间［M］.北京：百花文艺出版社，2006：364.

## 三、内省空间——佛殿

在佛教文化生活中,礼佛是信徒的内省过程,佛殿中神圣迷离的空间氛围之下,信徒在最高觉者的塑像前,清心虔诚请求师者给予启发点化……使"接受"的信息通过辨析求证得以内化,内省是接受信息的重要过程——对信息进行价值判断,以决定对其采取认同、质疑或扬弃的态度。

人的心灵进化是实现生命价值的前提,人类自省的发展是一个持续过程:古希腊哲学——基督教哲学——禅宗哲学——现代哲学——现代心理学……自省使人独立思考,建立价值观,不随从大众文化成为"常人"(社会学中对难以自省、心智不健全的盲从者的定义)。

汉传大乘佛教禅宗的禅堂代替了佛殿在寺院中的中心作用即证明了内省的绝对力量——以个人内心自我净化为觉悟手段,强调"吾心既是佛",尊重人之本性,不重仪轨,不依经典,在日常生活中"即凡成圣"。同时内省的需求也是西方中世纪的住宅空间形式发生变化的第一个根本原因——"人们感到需要私自独处,这一意识的形成和发展,实际上意味着,可以随便从日常的共同生活中或从同伴们的共同利益和爱好中退出来。单独睡觉、用膳、祈祷,最后独立进行思考"。[①]

这表明用于内省的私密性空间是人类心智发展的需求,事实上,当代人类在客观上已经拥有了私密空间,但无孔不入的信息(电视、网络)让人们无法在精神上幽居,后现代社会既带来了对人类普遍利益的保证,也带来了消费和享乐的主题,使人们无法抵御欲望的诱惑。所以,在文化建筑的空间类型设计中,要通过纳入内省空间来"强迫和提醒"人们从诱惑和烦乱中内省,以净化心灵。内省空间的特质一如雅马萨其所推崇的"平静",路易康追求的"静谧"和路易斯·巴拉干强调的"魔力与魅力"——可以说,文化建筑中内省空间设置是人文关怀在建筑创作中的根本体现。(图5-3-2)

图5-3-1 经堂早课(来源:扎拉根白尔 摄)

"聚而听道"这一空间类型的文化生活方式是"志同道合"者应该通过聚集而接受共同需求的知识,进而共同寻求智慧;因为接受知识是参悟领会以至于行道的前提;人类文明的进步客观上也是对客观世界的感知和认知的过程——这一过程同时促进人类对自身的了解与判断——其心智发展;追求心灵净化与自由是人类文明进步的内驱力,其一般过程是在获取知识的基础上发展智慧。所以,大经堂这一聚而接受知识的空间经常是藏传佛教建筑群体的中心,因信徒僧众渴望获得智慧而达到最终自由,唯其具有巨大的"场力"——这一中心空间特性正是现代文化建筑所必需的。

---

① (美)刘易斯·芒福德. 城市发展史[M]. 宋俊岭等译. 北京:中国建筑工业出版社,2004,4:287.

图 5-3-2　曼陀罗图示（来源：扎拉根白尔 摄）

图 5-3-3　辩经场上（来源：扎拉根白尔 摄）

## 四、面对面交流与公开的评价空间——辩经场

辩经场（图5-3-3）是藏传佛教建筑群特有的交流与考试空间，通过公开的辩论，理解经典奥义或考取学位，日常辩经和考试辩经都允许僧众和信众的观看甚至参与，充分体现佛教教义中之"众生平等"即生存与信仰面前人人平等。

辩经场在寺院中单独设立，或使用大殿前的多功能广场。公开的辩经，可以促使喇嘛们为获得名望或博得学位而更加积极努力研修，因为在寺院生活中名望和学位就等于地位和待遇，同时也是出身贫困的喇嘛改善物质生活条件的唯一出路。

辩经场这一空间类型所对应的文化生活方式是面对面的交流和公开的评价。

### （一）面对面的交流意味着共同成长

"交流是指人与人之间的言语或非言语沟通"[①]，面对面交流在现代语汇中被称为"头脑风暴"，参与者和旁观者都有被瞬间颠覆的感觉，这种"颠覆"除了在当时会调动所有潜力来保持"平衡"之外，过后的反思也是极为积极主动的，这种层面上的交流与通过媒体的被动交流以及与网络上的虚拟交流相比，其所产生的效果是更显著的"共同成长"。

### （二）公开评价有助于价值标准的确立

在文化发展与传播过程中公开评价是最有效也是最直接的反馈手段，通过评价人们确定文化现象的态度，及时调整行为思路，确定标准。对于现象及观点的公开评价能明确导致双向（反对或赞成）互动，唯有多元的双向评价和质疑才能促进受众参与思考，从而建立判断标准、树立理性的价值观。

在民主开放与多元的现代社会中，价值观念和准则的主观化、独立化和特殊化已是不争的事实，这是社会生活中各种价值观念与准则呈现出一种多元并立，在相互尊重和宽容的前提下，相互碰撞交流，不断流变的态势。但同时大众文化会有目的地引导"常人"盲从于某些经商业策划过的观念及伪文化，混淆价值判断与伦理判断（是非判断）。

---

[①]（美）阿摩斯·拉普卜特.建成环境的意义[M].黄兰谷译.北京：中国建筑工业出版社，2003:8.

综上，在当代文化建筑中，恢复支持和促进面对面的交流与公开评价的空间是促进人们"共同成长"和确立价值标准的客观保障；同时更可使文化建筑真正成为营造健康文化生活，有力反击伪文化的坚强阵地。

## 五、漫游、路径——转经空间

藏传佛教寺院在日常的宗教活动中，除早晚课以外还有一项重要的活动即转经。转经空间包括转经道、平台、转经建筑（内装转经筒可以遮风避雨的小房子）、转经廊（依附于经堂佛殿或其前部廊院）。每转经一圈，相当于念一遍经。信奉藏传佛教的僧俗人等，每有机会就要手摇转经筒，口诵六字真言，围绕神山圣湖、圣城、寺院或佛殿转经。转经路线是周而复始的圆，无始无终，转经的信徒们可以随意地从某一点切入，也可以任意离去。转经路设有相应的标志，如风马旗、玛尼堆等。

转经路线的设置源于佛经律典，它的思想基础是"因果报应，生死轮回"之说。同时让朝佛者在进入主殿之前，经过一段宗教氛围浓郁的空间过渡，清净自心，再去礼佛。

转经空间在藏传佛教建筑群中的漫游——路径，与柯布西耶的"漫游空间"和查尔斯柯里亚"路径——圣域"，在类型上是由同一原型演化的。在我国，传统园林的"步移景异"与北京故宫礼仪性序列空间显然也是这一原型的外显类型，通过路径让时间参与空间体验，充分展现空间——使空间光影变化、体量变化呈现其生动与多样，同时把握体验节奏，营造体验高潮。

藏传佛教建筑群中，各个建筑前面的平台也是路径的重要组成部分，此平台是路径中停驻、相遇的空间，在建筑中起到院落的作用——让人放松，处于可为不可为的自由状态，同时为漫游者提供欣赏建筑的视角。以路径组织空间使建筑整体充满活力，体现建筑群之"散"的空间特质——空间形式均质自由开放。

在现代文化建筑中，漫游——路径这一原型空间的重新演绎可起到增加建筑艺术性和场所感的作用：路径中广场、

院落、平台的高低错落让建筑空间和城市空间得到有序且有机的过渡和融合。而且能够与地域气候条件相适应——营造小气候，同时赋予建筑开放性……灵活多变的漫步路线为现代智者提供自由思索的场所，也构成了建筑形式的不拘一格。（图5-3-4）

值得强调的是漫游路径不同于交通走廊，漫游——内省，即它的主要功能（也会兼有交通功能）。

以上是藏传佛教建筑中包含的文化空间属性的五种类型：其中场所感和均质空间并存让文化建筑有"聚"、"散"圆融的特质；聚而听"道"的空间、内省空间和面对面的交流与公开的评价空间，它们对当代文化建筑必然要担负起的

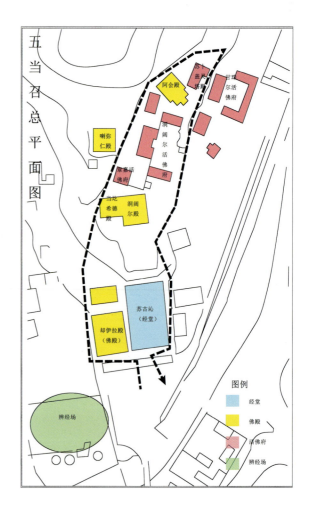

图5-3-4 五当召总平面（来源："内蒙古藏传佛教建筑形态演变研究"课题 50768007 资料）

支持全面文化生活之复杂功能可起到明确的帮助作用；而漫游、路径空间则是建筑秩序中的活力所在，在理性建筑中注入宜人的诗意与浪漫。

## 第四节 建筑空间文化解析总结

本章作为下篇的过渡和铺垫，从当代文化的角度逐一对内蒙古传统建筑中最典型的建筑类型进行解析，其核心目的是试图帮助建筑师从这一层面理解民族传统与现代建筑文化之间的融通和交流。

内蒙古的建筑文化，同全国一样，在近代发展过程中，在经过了一系列运动和革命后，几乎断绝了和传统文化的联系，内蒙古当代的建筑文化和传统文化之间的对话本身也实属一种"跨文化交流"的范畴。当代国内主流建筑教育方法和建筑理论体系来自西方，而对本国文化的"集体失忆"和对外来文化的"消化不良"是当代建筑创作处于尴尬境地的重要原因之一。因此，在当代文化语境下、以现代建筑理论来阐释蒙古族传统建筑，对于民族传统建筑文化的传承和发展有着积极的促进作用和现实意义。

下篇：内蒙古现代建筑传承研究

# 第六章　内蒙古现代建筑概况与创作背景

从自治区政府成立以来，内蒙古地区的现代建筑实践已走过了近 70 个年头，本章将以时间为线索，对这段时间的建造活动进行一定的梳理总结。总体说来，内蒙古现代建筑的创作实践大致经历了经典阶段、自觉阶段和开放阶段三个不同的发展时段。在不同的阶段，对于建筑传承的具体创作倾向也不尽相同，有的倾向于"文脉"理念的运用，有的倾向于空间与意象的表达，也有的倾向于对地域自然条件的回应。对这些大量的建筑案例进行综合评价，基本可以认为：在内蒙古现代建筑创作实践中，在建筑传统的传承方面，还存在着较多创作认识上的问题。也正是基于此，在本章的后半部分，将以一个建筑师的视角，从内蒙古地区气候、经济、文化和建筑传统四个方面，对内蒙古地区地域建筑传承中的创作要素进行解读。

## 第一节　内蒙古现代建筑传承与发展概况

内蒙古现代建筑，由于民族背景和地区封闭等原因，可以始于自治区政府成立的1947年，即20世纪50年代建设的一批重点建筑可以作为现代建筑的开始。之后的发展经历了"困难时期"和"文革"的停滞、改革开放的重新起步到进入新世纪的多元化发展，每一阶段的特征呈现都与自治区庆祝成立的整数周年有较大的关联，尤其在"困难时期"，"大庆"是有限财力的一次集中投入，自然也是该时期建筑特征的一次集中展现。下面分阶段梳理内蒙古自治区现代建筑的传承与发展情况。整体而言，从建筑师在各时期创作的实践特征来考察，可分为经典阶段、自觉阶段和开放阶段。

### 一、经典阶段

20世纪50年代，即自治区成立的第一个十年，在现代建筑传承方面，与全国"社会主义内容、民族形式"的大势一致，内蒙古第一代现代建筑师们设计了一些特定时期的代表性建筑，他们在探索民族地区新建筑形式的过程中直喻式地运用了传统的纪念性语言，在比例尺度的推敲中大都具有古典的构图法则和美学特征，在特定的时期里一度成为内蒙古现代建筑传承传统的主流。这在某种程度上与当时建筑师接受教育的方式有关，他们中大多具有经典建筑学的基本素养，其作品自然表现出经典建筑学的基本特征。

1954年建成的成吉思汗陵（图6-1-1），将类似"盔顶"式的"蒙古帽"屋顶与"汉式"建筑的基座进行组合，再饰以喇嘛庙图案，因其形式地道、比例尺度把握较好，成为内蒙古地区民族建筑的代表性作品。

追溯1944年建成的乌兰浩特成吉思汗庙（图6-1-2），同样采用横向五段式的构图，在顶部加上抽象变形的蒙古包形式，同成吉思汗陵相比，构图更为集中，更呈向上的态势，加之位于山顶，给人以一种直冲云霄的感受，意在表现某种纪念性特征。同成吉思汗陵一起成为内蒙古现代建筑继承传统特征的有效蓝本，1954～1957年间，随着自治区首府

图6-1-1　成吉思汗陵（来源：王云霞 摄）

图6-1-2　乌兰浩特成吉思汗庙（来源：《草原城韵》）

图6-1-3　内蒙古博物馆（来源：刘洋 摄）

迁至呼和浩特市，新建了一批重点建筑：内蒙古博物馆是西洋的水平五段式形制加蒙古装饰图案（图6-1-3），直到目前为止，这座建筑仍然是呼和浩特市的城市名片；呼和浩特市乌兰恰特影剧院（图6-1-4），形态模拟藏式召庙，把召庙的前廊、经堂、佛殿分别转换成门厅、观众厅和舞台，

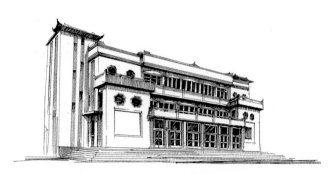

图 6-1-4　呼和浩特市乌兰恰特影剧院（来源：张源 绘）

图 6-1-5　内蒙古政府办公楼（来源：刘洋 摄）

图 6-1-6　包头市昆都伦恰特影剧院（来源：张源 绘）

图 6-1-7　内蒙古工业大学植霖楼（来源：刘洋 摄）

正立面"两实夹一虚"的构图特征也与召庙形态吻合，而经堂聚而论道的空间特征暗合了观演建筑的文化属性，属于当时的经典建筑；内蒙古政府办公楼（图6-1-5），平面呈一字形，立面构图略带古典特征，并在关键部位作了适量装饰，是该时期办公类建筑的主要代表。

此时期的重点建筑还有当年的内蒙古图书馆、内蒙古新华书店、内蒙古政府礼堂、自治区总工会、民族艺术厅以及呼和浩特电影宫、联营商店等，总体上具有经典美学的建筑特征。

始建于1957年的包头市昆都伦恰特影剧院（图6-1-6），砖混结构，建筑外形适配内部功能，在清水砖为基调的基础上，于檐口部位适度作了线脚装饰，朴质典雅，成为包头一代人的记忆。

与此同时，另一种自然生长型的建筑也是此时期建筑的主流，它们尊重当时的结构和材料现状，真实而理性地表达了建筑本体的内在需求。如内蒙古工业大学老图书馆（现为植霖楼）（图6-1-7），外墙为清水砖墙，间或用水泥工艺进行装饰，简单坡顶，整体典雅、大方而经典。内蒙古工业大学红楼、内蒙古大学教学楼、内蒙古师范学院教学楼、内蒙古医学院教学楼、呼和浩特市第一中学办公楼等也属此类。

20世纪60、70年代，内蒙古自治区同全国一样，处于经济困难时期和"文革"时期。此时期，大量建设的工业厂房可成为代表，在传承传统的创作方面，基本没有值得一书的建筑。

## 二、自觉阶段

进入20世纪80年代，对改革开放初期产生影响的建筑事件是后现代建筑思潮引入，加之近20年的建筑创作断档，20世纪50年代建筑表现的形式语言因与后现代建筑倡导的"文脉"理念一致而被继续延用，再度成为建筑表现的主流。此时期，地方政府为打造城市名片的努力与主流建筑师的互动达到了空前的高度。从事创作的建筑师基本都经历了50年代的创作实践，大都带着某种渴望进行新建筑的创作，在传承民族建筑传统方面，完全是一种自觉的状态。

1984年建成的内蒙古人大常委办公楼（图6-1-8），采用集中式的西洋古典形制加象征意味的"蒙古包"及饰带，在相对简洁的现代构图中具有了古典的纪念性特征。

1985年建成的呼和浩特市人民政府旧办公楼（图6-1-9），配合基地形状在相对简明的形态中施以装饰符号，并在顶部和入口处加上后现代意味的形式构件。

1988年建成的呼和浩特市昭君大酒店（图6-1-10），是当时为数不多的高层建筑，在塔楼和裙房入口顶部均增设了源自民族形式的抽象造型符号。

1986年为迎接内蒙古自治区40年大庆而建设的内蒙古赛马场（图6-1-11），在建筑顶部增设蒙古包群，意在表达该建筑的功能属性，表现草原赛马的欢腾气氛。

1987年建成的内蒙古政府礼堂（图6-1-12），充分考虑了人流集散的功能特点和场地特点，整体突破了经典的对称格局，用地域民族题材的装饰壁雕来突出建筑主题。

此时期，类似的实践还有呼和浩特市图书馆、呼和浩特市群艺馆等。

20世纪90年代后，随着建筑师和决策者认识的变化，建筑表现手法也逐渐变得丰富多彩起来。

一方面，传承建筑文脉的手法继续沿用，但总量相对

图6-1-9　呼和浩特市人民政府旧办公楼（来源：张源 绘）

图6-1-10　呼和浩特市昭君大酒店（来源：张源 绘）

图6-1-11　内蒙古赛马场（来源：杨耀强 摄）

图6-1-8　内蒙古人大常委办公楼（来源：郝益东《草原城韵》）

图6-1-12　内蒙古政府礼堂（来源：张源 绘）

图 6-1-13 内蒙古展览馆（来源：《草原城韵》）

图 6-1-14 内蒙古图书馆（来源：张鹏举 摄）

图 6-1-15 内蒙古美术馆（来源：张鹏举 摄）

减少，基本都与政府决策的大型文化项目有关。如 1996 年为迎接自治区 50 年大庆而建设的内蒙古展览馆（图 6-1-13）仍出自文脉手法，在建筑表皮上施以从蒙古传统服饰和家具器皿中抽象出的图案，但体量已变得更为简洁、规整。

另一方面，到 20 世纪末期，开始出现了一些摒弃装饰手法的建筑。如，1997 年建成的内蒙古图书馆即为一例（图 6-1-14），建筑采用厚重的地域形象特征，只在表面石材的肌理上增加了装饰纹样，整体形态也简明干净了许多；另外一例是同年建成的内蒙古美术馆（图 6-1-15），建筑整体表现厚重的地域性格，其形态与气候有了某种关联，但受决策者意志的影响，建筑呈对称布局，讲究气势的诉求占了上风，多少显现了形式化的倾向。

## 三、开放阶段

进入新世纪，大庆项目已不是唯一的主要建筑，随着经济发展，建设量增加，建筑形态特征开始呈现丰富多彩的局面。新生代建筑师成为创作一线的主力军，在新建筑传承传统方面已不再仅仅因循语言符号的文脉策略，他们敢于汲取当代各种建筑流派的精华，探索新的地域性表达手段，因而，表现出更为多元化的开放特征。

2005年竣工的锡林郭勒盟党政办公大楼（图6-1-16）整体形式上较上述建筑更具现代感，其装饰性符号也不是那么直白地在外墙上使用传统图案，而是通过对窗户遮阳形式的处理使其与建筑整体更协调有机地进行结合。

2002年建成的内蒙古大学教学主楼（图6-1-17）也采取了上述有纪念性意味的新古典手法。在此，建筑师的创作努力主要集中在如何将传统纪念性语言以现代表达（顶部"蒙古包"的镂空处理）、色彩对于不同建筑语汇的过渡和柔化作用（校园整体暖红色的墙面）以及赋予纪念性形体构件以空间实用功效（蒙古包的观光作用）。

2007年建成的位于呼和浩特市南郊的蒙古风情园（图6-1-18），建筑师用大小不同、形态各异的蒙古包群落通过围合的形态加上质朴的材料，创造出可感可游的场景氛围，成功地表达出了草原上的特有风情。

此时期，除上述简单的符号化拼贴和形式化的纪念性表达外，在继承建筑传统方面，也开始表现由地域自然和文化习俗积淀形成的淳朴、厚重的性格特征。

2002年建成的呼和浩特市党政五大班子办公楼（图6-1-19），从蒙藏建筑中提炼出厚重、雄浑的特征加以表现，并强调草原意象的强烈水平感而成为城市新的标志。同样的表现还有巴彦淖尔市党政办公楼（图6-1-20）、鄂尔多斯

图6-1-16　锡林郭勒盟党政办公大楼（来源：张鹏举 摄）

图6-1-17　内蒙古大学教学主楼（来源：张鹏举 摄）

图6-1-18　蒙古风情园（来源：《草原城韵》）

图 6-1-19　呼和浩特市党政五大班子办公楼（来源：《草原城韵》）

图 6-1-20　巴彦淖尔市党政办公楼（来源：李冰峰 摄）

图 6-1-21　鄂尔多斯市东胜区党政办公楼（来源：谢旭琨 摄）

图 6-1-22　内蒙古大剧院和博物馆的国际设计竞赛的参赛方案之一（来源：李冰峰 绘）

市东胜区党政办公楼（图6-1-21）等。

2005年内蒙古大剧院和博物馆的国际设计竞赛的参赛方案之一（图6-1-22），试图将一种"承天气力、容纳万邦"的民族精神注入洗练的建筑形象中。博物馆上翘的屋面将天光尽收其内；剧院下弓的楼顶由于居中位置的高起，避免了舞台台箱在顶部的凸现，保持了形体的纯净，从而融入天际。同时，博物馆以"实"为主，源自"蒙古文字"的条窗镂空的青铜墙面"承载"着民族的历史，给人厚重之感；剧院则突出其"虚"，"哈那墙"样的金属杆件在玻璃幕墙的映衬下传递着时代的城市文化气息。在上述抽象手法的基础上将建筑轮廓与地貌特点结合处理，使雄浑有力的建筑与大地之间产生一种自然的亲和力，从而创造出一种如草原敖包般具有永恒感的精神坐标。

另一种回应传统的创作倾向也开始出现，即尊重当地自然因素的建筑设计。建筑师们开始认识到，相对于社会生活、科学技术等，不变的自然地理气候条件是建筑地域性产生的一个重要"基因"，也应是草原蒙古包"全面可持续性"给予内蒙古建筑师的有益启示。

2004年落成的内蒙古文化大厦（图6-1-23），是自治区文化厅的办公楼。建筑表现为体型简明、开窗适度、厚重敦实，外部空间从城市整体出发而内部空间则竭力打造气候宜人的公共交往空间，以弥补漫长冬季及不良气候造成的环境缺憾。

图6-1-23 内蒙古文化大厦（来源：李鹏 摄）

图6-1-24 内蒙古盛乐古城博物馆（来源：李冰峰 摄）

2007年建成的内蒙古盛乐古城博物馆（图6-1-24），是一座位于北魏盛乐古城遗址旁边的专题性小型博物馆。建筑以青砖和通过提炼北魏文化元素而特制的"佛像砖"作为墙体材料，整体形象厚重、简明，传达出"城"、"台"等的意象特征。同时，应对地形并参照文物保护的要求，采用下沉、覆埋等方式，进而，结合"双墙"、"光缝"等生态策略，力求达到节能降耗、减少运营费用的目的。

2010年建成的乌兰察布市博物馆和图书馆也是一例（图6-1-25），项目将主体功能的博物馆、图书馆、行政办公楼三部分整合布局，在降低能耗的同时满足了自然通风的需求。体型的组合形式来源于蒙古纹饰的抽象提取，七个简洁的体块在角部相互咬合，减少了体量带来的压抑感。"平直而方"是本设计的一个核心策略，由此赢得了内部空间足够的使用效率；"化整为零"则让小规模建筑获得了适宜的视觉体量，以便与其所在的城市地位相匹配，同时，便于生长的体型组织方式为将来的扩建生长提供了可能。

图6-1-25 乌兰察布市博物馆和图书馆（来源：李鹏 摄）

2011年建成的恩格贝沙漠科学馆（图6-1-26）位于库不齐沙漠的边缘，建筑师汲取当地民居的建造智慧和形态特征，将建筑体量分解后平伏于地上，并嵌埋于背景大青山的轮廓与自然坡地线之间，最大限度地保留基地的特征。

2012年建成斯琴塔娜艺术博物馆（图6-1-27）是个人斥资兴建的小型博物馆。项目用地选在呼和浩特市东部一条南北河道的东侧。建筑师在环境的设计上，以起坡的方式

图6-1-26 恩格贝沙漠科学馆（来源：张鹏举 摄）

增加了河道与建筑之间的联系，由此也将大部分空间隐藏起来，消减了建筑沿河的体量感，进而以局部覆埋和厚实的体量应对了寒冷的气候。

2013年建成的呼和浩特市青少年活动中心（图6-1-28），位于一座公园的端部，形体配合环境自由的曲线呈

图 6-1-27 斯琴塔娜艺术博物馆（来源：张广源 摄）

图 6-1-28 呼和浩特市青少年活动中心（来源：张广源 摄）

流线形态，形体表面开窗以一种有趣的方式进行组合，同时，有效控制开窗面积达到节能的目的，从而整体上既满足形态活泼的功能诉求，又具有严寒地区厚重有度的性格特征。

2015年建成的内蒙古罕山自然博物馆和游客中心（图6-1-29），位于面阳的山坡上，该地寒冷，阳光和风成为设计的核心要素，保护自然是设计的切入点。建筑师选择了埋入坡内沿等高线顺山体层层退进的形体策略，建筑材料则是挖山后的碎石，由此，建筑融入了场地，同时也节约了造价。

近年，一种现象值得一提，即城市为了增加地方民族特色，内蒙古各地纷纷建造"文化一条街"，它们或新建或改造，基本做法是在商业性的低层房屋上增加装饰性的符号语言，以求短时的布景效应。这种现象基本来源于决策者对建筑文化的认知和不加思考的建筑师的商业需求，其迅速蔓延，某种程度上让继承传统的积极努力退回到了起点，与此同时，这些建筑师整体上又缺乏20世纪50年代建筑师的基本功力，建筑表现出符号堆积和半生不熟的状态，这种现象还催生了一批投身于此的跨界艺术家建筑师。

以呼和浩特市的蒙元文化街为例（图6-1-30），该街道是呼和浩特市旧城南北向的主街，连接着北部出城口，加之原有建筑的破败，自然成为历次重要事件展示城市形象的

图 6-1-29 内蒙古罕山自然博物馆和游客中心（来源：张鹏举 摄）

窗口而加以改造。在2010年的改造中，采取的主要做法是：建筑表皮饰以从各类蒙古族服饰、器皿等中提取的"蒙元符号"和色彩，加上顶部安置的各类形式的"蒙古包"。民间戏称这类做法为"牛马羊上墙，蒙古包上房，朵朵白云飘在门楣上"。

呼和浩特市的伊斯兰风情一条街也是在此背景下的特有的表现（图6-1-31）。

对于新建街道，近年也出现打造"一条街"的现象。如呼和浩特市的成吉思汗大街，其实施过程因新建建筑的高大体量与"蒙元符号"的相容冲突而难以推进，最终没能脱离"描眉画唇"式的修饰做法，从而几乎功亏一篑（图6-1-32）。

与此相对照的另一种景象是建筑文化的异化。不少的商业建筑尤其是开发的地产项目，多采用欧式古典或简化了的欧式风格建筑（图6-1-33）。对此现象一部分专家在相

图6-1-30 呼和浩特蒙元文化街（来源：刘洋 摄）

图6-1-31 伊斯兰风情一条街（来源：刘洋 摄）

图6-1-32 成吉思汗大街（来源：张海瑞 摄）

图6-1-33 简欧式风格建筑（来源：刘洋 摄）

图 6-1-34　内蒙古乌兰恰特大剧院和内蒙古博物院（来源：《草原城韵》）

图 6-1-35　鄂尔多斯大剧院（来源：王斌 摄）

图 6-1-36　鄂尔多斯博物馆（来源：张海瑞 摄）

关评审环节中的抵制显得十分无力，大有"不欧不地产，不欧不高档"之势，局面令人担忧。

非本土建筑师的建筑实践始终是影响着内蒙古地域建筑创作的力量。尤其近十年来，由于内蒙古经济迅猛发展，城市建设规模增加，本土建筑师已经很难满足如此巨大建设量带来的设计任务量。一些地区开始大量聘请非本土建筑师进行规划及建筑设计工作，其中不乏国内主流建筑师。

2007 年为迎接自治区 60 年大庆而建成的内蒙古乌兰恰特大剧院和内蒙古博物院（图 6-1-34），设计将体量分为两个部分，并分别将其大部分置于草坡之下，意在表现一种具体的草原意象。

2009 年建成的鄂尔多斯大剧院（图 6-1-35），建筑形式模拟蒙古少女的帽子，加上表皮开窗的肌理变化，以此传达的民族地区剧院功能属性。

2011 年建成的鄂尔多斯博物馆（图 6-1-36），立意为草原上的巨石，写意地表现建筑的地域特征。

2014 年建成的内蒙古科学中心与表演艺术中心（图 6-1-37），建筑设计采用数字技术，流动三维的曲面建筑形体意在表现一种飘逸的草原风情。

2011年建成的包头市青少年宫（图6-1-38），采用与大地结合的建筑形态，试图达到与整体地域形态的性格关联。

2011年建造的元上都遗址博物馆（图6-1-39）。设计结合并充分利用现状废弃的采矿场来布置建筑主体，以达到修整山体的目的，同时，将巨大的建筑体量掩藏在山体之内，体现出对遗址环境完整性的尊重以及人工与自然的恰切对话和协调。

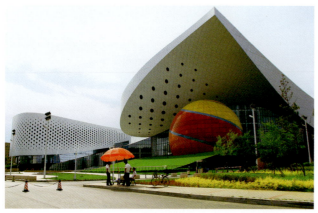

图6-1-37　内蒙古科学中心与表演艺术中心（来源：张海瑞 摄）

图6-1-39　元上都遗址博物馆（来源：李兴纲建筑工作室）

图6-1-38　包头市青少年宫（来源：器空间工作室）

图6-1-40　鄂尔多斯体育馆（来源：张海瑞 摄）

图6-1-41　呼和浩特市飞机场候机楼（来源：《草原城韵》）

此外，鄂尔多斯体育馆（图6-1-40）表现了一种浑厚的性格；呼和浩特市飞机场候机楼（图6-1-41）纯白轻盈与曲线律动的体量暗合草原幕帐的性格特征；呼和浩特火车东站（图6-1-42）大尺度模拟了蒙古包的形象；内蒙古广播影视传媒大厦（图6-1-43）配合功能，用一种棚状的形式语言表现了草原上帐幕结构的视觉意象。

这些建筑对传统和地域的解读方式，多少反映了建筑师创作的地域意识，同时，他们多数通过竞赛方式获得设计权，因此，也集中反映出决策者的审美变化。

图6-1-43　内蒙古广播影视传媒大厦（来源：刘洋 摄）

图6-1-42　呼和浩特火车东站（来源：张海瑞 摄）

## 第二节　内蒙古现代建筑传承实践评析

### 一、传承实践总结

就继承建筑传统而言，内蒙古现当代建筑师在不同时期创作的建筑具有不同的倾向，同时，同一时期内不同的建筑师在不同项目的创作中也有不同的表现。为便于思考这一文化地域范围内的建筑设计脉络，本节将选择有代表性的建筑创作实例进行分类，解析新中国成立以来内蒙古地区建成的有地方特色建筑的创作理念，概略地总结本地区建筑传承的探讨之路。

### （一）"文脉"理念的运用——以古典的逻辑将地域传统元素进行移植、拼贴

在传承传统建筑语汇方面，"文脉"策略是最直接易行的方法。"文脉"虽是后现代建筑思潮广为传播时期提倡的直接手法之一，但在不同时期均有所表现，它在内蒙古探索地区民族建筑新形式的过程中，成为贯穿始终的手法。

从20世纪50年代起，代表性的建筑手法多表现为运用地域建筑的传统语言作为符号，直喻式地加以运用。这些建筑多表现为有经典的建筑构图、民族的装饰图案和细部，是该时期内蒙古现代建筑传统表达的主流。代表性的是内蒙古博物馆和成吉思汗陵等。此后，重大的建筑事件

也多采用此手法,在大庆项目表现得较为突出,如自治区人大办公楼(40年大庆)、内蒙古赛马场(40年大庆)、内蒙古展览馆(50周年大庆)和呼和浩特新体育场(60年大庆)等(表6-2-1)。

近年建成的各类"蒙元文化一条街"也是此手法的延伸。

但应该指出的是,"一条街"们与20世纪50年代的建筑不能相提并论,50年代建筑师是抱着对建设家园的满腔热情主动从事创作,当下则更多表现为一种消极的商业行为;同时,他们的专业功底也有差距,整体呈现不如人意的状态(图6-2-1)。

"文脉"理念的运用实例　　　　表6-2-1

| 内蒙古博物馆 | 1952年 | 成吉思汗陵 | 1954年 | 人大办公楼 | 1984年 |
|---|---|---|---|---|---|
| 内蒙古赛马场 | 1986年 | 内蒙古展览馆 | 1996年 | 新体育场 | 2010年 |

注:内蒙古博物馆(来源:刘洋 摄);成吉思汗陵(来源:王云霞 摄);人大办公楼(来源:刘洋 摄);内蒙古赛马场(来源:杨耀强 摄);内蒙古展览馆(来源:张海瑞 摄);新体育场(来源:张海瑞 摄)。

## (二)空间与意象的表达——抽象出民族地域建筑的性格

正如业界共识,简单化的符号拼贴、堆积和形式化的纪念性表达,正在或已经被时代遗弃。在建筑形态的地域性创作方面,建筑师不断追求符号和形式以外的东西。以"形"表"意"、以"神"会"意"的意象表达常成为一种有效的解答。同时,新生代的内蒙古本土建筑师也认识到,由地域自然因素和文化习俗长期积淀而成的厚重、淳朴、雄浑的性格特征应成为此类建筑的所表之"意象"。(表6-2-2)。内蒙古图书馆、内蒙古美术馆配合建筑个性采用厚重的形象;呼和浩特市党政办公楼从蒙藏建筑中提炼出雄浑的特征;在呼和浩特北部山坡建成的仁和训练基地采用就地取材的碎石作为外墙饰面呈现淳朴的风格;鄂尔多斯影剧院改造项目用暗红的色彩和厚重的基座暗合了喇嘛庙的形态;乌海市的蒙古族家具博物馆抽象出"装满蒙古人生活的箱子",等等。

## (三)地域自然条件的回应——从地域原型中寻找建筑创作的契合点

当建筑个性寓于来源于地域自然地理因素的共性之中

图 6-2-1　蒙元文化一条街（来源：刘洋 摄）

时，新的地域风格就会应运而生，它们在时间向度上绝不缺少时代感，同时可避免当下"技术表现主义"的浮躁。因此，尊重和回应当地自然条件，是寻求地域性建筑之艰难路程中的务实做法。当下，在可持续发展的生态观下，回应自然条件的建筑创作自然应成为地域性建筑生成的共性基础。近年，基于上述认识，一些本土建筑师设计了若干应对环境气候条件的建筑（表6-2-3），这些设计均试图将本地区多风沙、少雨雪、夏干热、冬严寒的气候特征作为建筑创作的所依之据和所表之源。同时，设计从整合环境秩序、塑造文化个性和探索适宜技术等方面出发，生成的建筑均表现为体形简洁、厚重敦实、开窗适度、外部空间从城市整体出发而内部空间则竭力打造气候宜人的公共交往空间，以此弥补漫长冬季及不良气候造成的环境缺陷。如盛乐博物馆采用下沉、覆埋并利用自然采光通风等生态策略创造了根植于此时此地的新地域建筑形象等。

## 二、传承实践评价

在整体回顾了地区建筑师在新中国成立以来的传承实践以后，一个基本认识是，面对本地域建筑文化的传统，建筑师们的创作似乎又处于回到起点的状态。上述实践也仅是在一个有限的范围内进行，同时显示，他们的参与度并不高，因而，建筑师和大众同属不同程度的"历史失忆"是必须承认的客观现实。总体看来，当下内蒙古的建筑传承实践存在以下问题：

### （一）浅层的传承表现

从上述大量的案例中看出，不论是建筑师个人的理解还是决策者的意志，多数的创作都是在表面的符号化应用层面中进行，同时也看到某些建筑师为避免形式上的肤浅转而诉诸一些玄奥的做法致使传达与接受出现了短路，但总体上都属于视觉的浅层层面。

### （二）传承的创作缺位

不少建筑师已认识到符号化的表象做法是一种无根的权宜之计，但又不知深层的内涵是何物，几经挫折后索性放弃，多采取一种无为的状态，造成传承传统的建筑创作呈一种缺位的状态，这是当下内蒙古地区建筑传承创作的主要现状。

空间与意象的表达实例　　　　　　表 6-2-2

| 内蒙古图书馆 | 1997 年 | 内蒙古美术馆 | 1996 年 | 呼市党政办公大楼 | 2002 年 |
|---|---|---|---|---|---|
| 仁和训练基地 | 2004 年 | 鄂尔多斯剧院改造 | 2004 年 | 蒙古族家具博物馆 | 2006 年 |

注：内蒙古图书馆，1997 年（来源：张鹏举 摄）；内蒙古美术馆，1996 年（来源：张鹏举 摄）；呼市党政办公大楼，2002 年（来源：张海瑞 摄）；仁和训练基地，2004 年（来源：张文俊 摄）；鄂尔多斯剧院改造，2004 年（来源：张鹏举 摄）；蒙古族家具博物馆，2006 年（来源：张鹏举 摄）。

地域自然条件的回应实例　　　　　　表 6-2-3

| 乌兰察布市图书馆 | 2010 年 | 锡林郭勒盟迎宾馆 | 2009 年 | 盛乐博物馆 | 2007 年 |
|---|---|---|---|---|---|
| 恩格贝沙漠科学馆 | 2010 年 | 锡林郭勒盟党政楼 | 2007 年 | 呼和浩特少年宫 | 2011 年 |
| 内蒙古大学交通楼 | 2008 年 | 呼和浩特第二中学 | 2008 年 | 包头劳动局办公楼 | 2007 年 |

注：图片来源：张鹏举 摄。

## （三）不成体系的传承实践

不论是以古典的逻辑将地域传统元素进行移植、拼贴的"文脉"理念，以民族地域建筑性格为抽象对象的意象表达，还是从地域原型中寻找建筑创作的契合点来回应地域自然条件层面，就手法而言似乎都不成体系。虽然也产生了一些优秀的建筑作品，但建筑师们的整体参与度并不高，对此进行思考并付诸行动的更是个别建筑师的行为，多数仍表现出"技术主义"和急功近利式的浮躁，同时，在统筹"时代、传统、地域"的全方位思考方面，也不够完整，至少就人的精神和文化传承而言不够全面。

## （四）异域文化的冲击

近十几年来，在商业地产开发模式占据主要建筑市场之后，应市场需要，不少建筑师设计了"欧式"、"新古典"风格的建筑，这些异域文化色彩的建筑多以群体的形式出现，很快蚕食了城市的大片区域，成为城市新的底色，这对传承传统建筑文化的积极努力构成了负面的冲击。

# 第三节 内蒙古现代建筑传承的创作背景解读

本节从一个建筑师的视角解读内蒙古地域的建筑创作背景，着重分析内蒙古地区的气候、经济、文化以及建筑传统等对现代建筑传承所具有的特殊意义。

## 一、气候的体裁作用

内蒙古的气候，苛刻而分明。对建筑师而言，这种两面性表现得可谓清晰，故而，内蒙古的本土建筑师常常需要在其中艰难地选择。事实上，它既限制了建筑师创作的自由发挥，却也成为创作的动力和体裁。气候限制形式，气候又生成形式。

### （一）气候的考验与优势

内蒙古地区主要以温带季风气候为主，局部地区是高原气候。大体而言，内蒙古地区夏季高温多雨，冬季寒冷干燥，局部地区日照时间长，太阳辐射强，春秋风沙大。因而，内蒙古本土建筑师所面对的是既需应对寒冷，又要处理炎热，这在一定程度上增加了创作的难度，久之，形成了一种疏于思考，简单、甚至是粗糙地选择现代技术来解决困难的处理方式，导致了内蒙古建筑景象整体处于一种应对气候的缺位状态。

虽然建筑技术的发展从一定程度上克服了气候的绝对限制，促成了建筑师发挥的相对自由。然而，建筑本应是关联气候的，这同时也是人类发展的客观需要。纵览建筑技术的发展史，不难发现，适宜技术的出现与发展正是源于生态的人本观和气候所带来的困难与挑战。

当下，重新审视技术发展与气候关系的建筑师，早已开始寻求某种探源与回归，并卓有成效，如"形式追随气候"理念下的印度建筑师查尔斯·科里亚和埃及建筑师哈桑·法赛等，他们应对气候的被动式创作正是处于一种回归阶段的实践。毋庸置疑，从生态的角度看，对气候问题的正确认识和应对则可以将困难与挑战转换为一种资源和体裁。

### （二）从挑战中得到动力

显而易见的是，从某种角度看，具有限制性的气候条件可以成为建筑师创作的一种体裁，进而可以从中得到动力，而形式追随气候，实实在在地解决问题应该成为扎根于内蒙古的建筑师应必备的基本功力。

以下案例是较为积极成功的实践：

乌兰察布博物馆和图书馆项目，建筑体型的组合形式直接来源于对气候的考量（图6-3-1、图6-3-2）。设计基于位处乌兰察布市阴山山脉口部，应对冬季寒冷风大、夏季短时炎热的现实，使用了七个方正的体块在角部咬合从而形成可生长的连续组合体。设计推敲了每个体量适宜的大小，使得整体既有基于节能的合理的体形系数，又使得各个体量能够获得全自然的采光和通风。这些策略代表了现代建筑师

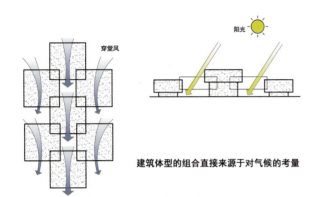

图 6-3-1 气候影响因素（来源：张鹏举 绘）

图 6-3-2 乌兰察布博物馆和图书馆（来源：李鹏 摄）

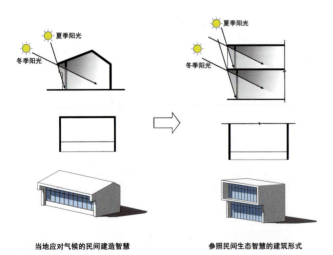

图 6-3-3 气候决定外界面基本形态（来源：张鹏举 绘）

必须遵循的绿色设计理念，它们在降低能耗的同时，还一定程度地缓解了困扰现代公益类建筑的运营问题。

内蒙古工大建筑设计有限责任公司设计楼项目，寒冷的气候决定了外界面的基本形态（图6-3-3、图6-3-4）。

图 6-3-4 内蒙古工大建筑设计有限责任公司设计楼（来源：张广源 摄）

建筑界面采取了南虚北实这一当地民间应对气候的建造做法和利用太阳高度角的四季变化而采取相应的遮阳措施以及挡风侧墙等方面的生态策略，这些长期形成的民间策略成为设计楼形体的逻辑来源。

## 二、经济的挑战意义

经济水平高、贫富差距小是高完成度建筑的物质基础，内蒙古则呈现出另外一种景象，即总体上处于经济边缘地位而近年又快速增长且不平衡。对于内蒙古的建筑师而言，这种前后极具反差的经济状况带来了创作的两面性：一方面，创作被制约束缚；另一方面，机会和挑战随之而来，并成为创作的动力和基础。

### （一）经济的困境与浮夸

20世纪末以前，内蒙古一直处于中国经济的后进队列，这样的物质基础一定程度上使建筑师陷入了难以发挥其想象力的困境；进入21世纪后，地域广阔、物产富足的内蒙古一跃成为全国经济增速的排头兵，整个建筑行业亦呈现出欣欣向荣的繁忙景象，这种瞬间的变化又导致了创作中的盲目和浮躁。

从建筑师的角度来看，这一前后突变的现象有两种体现：在经济落后时期，一方面，有能力且有机会的本土建筑师纷纷外流，寻找个人发展的空间，其中不乏出于寻求可以"自由"创作的目的；另一方面，缺乏足够认识的建筑师，在参照"现代建筑"无力的前提下，完成了许多不合时宜的建筑；在经济快增时期，因短期内缺乏足够的素养准备，浮躁的表现不言而喻。

从决策者的层面来看，经济地位转化的另一个表象即对建筑创作的过度干预：在经济落后时期，这种干预表现为不太容易获得建设机会的决策者，希望建筑能够发挥万能的表现。在这种前提下，经常出现的现象是，建筑师在某种明确指令的情况下，施以某类形式和材料，但最终因资金的限制在建设的过程中被扣舍，而小建筑模仿大尺度的做法更是比比皆是。一种"欲望"加一个"能力"，导致了大量半成品和发育不良品的产生；在经济快速增长时期，决策者的过度干预则表现为释放长期压抑的欲望，这种重视过度下的盲目必然又导致许多脱离实际的假大空。此时期，奢侈的建造和冲动投资的短命房屋折射出背后的业绩崇拜和形式主义。

### （二）在挑战中寻求机会

基于近年内蒙古地区特有的经济建设与发展状况，一方面，宽广而富饶的土地，赋予了本土建筑师灵感得以实现的基本场所和基础条件；另一方面，如何在建设浪潮中理性地创作亦成为内蒙古建筑师不得不面对的挑战。

事实上，不论经济发展是迅还是缓，对建筑师来说，都是挑战，且在挑战下暗含玄机。正视落后经济下的不平衡，在完善自身专业素养的同时，正确应对物质基础和由此决定的社会干预，才是本土建筑师应有的能力。

呼和浩特市第二中学新校区（图6-3-5、图6-3-6）是在经济快增时期建设的一所新学校。建筑师避让"建造第一重点中学"的若干浮夸想法，从实际出发，理性地分析问题，如布局中，没有采用中心主楼式的决策提示，而是采用近似周边式的布局来应对用地紧张和活动场地缺乏的现实；同时，形式表现也在用一系列避寒冷、接阳光、少干扰及营造交往空间的过程中自然生成，内敛、朴实而得体。

图6-3-5　呼和浩特市第二中学新校区总平面图（来源：高旭 绘）

图6-3-6　呼和浩特市第二中学新校区（来源：曹杨 摄）

恩格贝沙漠科学馆项目的设计（图6-3-7、图6-3-8），抛弃了许多类似"沙漠流线体"等浮夸的决策意志，寻找到一种长期契合其所属地域环境条件的固有形态，将建筑体量分解、正交、平伏在大地上，并嵌埋于背景大青山的轮廓与自然坡地线之间，最大限度地保留了基地的特征；同时，建筑外墙材料采用普通的传统水刷石做法，进一步与基地环境融合，用一种特定的建筑品相取代某种"高档"。

图6-3-7 恩格贝沙漠科学馆（来源：张鹏举 摄）

图6-3-8 恩格贝沙漠科学馆（来源：张鹏举 摄）

## 三、文化的包容特征

文化诉诸多种载体，而建筑，当然是本土建筑师描绘地域文化的重要绘图笔。然而，内蒙古的建筑文化方面就其物质形态而言，远不似其他地区的清晰和具体，因而，内蒙古的建筑师在表达建筑文化性方面经常需要走一条独特的路径，寻找并表现受限于地域建筑文化的某种感性和包容，从其中求得创作的空间。

### （一）文化的感性特征

内蒙古由于地理、气候和经济状况，文化生活长期处于一种被动适应的状态，在这种状态下，其文化多呈现出感性的色彩。

自古以来，内蒙古地区地域辽阔、生存条件艰苦，生活在这里的人们，长期处在生存的最底线。他们彼此平等，无须计较细小得失，养成天辽地阔般的胸怀，由广阔的地貌状况、艰苦的生活和严酷的气候条件导致了特有的生活方式。

图6-3-9 敖包（来源：额尔德木图 摄）

图6-3-10 蒙古包（来源：额尔德木图 摄）

图6-3-11 撮罗子（来源：额尔德木图 摄）

这种生存状态使得蒙古民族具有一种与生俱来勇敢、豪放。这些特征必然在性格中积淀了充分的感性基因。

这种来自生活、生存的特征最终也表现在其文化的各个方面，建筑文化也不例外。如蒙古包的质朴简约，敖包的粗放原始、撮罗子（图6-3-9～图6-3-11）的一目了然等

图6-3-12 窑洞（来源：韩瑛 摄）

图6-3-13 土坯房（来源：张鹏举 摄）

图6-3-14 木刻楞（来源：齐卓彦 摄）

都是例证。它们无须精雕细琢，能用即好。

在这种状态下，随着时间的推进，建筑自然而然地形成某种粗放、简单的共性特征。再如这些蒙古包、撮罗子以及窑洞、土坯房、木刻楞（图6-3-12～图6-3-14）等，从它们原初的形式背后，看到了人与自然之间被动适应的直接关系。事实上，内蒙古传统建筑形式与特征的深处，正是其文化所呈现出的那种感性。

### （二）在包容中蕴含表情

显然，文化中这种感性的特征在建筑性格上最终表现为一种表情；而同时，内蒙古传统文化在表现被动适应的过程中，也自然地包容了其他多种文化的洗礼。草原上的蒙古包、森林中的撮罗子、高原上的窑洞、平原中的四合院民居等，只要是适合生存的，就一概接纳吸收。

在建筑创作中，客观的演绎这种专属于地域的建筑表情和包容也必然成为内蒙古建筑文化传承的一种手段和任务。因而，从某种角度看，内蒙古的建筑师不必局限于有形规制的继承，而需要在包容中表现某种性格表情。

内蒙古通辽罕山生态馆和游客服务中心的设计表现就是一例（图6-3-15、图6-3-16）。该地寒冷，阳光和风是设计的核心要素；该区域又是国家自然保护区，保护自然生态环境是设计的切入点，故，建筑位于面阳的山坡上，并选择埋入坡内沿等高线顺山体分层退进的形体，建筑材料则是挖山后的碎石。这一切做法不仅使建筑融入了场地，节约了造价，重要的是，在被动适应的同时再现了一种原初状态的文化表情。

同样的表现贯穿在内蒙古巴彦淖尔市阴山岩画博物馆的设计中（图6-3-17、图6-3-18）。建筑位处一个较开阔的绿地边缘，业主要求用中国古典建筑的形式来融入环境。在认同这种类型包容的前提下，方案抛弃范式，着重从性格特征加以表现：解构后的青砖、内院、月亮门成为形式元素；内敛、安静、质朴成为性格特征，同时，把北方厚重、简明的表情揉进设计中，在包容中达到了设计目的。

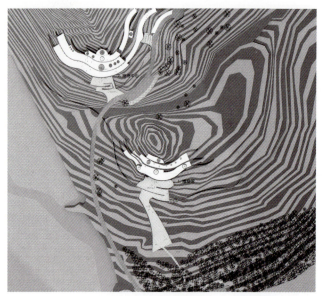

图6-3-15 内蒙古通辽罕山生态馆和游客服务中心总平面图（来源：雷根深 绘）

图6-3-16 内蒙古通辽罕山生态馆和游客服务中心（来源：张鹏举 摄）

图6-3-17 内蒙古巴彦淖尔市阴山岩画博物馆鸟瞰图（来源：张凯 绘）

图6-3-18 内蒙古巴彦淖尔市阴山岩画博物馆（来源：张广源 摄）

## 四、传统的情感属性

内蒙古的建筑师从当地的传统建筑中汲取的营养常常不单单是清晰而具体的元素和做法，更多的是蕴含其中的精神和智慧，进而在创作中进行一种情感的观照。因而，一方面，建筑师的创作似乎无本可依；另一方面，则又有了广阔的天地。

### （一）传统中的智慧与精神

内蒙古由于独特的地域文化，没有形成十分典型的传统建筑形态。正如所言，建筑传统多表现为某种智慧和精神，需要建筑师来挖掘。

以内蒙古地区主要的传统建筑类型——蒙古包、敖包和喇嘛庙来看，它们的形式元素不具有直接汲取的现代性，亦不具有一脉相承的典型性，但它们蕴含的建筑智慧和精神却可成为建筑师创作的源泉。

正如前文所言，蒙古包是一种具有全面可持续的原生态建筑，是草原游牧人民和自然之间经过最为周密的抗争与适应后获取的生活空间，它的适应性、可移植性、能源保存力、经济效能以及文脉呼应和社会平等都体现了鲜明的民族情感和建造智慧，其精神同时体现在经济发展、环境保护和社会责任的平衡发展中；敖包是草原上具有永恒感的时空之场，是人们头脑中对草原意象的浪漫物证，是游牧部落动态社区的精神坐标；喇嘛庙建筑群则是游牧文明以文化为中心的城市原型,是蒙古游牧社会中信仰、文化、经济、教育和医疗的中心,曾经长期对蒙古社会有着深刻的影响和贡献。

内蒙古地区传统建筑中所体现出的有关"场所感","全面可持续性"、"以文化为中心的城市聚落发展"等都是我们当今需要继承的精神和智慧。

## （二）在创作中观照情感

在长期的创作实践中,相对于物质元素的挖掘,这种精神和智慧也是真正值得继承的传统。当然,基于它们的属性,在建筑中的表现常常与民族认同感和归属感有关。因而,在继承传统方面,内蒙古的建筑师在创作时更多的是在进行一种情感观照。

鄂尔多斯某影剧院改造项目中（图6-3-19）,建筑师用一种极具民族认同感形式的表皮融合了新旧建筑：外层表皮在延续原立面特征的基础上具有一定的遮蔽性,完成了视觉的整体作用；内层则保持旧建筑的原有面貌,承担通风、透气、保温、采光等功能,由此分离了一般意义上表皮的多种职能,这种分离后的"统一着装",塑造了影剧院全新的建筑形象,使这个文化建筑的民族归属感得到了具有时代性特征的再生和延续。

蒙古家具博物馆项目（图6-3-20、图6-3-21）的设计受到一种蒙古族最常用的家具——"箱子"的启发。这种箱子是游牧生活的一种基本道具,朴实、凝重、高效、轻便。于是,用"蒙古箱子"创造一个真正属于草原和蒙古族家具的博物馆——由此而成的建筑意象是：斑驳的箱子,散落于草坡之上,几片轻薄的玻璃如溪流般环绕四周,看似随意的围合,却是草原上人们获得空间的最初手段。建筑内部则纯净、规整,整体既有展示空间几何般的理性,又希望能获得一种源于历史的情感观照。

认识建筑师身处的特定地域背景,是为了能够在建筑创作中理性和平实地表达,将气候作为体裁,采取被动适宜的策略；将经济作为挑战,保持头脑的清醒；将文化作为一种包容,在创作时审慎地体验；将传统作为一种情感,创造性地挖掘其中的精神和智慧。

图6-3-19 鄂尔多斯某影剧院改造

图6-3-20 蒙古家具博物馆灵感来源（李冰峰 摄）

图 6-3-21 蒙古族家具博物馆（来源：张鹏举 摄）

## 第四节 内蒙古现代建筑传承总结

上述整体回顾了近七十年来内蒙古现代建筑的创作之路，在建筑创作发展过程中，一部分优秀建筑师以内蒙古地区的气候条件、经济条件、文化特征和传统的情感属性为创作背景，同时注重"文脉"理念的运用、空间与意象的表达以及地域自然条件的回应，创作出一批又一批的建筑作品。

然而整体看来，对于本地区建筑文化传统的继承，内蒙古地区的建筑创作似乎处于刚刚又回到起点的状态；而建筑师和大众同属不同程度的"历史失忆"是必须承认的客观现实；同时还需要认识的是，传统不只属于某个国家和民族，它是一个国际性的概念，我们还需要从全面的角度来看待文化的移植与拓展，也就是说，建筑传统的传承还要在"全球"这一前提下不断创新。

# 第七章 传统建筑风格特征在现代建筑中的表达方式

内蒙古作为一个特殊的民族地区有着广阔的疆域，东西长达三千多公里，与多种文化类型的区域接壤，同时也是多个文化圈的外层区域，是这些文化相互碰撞交融的地方。但是，由于这块土地上的主体居民曾经长期过着游猎和游牧生活，自身没有形成十分成熟的定居建筑形制，因而，就其传统建筑文化而言，自古就受到多种文化形态的近地域影响。除蒙古包、仙人柱等原生性非定居建筑外，大多定居性建筑类型都属于外植入型。因此，内蒙古传统建筑中的主体都不像中国许多其他地区的传统建筑那样一脉相承，其并没有呈现出明显清晰的演变过程。当然，这些外植入型的建筑在其发展过程中也都不同程度地融入了当地的地域特征，形成了特有的传统建筑风格。

从本书上篇所述内容来看，内蒙古地域范围内现存的几类主要的传统建筑类型，其发展演化从东到西受其他多种文化的近地域影响，建筑形态丰富而多样，显现了文化交融的开放性。而这种影响在当下的现代建筑创作中，以更为多样的方式演绎着，因此，不论是从继承既有的文化传统还是从尊重现实发展的客观规律看，内蒙古传统建筑都应对当代地域性创作产生极其重要的影响。

内蒙古地区地域性建筑创作手法的探索，是需要被重视的，这种探索不能仅仅局限于思维方式的层面，更应该结合价值标准、心理特点、文化传统、知识结构、观念要素等多方面因素。这种探索过程会为本地区的地域性建筑创作提供理论基础，从而促进地域建筑形式的更新与发展。通过大量实例的分析，本章总结出了六种行之有效的地域性建筑传承的应答方法，即元素符号表达、传统空间的变异、回应地域气候、历史文脉隐喻、材料和色彩的表现以及回应场所精神。现代建筑正是可以通过这些策略来体现内蒙古地区传统建筑的风格特征，促成当下建筑创作的有序传承。

# 第一节　通过元素符号体现传统建筑风格特色

内蒙古地区是汉族、蒙古族和其他少数民族聚居的地区，各民族都有着自己鲜明的文化特征，这些文化特征通过历史的演绎，逐步形成了具象的元素符号，融入了各种艺术形式的载体中。传统建筑作为一种重要的文化载体，承载了多样的民族文化元素符号，形成了特有的建筑风格特征。现代建筑作为一种新的文化载体，同样可以吸收这些符号化的文化元素。另外，传统建筑本身作为建筑文化的一部分，通过符号化的处理，也可以体现到现代建筑的创作中。内蒙古传统元素符号在内蒙古城市建筑中的运用对于内蒙古发展地方建筑文化起到了不可忽视的作用，是构建内蒙古独特的地方建筑文化不可或缺的文化力量，具有独特的建筑美学价值。

体现内蒙古地区主流文化的元素符号以蒙古族特色最为鲜明，几乎覆盖影响了整个内蒙古地区，包括汉族或其他少数民族聚集居住的地区。对这些具象的文化元素和符号进行分类，可以概括为以下几种：传统建筑元素符号、传统服饰元素符号、传统民族艺术元素符号、传统生活环境元素符号等。

传统建筑元素符号最为典型的就是以蒙古包为原型发展出来的丰富的形式符号。蒙古包建筑是蒙古族传统智慧的结晶，也是现代建筑创作中体现传统文化最直白的建筑手法，在现代建筑创作中运用的较为普遍。传统服饰包括蒙古袍、帽子、靴子等，其特有的形态和构成元素也较多的作为体现传统文化的元素和符号运用到现代建筑的创作中。同时，以壁画、雕塑等为代表的传统民族艺术形式在现代建筑创作中多以装饰性的手段出现在建筑的局部。蒙古族常年逐水草而居，与蓝天、白云、绿草、蒙古包相伴的游牧生活，形成了极具民族特色的传统生活场景，这些场景中丰富的游牧生活元素在现代建筑设计中通过片段化、形态化的处理，顺利地融入了现代建筑的创作中，通过这些生活元素的表达，试图引发人们集体的生活记忆与想象的空间。

分布在内蒙古地区的汉族和其他少数民族也有着自己丰富的传统文化形式，构成了以内蒙古草原文化为主体，农耕文化和森林文化并存的文化状态，从而产生出丰富多彩的传统文化元素符号。这些文化符号在现代建筑的设计中只是表现题材不同，设计处理手段基本一致。从建筑创作处理的角度，传统文化元素符号可通过以下三种方式实现在建筑中的表达，见表 7-1-1：

现代建筑中传统文化符号的体现　　　　表 7-1-1

| 表达方式 | 主要设计方法 | 国内外典型案例 | |
|---|---|---|---|
| | | 图例 | 特征要点 |
| 体量化表达 | 元素符号以建筑体量的形态出现在现代建筑中 | 上海世博会中国馆 | 建筑设计将"斗栱"这一传统建筑元素作为建筑的基本体量进行处理，形成传统特色鲜明的风格特征 |
| | | 河南博物馆 | 建筑将"鼎"这一传统元素放大到建筑整个形体，形成体量化的表达 |

续表

| 表达方式 | 主要设计方法 | 国内外典型案例 | |
|---|---|---|---|
| | | 图例 | 特征要点 |
| 构件化表达 | 元素符号以建筑构件的形态出现在现代建筑中 | 香山饭店 | 建筑门窗构件的设计借鉴了传统建筑门窗的元素符号形式，以此来表达建筑传统的风格特征 |
| | | 京都国际会馆 | 建筑构件的形式是通过神社木架结构演化而来，从而表现了建筑传统的风格特征 |
| 肌理化表达 | 元素符号以建筑表皮肌理的形态出现在现代建筑中 | 阿拉伯研究中心 | 表皮设计运用了现代技术，并将阿拉伯传统文化特色的元素符号作为表皮的主要肌理，形成了丰富的光影效果，体现了阿拉伯传统建筑的风格特征 |
| | | 黎巴嫩贝鲁特USJ校园建筑 | 将反映当地文化的符号图案抽象化处理，运用于建筑立面，形成文化内涵深刻的现代建筑肌理 |

注：上海世博会中国馆（来源：2010年上海世博会中国馆景观设计研究）；河南博物馆（来源：河南博物院传统艺术形式的再生性研究）；香山饭店（来源：建筑大师贝聿铭的八个经典设计作品．城市住宅）；京都国际会馆（来源：中国建筑报道 http://www.archreport.com.cn/show-6-2467-1.html）；阿拉伯研究中心（来源：《阿拉伯世界研究中心》巴黎，法国．北京）；黎巴嫩贝鲁特USJ校园建筑（来源：http://www.yuanliner.com/2011/0915/68582.html#p=1）。

## 一、元素符号的建筑体量化表达

现代建筑的设计较为关注建筑体量间的构成关系，可以说，体量是构成现代建筑形态的基本元素，是表达现代建筑外部形态特征的重要载体。元素符号的建筑体量化表达的就是将传统文化元素符号以体量的尺度融入现代建筑中。这种表达手法可以直观地表现传统文化特征，同时，体量化的元素符号更符合现代建筑的设计语言特征，可以与建筑中的其他体量形成更好的空间关系。

用于体量化表达的元素符号也多为传统建筑的体量元素，如蒙古包的穹顶元素、汉地建筑中各种形式的屋顶元素等。这一类建筑元素符号，由于其自身在传统建筑中具有特定的形式构成原则，因此，在现代建筑设计中，这些建筑元素往往通过延续原有的构成原则加以体现。如蒙古包的穹顶元素，在现代建筑中也基本体现在建筑形态的顶部。

呼和浩特老赛马场的看台建于20世纪90年代（图7-1-1），是蒙古包元素体量化表达的一个典型案例。看台的整个建筑形态通过水平划分，形成上、中、下三部分体量，最底层的部分为水平延展的露天看台，在建筑形态上作为基座保证了建筑形态构成上稳重大方的特征，中间部分为看台的楼座，也是建筑的主要体量，在此基础上，建筑的顶部则是由五个大小不一的蒙古包穹顶组成，其中一个较大的位于顶部中心，两边各分布两个小的穹顶，通过尺度上的对比，重点突出了中心蒙古包穹顶雄浑壮观的特征，以此来表现鲜明的民族特点和地方特色。在这一项目中，建筑只是在顶部的体量设计上体现了鲜明的民族符号化特征，在建筑底层和中间部分，设计均为纯粹的现代建筑处理手法，建筑语言极为简略。在这样的衬托下，人们的视觉中心被集中引向建筑顶部，再次强化了穹顶元素的表现力。三段式的立面划分手法，在一定程度上融合了传统建筑体量与现代建筑体量的形体关系。同时，在建筑色彩处理上，设计以白色和蓝色作为建筑的主体色和点缀色，回应了建筑顶部蒙古包体量的色彩特征，使得整个建筑的传统建筑元素和现代设计语言较好地融合，形成较为统一的建筑风格。

内蒙古大学主教学楼的设计同样采用了蒙古包元素体量化的表达方式（图7-1-2）。整个建筑的风格以现代设计手法为主，仅在建筑的顶部，通过三个蒙古包穹顶的体量，简单鲜明地体现了建筑的民族特色。蒙古包穹顶的设计，并没有完全照搬传统建筑的样式，而是通过现代的设计处理手段，形成了抽象的镂空蒙古包穹顶形态，从而使建筑的整体设计

图7-1-1　呼和浩特老赛马场看台及屋顶造型（来源：贺龙 摄）

图7-1-2　内蒙古大学主教学楼及顶部造型（来源：张鹏举 摄）

语言保持一致的逻辑。在色彩方面，穹顶与建筑主体部分统一采用赭红色，在迎合校园整体环境色彩的同时，使蒙古包穹顶部分与建筑主体取得一致的风格特征。

赤峰市博物馆是汉族古典建筑庄重典雅的风格特征在现代建筑中表达的一个设计范例（图7-1-3）。整个建筑由塔楼和裙楼两部分组成，塔楼部分为四角三层攒尖顶建筑，重重飞檐凌空飞翘，是经典的汉族古典重檐楼阁的形象。裙楼部分呈长方形，下托以古典台座，几十根通台柱拔地而起，檐口部分饰以剪边琉璃檐。建筑庄重典雅的风格特征主要通过塔楼部分精致的楼阁体量加以诠释，在裙楼部分，设计为了突出整个建筑的现代特征，古典建筑的元素符号大大简化，只是从与塔楼体量融合的角度，寥寥数笔加以修饰，从而使得整个建筑将传统建筑元素和现代建筑体量简洁流畅的结合，形成浑然一体的风格特征。

除了以传统建筑元素符号作为表现题材外，其他文化元素符号通过形态上和尺度上的处理，也常常作为建筑的基本体量出现在现代建筑设计中，形成一种独特的现代风格建筑。由于这些元素符号并不是来源于传统建筑，因此，在运用到现代建筑设计中时需要进行建筑化的处理，设计者在这一类建筑的设计中，往往会在尺度上和形态上进行了一定程度的夸张和抽象，从而符合现代建筑的尺度和特征。这些非建筑的元素符号，由于尺度上的变化和建筑化的处理，形成一种陌生的外部形态，打破了人们对这种元素符号形态的原有认知，从而给人留下深刻的印象。

鄂尔多斯大剧院的设计就是这样一个典型的案例（图7-1-4），建筑设计以鄂尔多斯蒙古族头饰为设计元素，通过尺度上的放大，得到建筑的两个基本的体量，运用现代建筑设计的手法，组合形成一座剧院建筑。建筑物整体是由两个类似鄂尔多斯男女头饰的圆形建筑通过飘动的玻璃幕墙造型连在一起，建筑造型较成功地将建筑外观与民族文化联系在一起，使现代的建筑形式被赋予了文化上的象征寓意，直观地体现了浓郁的民族特色和地域文化。

鄂尔多斯博物馆的设计是将石头这一元素符号作为建筑的基本体量，来表达当地的自然文化特色（图7-1-5）。整个建筑以一块巨石的体量漂浮在如沙丘般起伏的广场顶部，给人

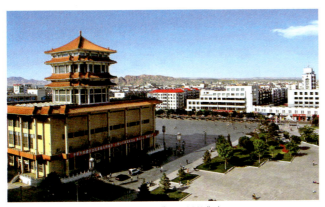

图7-1-3　赤峰市博物馆（来源：《草原城韵》）

图7-1-4　鄂尔多斯大剧院（来源：张文俊 摄）

图7-1-5　鄂尔多斯博物馆外观及室内（来源：张文俊 摄）

以强烈的视觉冲击力。建筑古铜色的金属表皮和饱满的流线型形体巧妙地表现了石头圆润光滑的质感，也传达出了建筑开放、高科技的现代气息。馆内馆外两重天，室内空间在延续石头形态特征的基础上，设计先将功能空间置于石头内核，从而使公共空间集中设在石头间的缝隙处，天光从石缝间射入，使室内公共空间成为明亮而巨大的峡谷空间，人们在空中的连桥上穿梭，好像置身于既原始又充满未来感的戈壁景观中。

鄂尔多斯博物馆的设计以石头作为文化元素的展现载体，同时通过现代空间的演绎，将自然的意境渗透到建筑的室内外空间，最终将石头的文化寓意提升到自然的空间意境表达，使传统的文化元素符号和现代的建筑空间表达达到完美的统一。

类似这样的设计手法在内蒙古科技馆新馆的设计中也有体现，建筑将哈达作为一种代表蒙古族文化的元素符号，以此生成了建筑的基本体量（图7-1-6）。漂浮扭动的哈达通过建筑体量化的表达，形成了轻盈多变的建筑形态和丰富流动的室内空间体验。完美地将哈达这一具象的文化元素符号转化成一座精致的现代建筑设计作品，成为宣扬城市民族文化的一个重要窗口。

在现代建筑设计中通过元素符号的体量化处理来体现传统风格的设计手段是一种文化识别性较强的建筑处理手法，大众接触建筑首先从建筑的造型、外观开始，它能直接、简单、快速地吸引大众的眼球，进而满足大众的视觉快感。类似这样的具有强烈的视觉冲击力的建筑在内蒙古地区较为常见。这样的建筑具有直观的视觉识别性、较强的视觉感染力和冲击力，设计手段较为直白，可复制性较强。

## 二、元素符号的建筑构件化表达

传统文化元素符号以构件化的表达手段在现代建筑中运用范围也相对较广，这种表达方式主要通过提取传统文化元素符号，将这些符号与建筑中的各部分构件相结合，用于现代建筑外部细节构件装饰，从而使建筑具有传统文化印记的特征。

这样的设计手段与装饰特征相对较浓，由于装饰在现代建筑设计语言体系中较为排斥，因此，在设计过程中，如何正确地把握传统文化元素符号在现代建筑形态构成中的作用，如何减少元素符号的堆砌感，如何将装饰语言与现代建筑语言相统一，将是设计的一大难点。设计应当避免传统元素符号在城市建筑中的简单堆砌、胡乱拼贴。内蒙古传统文化是内蒙古人民在日常生活、生产中继承和发展中慢慢传承下来的，但是这并不意味着设计师可以直接毫无变化地照搬和毫无保留地复制原有的造型、图案等。建筑师应该清楚地认识到不是简单地将一些具有传统文化元素的图案堆砌在城市建筑中就能体现文化特色，也不是简单地将传统文化各元素之间相互拼贴，更不是将传统文化中原有的内容复制、再现。这样不仅不能很好地起到传承传统文化的作用，反而会阻碍传统文化的继承、发展，从而减弱了民族文化传承的生命力。在实际的设计工作中要结合时代背景、结合建筑功能的需要，吸取传统文化中的精华，深入挖掘内蒙古地方传统文化中的精髓，并将其恰当地融入现代城市建筑中，将传统元素符号与建筑的形式、功能有机地结合起来，使其获得新的生命力，体现地方民族建筑的场所感和归属感。

在现有建筑设计的案例中，传统文化元素符号有的是在建筑的屋顶上加以运用，而在墙体的外部装饰中予以简化，保持整体；有的是在建筑墙体的局部加以运用，而其他墙体大面积地保持简洁；有的是在建筑的边缘加以勾勒等。设计中应做到

图7-1-6　内蒙古科技馆新馆（来源：张海瑞 摄）

有密有疏，有简有繁，有重点有弱化，使建筑的外部装饰没有过重的累赘感，同时，试图通过装饰的语言在一定程度上来强调现代建筑语言中的形体关系。部分建筑设计案例中，为了弱化具象元素符号的装饰感，设计使用抽象的形状、图案作为设计元素，通过将传统元素符号的内涵进行抽象表达，从而使传统文化元素符号与现代建筑风格更为统一协调。

内蒙古老博物馆（图7-1-7）的设计将马的造型元素作为表达内蒙古传统文化的切入点，建筑整体风格特征相对朴实，为了强化民族文化特色，设计在楼顶塑有凌空奔驰的骏马，象征着内蒙古的吉祥与腾飞，设计造型别致，极具民族特色，成为整个设计的点睛之笔，最终使得这座建筑成为呼和浩特市一座极受市民喜爱的地标性建筑。马是蒙古族最具代表性的传统吉祥动物，也是经被抽象了的蒙古族人民生活中的传统图案，当我们看到内蒙古老博物馆屋顶上这匹临空飞跃的马的形象，这座建筑的文化意义就被完整诠释。马作为传统装饰艺术元素源于蒙古族人民的生活，有着淳朴的艺术样式，反映着蒙古族民族文化的精髓，在这座现代的博物馆建筑设计中，通过一个特殊符号化的构件，恰到好处地显示出了其特有的艺术表现力。

内蒙古鄂尔多斯影剧院改造项目（图7-1-8）的设计也是一个将民族元素符号通过建筑构件化表达的典型案例。项目在改造过程中，除了扩展了内部功能，保证建筑新的功能要求外，设计者引入"墙体附着"策略，用一种作为中介的"第三者"设计元素覆盖新旧建筑，在保证新旧功能不受损害的前提下，统一"着装"。有机整合了鄂尔多斯影剧院的新旧建筑形体。在设计元素的选择中，设计希望"改造"要从现有的建筑中摆脱出来，塑造全新的形象，但又不能完全割裂新旧。首先从原建筑竖向杆件的立面划分中提取构成元素用于新的"外表皮"，期望产生一种从原建筑生长出来的视觉意象。然后，以蒙古包中"哈那墙"的组织秩序对这层表皮进行排列并赋予极强的现代感，由此产生了一个全新的形象，既透又蔽，既熟悉又陌生，既厚重又轻灵，正如鄂尔多斯文化一样神秘。在建筑的色彩选择上，表皮杆件的暗红色和浅色厚重的石材基座源自内

图7-1-7　内蒙古老博物馆屋顶骏马形象（来源：《草原城韵》）

图7-1-8　内蒙古鄂尔多斯影剧院改造（来源：张鹏举 摄）

蒙古地区佛教建筑喇嘛庙的色彩和形式，加之适量民族传统图样的装饰，进一步点明了文化建筑地域性特征的性格主题。建筑设计选用了"哈那墙"这一文化元素符号作为

建筑外部形态的主要构成要素，通过现代建筑语言的抽象与重构，形成极具现代气息的建筑风格。对于装饰性构件在现代建筑中的表达，设计者拿捏得当，如在"哈那墙"表面上装点的传统的铜饰元素符号，既强化了建筑整体的民族风格，又不失破坏现代建筑的构成法则。

呼和浩特体育场的设计是以雄鹰展翅为基本的造型寓意（图7-1-9），将草原雄鹰展翅的意境与现代体育场建筑浑然结合。同时，为了进一步刻画这一形态意象，建筑外立面将建筑的基本构件故意外露，并采用铜色浮雕加以装饰，建筑构件间的交织与联结，强化了雄鹰羽翼的意象，形成很强的民族文化特色，同时保证了现代建筑设计中建构的逻辑关系（图7-1-9）。

内蒙古饭店是一座以体现草原文化为主题的酒店（图7-1-10）。为了充分表达民族特色，除了建筑顶部蒙古包穹顶的运用，在建筑檐口部分，采用蒙古族回纹的图案加以装饰。设计将回纹的图案按照自身图案的逻辑关系，发展成一条水平的线性图案，使得这一元素符号具有了双重的属性，图案内容本身代表着明确的民族文化，而图案拼接而成的形态却是一条水平的线条，这一抽象的线条正是现代建筑的语言元素，这一语言元素以建筑檐口构件的形态融入了整个建筑中，保证了传统元素符号与现代建筑语言的统一。

类似的设计案例还有锡林郭勒盟政府办公楼（图7-1-11），建筑整体设计风格厚重而现代，为了增加民族特色，在建筑立面九层与十层的位置，将蒙古族图案符号与建筑开窗形式相结合，形成民族特色鲜明的立面肌理。同时，这两层特殊处理的形体整体向前凸出，与立面其他元素明确区分，强化了建筑的民族特色，突出的形体与建筑其他形体之间的穿插手法也体现了建筑十足的现代性。

图7-1-9　呼和浩特体育场及细部造型（来源：张海瑞 摄）

图7-1-10　内蒙古饭店外观及回纹装饰（来源：刘洋 摄）

图7-1-11　锡林郭勒盟政府办公楼（来源：张鹏举 摄）

## 三、元素符号的建筑肌理化表达

传统文化元素符号在现代建筑中肌理化的表达是一种较为现代的表达方式，传统民族文化元素中古老的竖形蒙古文字、丰富的地区民族图饰、蒙古包特有的哈那墙样式等元素经常作为一种特殊的建筑表皮肌理，出现在内蒙古地区的现代建筑创作中。肌理化的元素符号，大大弱化了符号本身的形式感，强化了建筑的现代性。因此，在现实的建筑创作中被广泛地运用。

乌兰察布市博物馆及图书馆位于内蒙古乌兰察市的中心城区，作为当地的重要文化类建筑之一（图7-1-12），在建筑设计之初，建筑师决定在保持现代性的同时，加入一定的地域性风格，让博物馆显示出建筑生长力和自信心。蒙古文饰成为建筑设计地域性方向的切入点，经过选取和提炼，最终采用蒙古文字的抽象形式来作为建筑立面的基本肌理形式，并将它运用于建筑整体，不仅解决了采光的问题，也在室内创造出了很好的光影效果，提高了建筑室内的建筑品质（图7-1-13）。这种利用蒙古文字提炼的立面肌理形式，在建筑外表面采用现代瓷板这种视觉冲击十足的材料的映衬下，在给人一种充满现代气息的同时，也充满了浓郁的传统民族文化特色，较好地做到了在现代建筑中对传统建筑风格特色的体现。

位于内蒙古乌海市的蒙古族家具博物馆方案从蒙古族家具便于游走携带和自身形象的特征出发，抽象出"盛装蒙古人生活的箱子"的概念并加以表现（图7-1-14）。设计力图通过蒙古族各类代表性家具的来源和发展来展现

图7-1-12 乌兰察布图书馆（来源：李鹏 摄）

图7-1-14 蒙古族家具博物馆（来源：张鹏举 摄）

（译文：1.明玉；2.吉祥的草原；3.圣情皇陵）

图7-1-13 传统蒙古文字抽象为现代建筑肌理（来源：张文俊 绘）

和还原蒙古族人民的日常生活场景，同时更好地表达出草原文化的历史文脉。箱子是草原民族最重要的家具之一，与蒙古人的生活息息相关，是生活中的基本道具，设计由此得到启发，用蒙古箱子创造一个真正属于草原和蒙古族家具的博物馆，由此而形成的建筑意向是：斑驳的箱子散落于草坡之上，几片轻薄的玻璃犹如溪流般环绕四周，看似随意地围合，却是草原上人们获得建筑空间的基本手段。建筑设计在箱形的建筑体量上，利用蒙古族特有的纹饰图样形成其独特的建筑表皮肌理，从而达到视觉上古朴沉稳的视觉效果，体现了建筑的民族性和地域文脉，是现代民族博物馆建筑设计的典范之一。

呼和浩特市青少年活动中心是又一个蒙古族元素符号建筑肌理化表达的案例（图7-1-15），建筑整体布局以流畅圆润的建筑形体构成了一个聚落式的园区格局，同时，柔软的曲线型边界、富有雕塑感的形体使建筑很好地融入了环境中，曲线型的外形产生了丰富、极具流动感的室内空间，体现民族特色的同时也充分照顾到青少年的心理特点。设计为了进一步增强民族特色，建筑色彩设计成蒙古族常用的白色，在外墙面的处理上，提取传统蒙古包哈那墙的元素符号，对其进行抽象化的处理，以一种独特的肌理形式出现在建筑外墙表面。根据建筑立面的构成原则，图案化的建筑肌理与建筑的开窗结合，形成了既有装饰作用又有功能作用的建筑新表皮。

呼和浩特市回民区的党政办公楼在风格特征上重点体现

图7-1-16　呼和浩特市回民区的党政办公楼（来源：张海瑞 摄）

图7-1-15　青少年活动中心墙面的肌理（来源：张广源 摄）

图7-1-17　呼和浩特市土左旗的党政办公楼（来源：李冰峰 摄）

了伊斯兰的文化特色(图7-1-16)。建筑整体设计简洁大方,充满现代气息,重点在建筑立面最中心的位置,建筑师将伊斯兰风格的图案进行肌理化处理,形成了大面积伊斯兰风格特色的幕墙,以此来表现建筑独特的民族文化特征,回应了呼和浩特市回民区特殊的区域特点。

呼和浩特市土左旗的党政办公楼的设计在体块穿插上的特征较为明显(图7-1-17),整个建筑主要由红、白两种体块互相镶嵌和穿插,在红色的体块表面,主要由体现蒙古族特色的文饰肌理包裹;而在白色的体块处理上,基本运用常规的现代建筑手段进行表达。两种体块巧妙的对话,使得传统与现代两种文化特征达到了高度的融合和统一。

呼和浩特市房地产交易中心的设计与土左旗党政办公楼的设计有着异曲同工之处(图7-1-18),整个建筑同样注重体块穿插的表现,附有蒙古族文饰肌理的灰色体量与简洁大方的白色体量通过穿插的手段,共同组成了建筑的外部形态,形成了一座具有民族特色的现代风格建筑。

图7-1-18 呼和浩特市房地产交易中心(来源:张广源 摄)

## 第二节 通过变异空间体现传统建筑风格特色

随着时代的发展，人们的生活方式发生着不断地变化，与之相随，建筑功能也开始变得复杂化，人们对空间品质的要求开始不断提升、变化。传统建筑空间为了更好地适应变化着的生活，逐步走向变异。功能需求的变化、建筑材料的更新、建造水平的提高以及生产工艺的进步导致传统空间的变异趋于多方向的发展，包括传统空间原型形制的变异、传统空间内涵意义的变异以及传统空间构成要素的变异。通过空间的变异，可以更好地适应现代建筑的功能要求和形式要求，但如何在变异的过程中保留和继承传统的东西，使我们创造出来的建筑既符合现代生活的使用要求又保留传统的文化特征，是现代建筑设计特别关注的地方。总结之，传统空间主要通过三种变异方式实现在现代建筑中的表达，见表7-2-1：

传统空间在现代建筑中的变异方式　　　　表7-2-1

| 表达方式 | 主要设计方法 | 国内外典型案例 | |
|---|---|---|---|
| | | 图例 | 特征要点 |
| 空间原型的变异 | 将传统建筑的空间原型进行一定程度的改变，作为现代建筑空间生成的基本法则 | 何多苓工作室 | 将中国传统建筑中"天井"的空间布局形制进行现代的处理，以此形成传统特色鲜明的现代建筑空间形式 |
| | | 方塔园 | 提炼演绎传统园林空间的基本空间构成逻辑，形成新的造园手法，用于方塔园的空间环境设计 |
| 空间内涵的变异 | 在现代建筑设计中，保留传统建筑的空间原型，而融入了新的使用功能或精神意义的方法 | 青城山石头院 | 传统民居"窄巷"、"院落"的空间原型，通过现代的设计手段，融入了休憩的使用功能和自省的精神功能 |
| | | 土楼公社（土楼公社） | 新的土楼公社是以传统客家土楼为原型，但与传统土楼形态息息相关的社区防御功能和宗族社会属性已发生转变，成为供城市低收入人群租赁居住的社区 |

续表

| 表达方式 | 主要设计方法 | 国内外典型案例 | |
|---|---|---|---|
| | | 图例 | 特征要点 |
| 空间构成要素的变异 | 传统空间基本形制不变，构成空间的局部形态要素发生改变 | 冯骥才艺术研究院 | 设计的基本逻辑来源于传统院落空间的营造手法，设计的基本构成要素为现代院落空间的建筑语言 |
| | | 苏州博物馆 | 秉承传统造园的手法，利用现代的园林构成元素，形成一种传统特征明显又不失现代气息的空间特质 |

注：何多苓工作室（来源：《何多苓工作室——从功能出发的极简主义空间》）；方塔园（来源：http://baike.baidu.com/picture/407705/9679006/0/6609c93d70cf3bc73540ee0bd100baa1cc112a90#aid=0&pic=6609c93d70cf3bc73540ee0bd100baa1cc112a90）；青城山石头院（来源：《标准营造"青城山石头院"》）；土楼公社（土楼公社）；冯骥才艺术研究院（来源：营造意境_天津大学冯骥才文学艺术研究院观感）；苏州博物馆（来源：回响与重现——体验贝聿铭暨贝氏事务所设计的苏州博物馆）。

## 一、空间原型的变异

传统建筑的空间原型是由其背后复杂的制约因素逐步生成的，传统社会人们生活的外部环境制约因素较为稳定，从而使传统建筑空间的原型被长期固定下来，在空间原型的基础上，虽然可以发展出多样的空间形态，但其形制生成逻辑从未发生过变化。例如，蒙古包是蒙古族地区主要的建筑类型，其形态变化多样，材料种类繁多，但这些多变的空间形态却有着统一的空间原型和形制。现代生活方式的冲击，使人们生活的环境发生了质的变化，那些生成蒙古包空间原型的制约因素已经不复存在，从而导致现代蒙古包空间的形态开始脱离其传统空间原型的制约而变化发展，最终出现了符合现代建筑逻辑的空间原型和形制。

元上都遗址工作站位于锡林郭勒盟元上都遗址之南，项目旨在解决遗址景区售票、警卫监控、管理办公、休息及游客公共卫生间等功能需求，并配合元上都遗址申报世界文化遗产（图7-2-1）。设计由一组白色坡顶的圆形和椭圆形小建筑，围合成对内和对外的两个庭院，分别供工作人员和游客使用。这些建筑大小不一、高低错落，相互之间的群体关系形成了有趣的对话。圆形和椭圆形的建筑形体朝向庭院的部分，在几何体上连续地切削，形成像建筑被剖开后展开的折线形内界面，采用清水混凝土做法（后覆上一层薄薄的白色涂料）；建筑形体朝向外侧的连续弧形界面，则罩以白色半透明的PTFE膜材，引发蒙古包的联想，带来草原上临时建筑的感觉，最大限度降低对遗址环境的干扰。膜与外墙之间空隙里隐藏的灯管将在夜晚发出白色的微光，更显轻盈，似乎随时可以迁走一样，暗合草原的游牧特质，同时表达了对遗址的尊重。

建筑的外形与传统的蒙古包有着很大的区别，传统的蒙古包平面是一个完整的圆形，变异后的蒙古包是一个半圆形的空间，建筑的材料、结构、建造方式都是纯粹的现代建筑特征。这样的处理方式是一种文化的提炼与升华。不仅创造出了丰富的外部空间，同时也增添了室内空间的趣味性（图7-2-2）。

此外，"蒙古包"的布局方式是由多个单元三三两两组合在一起，形成一个个小的组团，多个单一的小空间连成一个大空间，满足了使用者的要求。这种布局方式也是蒙古包聚落空间原型变异的结果，从聚落空间形态上看，设计形象地表达了蒙古族聚落的外部形式特征，但从聚落空间形制上看，聚落的布局机制发生了本质的改变。传统蒙古包聚落基于社区生活和军事防御的空间生成机制已经不复存在了，取而代之的是现代景区管理的功能要求和景

图7-2-1　元上都遗址工作站（来源：李兴钢建筑工作室）

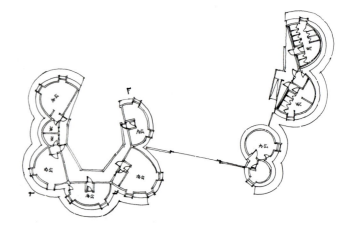

图7-2-2　元上都遗址工作站（来源：李兴钢建筑工作室）

图7-2-3　苏尼特右旗草原民居设计方案（来源：刘燕青 绘）

观需求。

另一个案例位于锡林浩特市苏尼特右旗的草原上，是一座用沙袋建造的现代草原牧民居所（图7-2-3、图7-2-4）。建筑功能包括居住空间和生产空间（大羊圈、小羊圈、洗羊池、草饲料库）两大部分。该建筑最大的特点是其独特的建造材料和建造方式，建筑采用当地沙土作为主要建筑材料，配以适当的水泥增加材料的塑形和强度，通过沙袋装填成型，然后砌筑而成（图7-2-5）。建筑形态设计提取蒙古包圆形的意象，而在空间生成上由于材料和结构的解放，设计摆脱了传统蒙古包空间原型的束缚，以现代牧民的生产生活作为空间生成的基本依据，形成一座符合现代蒙古族人民生活方式的建筑。这座建筑的空间形制虽然是完全现代的建筑语言，但其充分延续了蒙古包实用、艺术、生态的精神内涵。绿色、生态是草原民族的生存哲学，也是通过这座建筑能够体现传统建筑风格的最主要的线索。

类似的案例还有鄂尔多斯东胜区剧场的设计方案（图

图7-2-4　苏尼特右旗草原民居（来源：刘燕青 摄）

图7-2-5　苏尼特右旗草原民居（来源：刘燕清 摄）

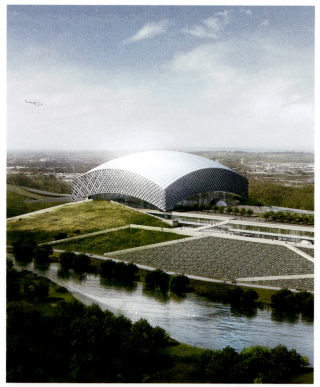

图7-2-6 鄂尔多斯东胜区剧场设计方案（来源：郭嵩 绘）

图7-2-7 老牛湾传统窑洞（来源：韩瑛 摄）

7-2-6），该设计的形体生成来源于蒙古包空间原型的变异，设计保留了传统蒙古包墙直顶圆的基本空间特征，在平面关系上，将蒙古包圆形的平面形态变异为方形的平面形态，从而生成了一个抽象的蒙古包形态，在建筑立面的处理上，利用蒙古包哈那墙的元素肌理，进一步增强了蒙古包的意向特征。远远望去，建筑轻轻地立于平缓的山顶上，使得整个山体景观充满了安静祥和的草原韵味。近似蒙古包的建筑形态体现了明显的蒙古族文化特征，但这种空间形态是从变异的蒙古包原型发展出来的现代建筑表达手法，除了形态的神似，其空间的生成机制完全改变。

## 二、空间内涵的变异

空间内涵的变异是现代建筑设计表达传统文化的一种重要策略。它是指在保留或复原传统建筑空间原型的基础上，通过改变空间的使用方式来适应现代生活需求的一种设计策略。

一类突出的案例是传统村落的更新改造。内蒙古传统村落由于其独特的地理气候和生产方式，在经历漫长的历史沉淀后，形成了独一无二的特点。村落的布局与地势结合完美，村落的建筑特点也很好地适应着当地的气候特点，无论是环境空间的布局还是建筑空间的特点，内蒙古传统村落都有其较为确定的空间形制。近些年，随着工业化和城市化的冲击，内蒙古传统村落逐渐失去了原来的活力，

图 7-2-8　老牛湾窑洞改造（来源：王丹 摄）

甚至开始慢慢消失。对传统村落的保护与整治逐渐成为乡村建设一个重要的课题。在乡村建设的规划设计中，如何激活乡村活力的同时又充分保护传统村落空间特征是设计策略中需要重点考虑的要求。

老牛湾村落的改造工程就是源于这样的时代背景产生的。老牛湾位于山西省和内蒙古的交界处，以黄河为界，她南依山西的偏关县，北岸是内蒙古的清水河县，西邻鄂尔多斯高原的准格尔旗，是一个鸡鸣三市的地方。老牛湾村庄的建筑形态以窑洞为主（图 7-2-7）。这些窑洞依山而建，与周边的黄河、古堡、长城等景观要素完美结合，形成了村落独特的空间布局模式。老牛湾村自古就是一个以农耕为主的自然村落，由于村庄所处地理位置山势险要、交通不便，一直无法实现现代化的农业生产模式，致使村庄走向衰败。当地政府通过挖掘村落自然历史资源，通过村庄产业结构的调整，力图通过黄河、窑洞、长城等丰富的自然人文景观资源为依托，大力发展文化旅游产业，从而带动村落重新走向复兴。

在老牛湾村落的改造项目中，建筑师对村落民居进行了大面积的保留，尽量保护村落结构的完整性，只是对于局部的危房和临时性建筑进行了拆除，对于有上百年历史的老建筑进行了改造加固，在功能使用上，设计重新赋予村落建筑新的功能。部分建筑用作博物馆、展示中心等，拆除出来的局部场地设计成了村落的公共活动空间，部分民居改造为家庭式的旅店并配有餐饮服务的功能，让观光的游客有一个住宿体验的休憩之地。设计师将整个村落原有的村落空间形制和建筑空间形态完全保留，同时顺应这种空间形制的逻辑，小心地植入一些必要的新的功能空间和服务设施。使得村落在整体空间特征不变的前提下，完成村落产业服务功能的转变（图 7-2-8）。村落原有的生产、居住空间更多的变异为展示和餐饮空间。改造后的村落成为一个承载着历史文化的新型的现代文化旅游村落。原来基于农业生产产生的村落空间，其空间形态保持不变，但其空间内涵被赋予了新的职能与意义。

这种保留传统建筑空间原型，通过植入现代使用功能，重新赋予传统空间新内涵的设计策略同样适用于建筑单体的设计。内蒙古工业大学建筑馆正是这种设计策略的一个经典案例。内蒙古工业大学建筑馆是由一座校办工厂改建而成的建筑教学办公场所。这座校办工厂建设于20世纪50~70年代，对当时学校的"产学研"结合发展曾起过重要作用，它记录着一个工科院校的发展历程，是工大校园中重要的历史记忆载体。项目设计重点是如何在尊重原有的场所特征，保存历史记忆的前提下，让这一组厂房转而成为建筑学教学办公空间，创造适合建筑学教学特点的开放场所空间。

建筑师在设计开始就敏锐地意识到这组废弃的旧厂房就是一个天然的建筑馆，铸工车间通透开敞的大空间、自然裸露的结构构件、不加掩饰的构造细部都能够与建筑学重交流、重体验、重实践的教学特点相适应（图7-2-9）。十几米高的开敞车间引导着设计以一种开放的方式布置建筑馆的功能。设计首先通过加层以获得更多的使用面积，其次是结构加固……当然，这种视野的通透也必然造就了光和空气的流通，而它们三位一体的流通则又进一步加强了交流空间的质量，同时也实现了"绿色"的初衷。在竖直方向，为消除楼层带来的隔阂感，把展览空间与楼梯相结合，单元式的展览平台顺楼梯渐次抬升，有机联系了各层的高度，淡化了楼层感。在上述策略的基础上，依照空间特点安排功能，进行"对号入座"：顶部靠近天窗的部分是一个天然的美术教室；安静的下层角部阳光充足设为图书阅览室；南部独立的车间尺度得当，是一个视线和音质俱佳的报告厅；西侧是铸工车间生产线的起始端，异常高大的厂房悬挂着若干巨型四棱锥的沙漏，地面上固定着叫不出名字的大型设备，这里是一个很好的模型室；车间的转折处光线较暗，但"冲天炉"为其提供了很好的通风条件，设为计算机教室；东侧夹层空间，层高较小独立成区，适合管理办公用房……当空间必须分隔时，除极端要求封闭的用砖墙外，其余均采用玻璃围隔，并以其所需封闭的程度，依次为透明玻璃、单层U型玻璃、双层U型玻璃、贴膜U型玻璃。厂房的结构构架和机器设备传达出特别的空间气氛。无论是认同其十足的"酷"意，还是出于唤醒历史记忆，设计中总是不忍将其破坏，甚至为它们更加合理的存在，在任务书中增设了新功能。东侧的小车间，两个"冲天炉"立于中部，室内管道纵横，梁柱斑驳，颇似某"藏酷"空间，于是设计将其改造为以水吧和陶吧为主的艺术沙龙；其外的侧院原是带有天车的露天输料场，两排高大的立柱极具工业气氛，并有很好的场所感，经过改造成为校园文化的一个园地和休闲场所；车间的煅烧锅炉，将其表面的保护砖墙和内部的耐火砖剥离，金属构件暴露于外，在"锅炉"内砌上几层台阶，院落中成就了一处独

图7-2-9　内蒙古工业大学建筑馆改造（来源：李鹏 摄）

特的交流空间。

通常情况下建筑师的工作是为某一功能创造适宜的空间，但在既有传统空间需要保留的前提下，积极转变空间内涵，赋予其新的生命活力是对传统空间最大的尊重。

## 三、空间构成要素的变异

现代建筑设计中，为了表达传统建筑空间风格特色而直接复制其空间所有构成元素的手法，虽然保证了完整的传统空间特征，但却难以与现代建筑语言体系相融合。因此，传统建筑空间现代的表达方式基本上遵循的原则是神似而非形似，具体的策略首先是需要分解传统空间的空间构成要素，对其进行现代要素转译，然后，研究传统建筑空间原型，正确把握空间的生成机制和逻辑，在此基础上，将变异后的现代空间构成要素按照传统建筑空间的生成机制重新梳理，进而形成具有传统空间风格特征的现代建筑空间。

图 7-2-10　内蒙古工大建筑设计楼（来源：张广源 摄）

内蒙古工业大学建筑设计公司的设计楼位于呼和浩特市东方文艺小区的一角。建筑在 40 米 × 40 米的方形用地上试图营造一个属于内部使用者自己的庭院空间，用来舒缓人们进入建筑时从城市带来的浮躁喧嚣的情绪。设计师深入体会并运用传统空间中造园的设计手法，利用现代建筑语言完成了建筑庭院空间的梳理（图 7-2-10）。庭院空间由高低两块场地组成，城市路面高度介于两块场地中间，设计将透空金属网板构成的现代索桥，以倾斜的姿态跨过较低的庭院，过渡场地高差的同时，获得了一种进入场地别样的仪式感，使得进入者有了情绪转换的缓冲准备。

图 7-2-11　内蒙古工大建筑设计楼室内（来源：张广源 摄）

造园的空间设计手法一直延伸到建筑的室内（图 7-2-11）。设计利用中厅将剩余的 L 形平面进行切分，形成三个功能区块。中厅引入了阳光、组织了通风，形成了公共核心，在中厅上空，三个体量之间同样使用桥体进行了连接。桥体在完成这一任务的同时也使得经过者感受到了一种自我的存在，同时，各层桥体的做法略有差别，强调了人在空间中的定位。所有的这些建筑手段，无不遵循了传统造园中朴素的

图 7-2-12　阴山岩画馆（来源：李冰峰 摄）

图 7-2-13　阴山岩画馆入口室内局部（来源：张广源 摄）

空间营造智慧。

临河阴山岩画馆的设计也是一个运用现代造园手法表达文化特征的案例（图 7-2-12），项目位于内蒙古自治区巴彦淖尔市汇丰街北侧，为了消减用地东边铁路高架桥产生的噪声，设计在建筑东侧种植了大量树木，试图摆脱城市喧嚣的空间环境，同时，设计通过墙体将用地与城市进行了简单的分离和过渡，尽量使建筑撑满用地，以便把大部分笔墨投到墙内空间的营造，这种对待环境的态度，恰恰符合中国古典园林造园的精神。

建筑在内部流线的设计上以园林空间的组织模式进行布局，但每一个空间单元却是完全现代的形态元素，进而形成一种现代中式园林的空间意象（图 7-2-13）。在建筑主入口处，设计引入大面积的景观水系，对入口进行引导，强调了入口的位置，营造出温文尔雅的整体氛围。水系一直延伸到建筑内部，使得建筑内部交通空间更加流畅连贯。建筑外立面开窗较少，保持了形体的完整性，而在建筑内部设置了许多内部庭院，满足建筑采光的同时，也将现代的园林景观引入到室内空间，提升了空间品质。院、墙、砖、木、门等园林元素的抽象化现代表达，使整个建筑的内外空间表现出内敛、安静、纯粹、曲径通幽的中国古典建筑性格特质，又不失现代文化气息。设计手法一新一老的结合使建筑表现出了鲜明的特点，也有着很强的识别性。环境设计与建筑形体的呼应，增强了建筑的新古典气质。

## 第三节　通过气候应对体现传统建筑风格特色

一般来说，气候对建筑的影响主要包括温度、湿度、光照、风和降水等因素。这些气候因素会直接影响到人们的感觉、心理和生理活动。人类对气候的反应最明显也最直接的表现就是在自身的居住上，不同地区的人往往会根据不同的居住环境创造出不同的居住形式，反映在建筑上就表现出了不同的建筑风格特色，我国南北气候差异比较大，所以形成了风格迥异的建筑特征。

内蒙古自治区地域广袤，所处纬度较高，高原面积大，距离海洋较远，边沿有山脉阻隔，气候以温带大陆性季风气候为主。有降水量少而不匀、风大、寒暑气候变化剧烈的特点。大兴安岭北段地区属于寒温带大陆性季风气候，巴彦浩特—海勃湾—巴彦高勒以西地区属于温带大陆性气候。总的特点是春季气温骤升，多大风天气，夏季短促而炎热，降水集中，秋季气温剧降，霜冻往往早来，冬季漫长严寒，多寒潮天气。

这些气候条件和地理环境对建筑有较大的影响，各个地区的传统民居基于应对气候反映出的浓郁的地方风格和精美的建筑艺术是值得今天建筑师认真挖掘和继承的。中国土地辽阔，各种民居的建筑形式复杂多样且绚丽多彩，令人目不暇接。内蒙古传统建筑是中国传统建筑中特殊的组成部分，内蒙古地区丰富的气候特征影响了建筑生成和发展的全过程，使其形成了较为丰富且特殊的类型。在现代建筑的发展中，人们继承和发扬了传统建筑中应对气候条件的智慧，使现代建筑中体现了较多对应气候的特征，形成相应的地域风格特征。具体说来，现代建筑设计主要有以下三个应对气候方面的策略，见表 7-3-1。

现代建筑应对气候策略　　　　　　　　　表 7-3-1

| 表达方式 | 主要设计方法 | 国内外典型案例 ||
| --- | --- | --- | --- |
| | | 图例 | 特征要点 |
| 应对气温的策略 | 开窗适度的建筑体量、适于自然通风的建筑形体及覆土保温的设计策略等 | 管式住宅 | 设计提取当地传统住宅应对气候的空间策略，将建筑设计成平面宽窄、进深长，形同管状的形态，适应了东南亚热带季风的气候特征 |
| | | 汉阳陵帝陵外葬坑保护展示厅 | 设计通过将建筑体量覆埋，在保证外部环境不被破坏的同时，更好地保护了文物，保证了室内适宜的温度和湿度 |
| 应对风沙的策略 | 通过建筑布局进行调节风沙对建筑的影响，如围、挡等措施 | 广州市气象监测预警中心 | 建筑设计借鉴岭南建筑传统天井、冷巷等空间元素，通过合理的空间布局，有效地调节了建筑室内外环境的微气候 |
| | | 西藏阿里苹果小学 | 建筑利用了墙体不规则的形态和间距，实现了建筑对不同季节风沙的控制 |

续表

| 表达方式 | 主要设计方法 | 国内外典型案例 ||
|---|---|---|---|
| | | 图例 | 特征要点 |
| 应对日照和降水的策略 | 通过建筑形态及空间布局的设计，对日照和降水进行有效利用 | 伊甸园工程 | 利用当地日照特点，通过形态各异的透明球形体量，分别形成了适宜各类植物生长的温室环境 |
| | | 威斯康星州密尔沃基的美术博物馆扩建工程 | 建筑形态的处理不但具有遮阳的意义，同时达到了唯美的景观效果和丰富的内部光影空间 |

注：管式住宅（来源：《遵循原则——查尔斯柯利亚的异质空间设计》）；汉阳陵帝陵外葬坑保护展示厅（来源：西安建筑科技大学陕西省古迹遗址保护工程技术研究中心）；广州市气象监测预警中心（来源：广州市气象监测预警中心）；西藏阿里苹果小学（来源：西藏阿里苹果小学）；伊甸园工程（来源：《走近伊甸园》）；威斯康星州密尔沃基的美术博物馆扩建工程（来源：建筑学 102 27《结构之美 卡拉特拉瓦建筑思想研究》.6）。

## 一、应对气温形成的建筑特征

内蒙古地区年平均气温为0℃～8℃，全年温差变化剧烈，这样的气候特点对于建筑的保温措施具有较大影响，体现到建筑形式上具有建筑整体开窗小、开窗少、墙体厚、注重保温处理等特点。局部地区的民居为了更好地御寒，甚至通过在墙壁里填满干畜粪，长期慢燃，用以取暖。农村住宅一般都有火炕、地炉或火墙，城市建筑早年冬季多用燃煤供暖，近年来大多已改用暖气管道或热水管道采暖。

由于建筑技术的发展，内蒙古地区的现代建筑应对气温的措施部分可由现代技术主动解决，但总体来说，通过非技

图7-3-1 斯琴博物馆（来源：张广源 摄）

术手段的建筑形态处理方式来应对气温因素，在成本上更占优势，同时容易形成独特的现代地域特色。

斯琴博物馆（图7-3-1）位于呼和浩特市东部一条南北河道的东侧，是一座个人斥资兴建的博物馆，其建筑形式的生成与应对寒冷的气候息息相关。一方面，建筑应对寒冷的气候，同时顺应博物馆建筑展览功能对光的要求，在设计手法上建筑尽量开小窗，并且少开窗，在墙体内增加保温隔热层等措施，使建筑形成厚重的体量，在建筑表皮材料上斯琴博物馆以深褐色石材贴面作为墙体饰面材料，在色彩上呼应了建筑整体厚重体量的表达。另一方面，建筑在布局上以起坡的方式增加了河道与建筑之间的联系，由此，也将各类辅助空间隐藏起来，从而消减了建筑的体量感。从气候的角度来说，半地下的建筑形态是借鉴了当地土窑房的建造特点，土窑房为了抵御严寒，将房屋建成半地穴式，有冬暖夏凉的功能，由于泥土具有良好的散热系数和隔热性能，形成良好的室内气温，冬天起到了保温御寒的作用，朝南的窗户又可以使阳光盈满室内，形成的建筑室内气温比较宜人。在博物馆的设计中，设计采用下沉的方式，对建筑的节能减耗具有良好的效果，同时，覆埋的体量顺应了场所精神，形成了友好的环境景观。

恩格贝沙漠博物馆位于库布齐沙漠的边缘，方案吸取当地民居的建造智慧和形态特征，将建筑体量分解、正交、平伏于大地之上，并嵌埋于背景大青山的轮廓与自然坡地线之间，外墙材料采用土黄色水刷石的做法，进一步与基地环境融合，最大限度地保留了基地的特征。在应对气温方面，建筑为了避免冬季过于寒冷，夏季过于炎热，建筑南向虚而通透，有着丰富的阴影；北向实而厚重，体量感十足，建筑整体与周围的沙漠地貌也做到了很好的契合。南面局部办公区域内根据采光要求设置大片玻璃幕，大玻璃幕内凹于整个建筑形体内部，在室内外的过渡空间部分出现进深较大的水平屋檐。水平屋檐不但赋予了建筑丰富的光影层次变化，同时在调节建筑内部接受与遮蔽阳光方面起了重要的作用。由于太阳高度角冬夏两季的不同，建筑采取形体内凹的遮阳措施，尽量减少夏季不必要的日照，同时保证冬季充足的阳光，被动地调节了建筑室内的温度环境，更好地适应了当地特殊的气候环境。还有屋檐下空间得以保留，保证了夏天的遮阳和冬天的阳光直射（图7-3-2）。

## 二、应对风沙环境形成的建筑特征

内蒙古地区全年大风日数平均在10～40天，70%发生在春季。其中锡林郭勒、乌兰察布高原达50天以上；大兴安岭北部山地，一般在10天以下。沙暴日数大部分地区为5～20天，阿拉善西部和鄂尔多斯高原地区达20天以上。风也是影响建筑物风格的重要因素之一。防风是房屋的一大功能，有些地方还将防风作为头等大事，内蒙古地区冬季屡屡有寒潮侵袭（多西北风），避风就是为了避寒，因此朝北的一面墙往往很少开窗户或开小窗，建筑入口也尽量避免开在西北侧。

内蒙古响沙湾莲花酒店位于内蒙古鄂尔多斯市达拉特旗的一个沙漠类自然风景区中，响沙湾地理条件苛刻严峻，属于大陆性气候，冬季漫长而寒冷，天气多寒冷潮湿，受东北潮寒气流的影响，经常伴有降雪、大风等恶劣天气。因此，基于沙漠风沙大而产生的恶劣气候，对建筑设计产生了较大的影响。设计希望建筑不是去与沙漠对抗，而是去适应沙漠。"莲花"这一几何造型，并不简单是建筑师们刻意追求的成果，而是在建造一种兼顾固沙、遮光、防风、收集雨水等诸多作

图7-3-2　恩格贝沙漠博物馆（来源：李冰峰 摄）

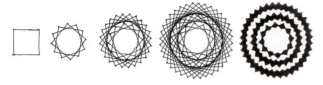

图 7-3-3 响沙湾莲花酒店概念分析（来源：张文俊 绘）

图 7-3-4 响沙湾莲花酒店外观（来源：刘洋 摄）

用的几何造型，通过对气候的适应形成的建筑形态。建筑雏形外观是由正方形等角度旋转形成，并融合了三角几何形状。通过这些几何图形的旋转与结合，最终呈现出了莲花这一造型，按着建筑师的想法，这一构造看似简单，却可以固定流沙，还具遮阳等构造特点（图7-3-3）。

为了应对风沙，建筑师们尝试了许多种结构构造，从中探索出了一种新的结构系统来适应沙漠的独特气候环境，选用厚厚的钢板来抵御流动性非常强的黄沙，建筑内外墙体均采用特制的轻型钢龙骨骨架体系，该体系是一个以结构技术为主，兼顾了建筑的内外装饰、保温、隔声、水暖电气和建筑设备配套及生态学等诸方面因素的完整高效节能型建筑体系，他的优点就是减轻结构自重的同时又便于装卸。莲花酒店不仅在建筑的形式与功能上达到统一，同时在建筑与气候的关系上也取得了和谐一致（图7-3-4）。

图 7-3-5 南虚北实的建筑立面（来源：刘洋 摄）

## 三、应对日照、降水形成的建筑特征

内蒙古地区日照充足，光能源非常丰富，大部分地区年日照时数都大于2700小时，阿拉善高原的西部地区达3400小时以上，全年太阳辐射量从东北向西南逐步递增。

南方地区建筑设计通常考虑的是如何抵御酷暑对人们的影响，而对于北方而言，则更多考虑的是如何抵御严寒对建筑的影响，所以南方的建筑形式较为复杂多样，北方的建筑由于寒冷的气候决定了建筑外界面的基本形态，即南虚北实的特征——南侧窗大而通透，北侧窗小而封闭，这也是当地民间应对气候的一种建造智慧。这种智慧还包括了利用太阳高度角的四季变化而采取相应的遮阳措施以及挡风侧墙等方面的生态策略，并成为建筑形体界面形式来源的主要依据。

光照也是影响房屋朝向的主要因素之一，住宅设计中，房屋之间的间距是非常严格的，尤其是城市中住宅楼的建设，楼间距主要受满足底楼的光照要求制约。北方小区大多都是坐北朝南布局，建筑设计中，几乎所有的生活阳台都设在了南面，这种布局主要是考虑南面阳光充足，便于晒衣采光，空间温暖舒适（图7-3-5）。根据日照间距的要求，住宅建筑总体布局多为阵列布局（图7-3-6），这与南方小区有所不同，由于南方住宅对光照要求不甚严格，东西朝向的建筑也较为普遍，建筑间距主要受视觉卫生间距和消防要求制约，相比较而言，小区布局更加灵活，甚至可以出现围合的院落式布局方式。

内蒙古地区年总降水量50～450毫米，降水量少而

图7-3-6　阵列式建筑布局（来源：李冰峰 摄）

不均匀，东北降水多，向西部递减。东部的鄂伦春自治旗降水量达486毫米，西部的阿拉善高原年降水量少于50毫米。蒸发量大部分地区都高于1200毫米，大兴安岭山地年蒸发量少于1200毫米，巴彦淖尔高原地区达3200毫米以上（图7-3-7）。总体降水量少的特点，导致建筑屋顶排水的设计较为简单，出于建筑造价的考虑，内蒙古地区大部分建筑的屋顶形式为平屋顶。相对而言，内蒙古东北部地区的降雨量和降雪量明显要大一些，为了加快泄水和减少屋顶积雪，坡屋顶形式的建筑也相对多一些。降水的因素还会影响到乡村建筑材料的使用。降水多的地方，植被繁盛，建筑材料多为竹木；降水少的地方，植被稀疏，建筑多用土石。

图7-3-7 平屋顶建筑（来源：张海瑞 摄）

## 第四节　通过历史文脉隐喻体现传统建筑风格特色

建筑作为文化的载体，可以体现人类历史背后深刻的文化内涵和人文精神，在内蒙古地区的现代建筑设计中，如何更好地展现地域文化和传统文明是当代建筑师的一大挑战。

内蒙古自治区有着悠久的历史文化，早在5000多年以前，这里就出现了仰韶文化、红山文化。春秋战国时期，这里出现了匈奴民族。渐渐地，多种文化在内蒙古地区出现并扎根。在现代建筑设计中，越来越多的建筑作品都在通过隐喻文脉的做法展现内蒙古浓郁的历史自然文化特色，实践中，常常通过以下两种隐喻的手法来使体验者达到文化上的共鸣，见表7-4-1：

隐喻手法在现代建筑中的体现　　　　　表7-4-1

| 表达方式 | 主要设计方法 | 国内外典型案例 ||
|---|---|---|---|
| | | 图例 | 特征要点 |
| 隐喻传统民族文化 | 建筑设计与某种代表民族文化的元素发生精神上或形态上的关联 | 首都博物馆 | 建筑以抽象化的"青铜器"和水平出挑的"大屋顶"为元素，隐喻国家深厚久远的文化积淀 |
| | | 平湖李叔同纪念馆 | 建筑造型为一高雅、洁白之莲花，隐喻了被纪念者宽广的胸怀和高洁的品格，同时体现了建筑的纪念性 |
| | | 吉巴欧文化中心 | 建筑独特的形态象征了卡纳克传统的棚屋，隐喻了当地的土著文化特征 |

续表

| 表达方式 | 主要设计方法 | 国内外典型案例 ||
| --- | --- | --- | --- |
| | | 图例 | 特征要点 |
| 隐喻自然文化 | 建筑设计与某种代表自然地域文化的元素发生精神上或形态上的关联 | 敦煌莫高窟游客中心 | 建筑通过模拟周边沙漠环境的形态和质感，充分的与环境融为一体，体现了当地的自然文化特色 |
| | | 土耳其伊斯坦布尔清真寺 | 建筑就地取材，形体结合山势展开，形成与环境高度统一的景观效果，体现了当地特有的自然文化特色 |
| | | 120师学校 | 斜坡屋顶与退台式的建筑手法隐喻了当地地理地貌，与周边起伏的山峦形成高度的呼应 |

注：首都博物馆（来源：《与建筑融合的景观——以首都博物馆新馆景观设计为例》）；平湖李叔同纪念馆（来源：《筑境·山水间——记中国建筑设计大师程泰宁》）；吉巴欧文化中心（来源：《当代建筑中的"技术乐观"理念解读——以四位普利兹克奖获得者为例》）；敦煌莫高窟游客中心（来源：《再造地景——本土设计的策略之一》）；土耳其伊斯坦布尔清真寺（来源：Thomas Mayer 摄）；120师学校（来源：WAU建筑工作室）。

## 一、通过隐喻民族文化体现建筑特色

内蒙古是一个多民族聚居的地区，各民族都有其自身的文化特征，不同民族的文化融合聚集、共同发展，形成了内蒙古丰富的民族文化内涵。以民族文化为表现题材来体现建筑风格特色的设计作品成为现代民族风格建筑中重要的组成部分。

蒙古族文化是内蒙古地区最具代表性的文化，通过隐喻的手法体现蒙古民族文化的设计作品多集中于内蒙古地区的文化类建筑项目。位于锡林郭勒盟的蒙元文化博物苑是内蒙古自治区规模较大的蒙元文化基地（图7-4-1），博物苑由蒙元文化博物馆、民俗馆、会议中心、民族歌舞剧院和生态广场组成。整个建筑布局以现代建筑设计的语言，抽象地描绘了敖包祭祀的空间场所，通过这样一种文化主题，表现蒙古族深厚的民族文化特征。整个建筑形体苍劲有力，远远望去，建筑主体与茫茫草原相合相生，完美统一。主体建筑在利用上倾的实圆台与下斜的虚圆锥相扣形成体量的基础上，采用蒙古包哈那墙肌理样式的玻璃幕形式，使人们在视觉上能够明显地感觉到传统蒙古包建筑的风格特色。加之内部大厅的天窗分格与蒙古包"套瑙"相呼应，使整个建筑在极具现代

图 7-4-1 锡林郭勒蒙元文化博物苑（来源：张鹏举 摄）

图 7-4-2 鄂温克族博物馆（来源：《草原城韵》）

感的同时，散发着浓郁的传统民族文化气息。设计借助营造蒙古族人民祭祀的空间场所意象，隐喻出蒙古族神秘古老的文化内涵，整体提升了建筑设计的民族文化特色。

鄂温克博物馆（图 7-4-2）位于内蒙古自治区呼伦贝尔市鄂温克族自治旗巴彦托海镇，是一座既体现现代建筑风格又反映民族文化特色的建筑。走进博物馆前广场，首先映入眼帘的是鄂温克民族英雄海兰察的铜像。铜像通过表现人物坚毅的表情、威武的着装和飞驰的骏马，反映了英雄人物的赤胆忠心、骁勇善战的武艺和保家卫国的决心，进而表现了鄂温克族人民独立自主、不卑不亢的民族性格。在这样的外部环境氛围下，建筑设计通过玻璃与钢为建筑主要表现材料，抽象出铠甲甲片的建筑肌理，通过有力的形体组合，使建筑表现出坚强有力的性格，巧妙地隐喻了鄂温克人民自强的民族性格。

## 二、通过隐喻自然文化体现建筑特色

内蒙古是一个自然文化特色显著的地区，辽阔的地域范围和多样的地理气候特征形成了丰富的自然文化内涵，为现代建筑设计提供了丰富的表现题材。

内蒙古博物院（图7-4-3）是将草原景观融入现代建筑设计中的一个案例。游牧民族一直以来逐水草而居，喜欢蓝天、白云、绿草、骏马、牛、羊等大自然的一切，草原的自然景观成为蒙古族心中神圣的文化符号。内蒙古博物院就是依托蒙古族人民生活的草原景观为设计元素而设计的一座标志性建筑。

该建筑的造型依托草原的自然地理形态发展而来，建筑物屋顶从城市广场逐渐坡起，慢慢地消失在远方。建筑坐北朝南，入口平台脱离地面，藏于草原深处，一股清泉从平台顺着台阶自上而下流出。台阶的两侧有迂回形无障碍通道，并且与步梯台阶相伴直通主体建筑物。主体建筑两侧是人造

图7-4-3 内蒙古博物院外观（来源：张文俊 摄）

草坪，在草坪之间有类似弯弯曲曲的路径穿梭其间。走近这个建筑物的周围，就如同置身于蓝天、白云、大草原之间，有着身临其境的感觉。内蒙古博物院的设计意图就是通过自然景观元素来隐喻内蒙古的自然文化特色。建筑主要通过体量的设计，模拟了草原的地理形态，然后在建筑的各个细部用构成草原生活场景的元素加以强化点缀，力求将草原文化元素与现代博物馆建筑统一结合起来。建筑结合现代建筑设计手法，运用现代的科学技术，新型材料等现代元素对建筑空间和环境进行整体塑造。

类似的设计还有位于通辽市新城孝庄河岸旁的马头琴博物馆（图7-4-4），马头琴博物馆是将科尔沁文化融入现代建筑设计的一次有益的尝试。这座博物馆是在孝庄河两岸狭长地块上十二座博物馆群中的其中一座，博物馆建筑群均以展示科尔沁草原文化为主题。马头琴博物馆的设计将科尔沁草原特有的景观特征——蜿蜒的曲线、隆起的地形等元素运用到建筑中，体现了草原辽阔和平坦的景观特征。马头琴博

图7-4-4 马头琴博物馆（来源：庄惟敏工作室）

物馆沿河展开布置，成为河边的地景建筑，景观设计将博物馆与公园连接，让蒙古族文化特色的市民公园成为博物馆景观的一部分。设计将屋顶幻化为草地，将空间融入起伏的景观之中，舒展、亲和的建筑形态与河岸融为一个整体，共同组成了一幅美丽的草原画卷。通辽蒙药博物馆（图7-4-5）也位于孝庄河沿岸，其设计理念来源于自然生长的细胞；建筑群体布局来源于细胞分裂的设计理念，同时参考了蒙古族传统聚落文化；其建筑表皮纹理是通过将蒙古族传统纹样进行抽象化设计得来的，整个建筑群纯净自然，并体现出浓郁的民族特色。同为十二座博物馆群中的安代博物馆也运用了相类似的设计手法，安代博物馆设计灵感来源于美丽草原画面，通过隐喻自然文化的手法，表现了科尔沁草原丰富的文化内涵（图7-4-6）。

内蒙古广播影视传媒大厦（图7-4-7）项目位于呼和浩特市城北，建筑主要包括电视台、广播电台、信息网络公司、局机关事业单位及其他配套功能。设计灵感来源与内蒙古蓝天、白云、草原、骏马的美丽画面。建筑物的轮廓通过圆润而富有弹性的线条，勾勒出的画面，让人联想起蓝天上飘过的白云；同时线条之间又错落叠合、动感十足，那气势活像草原上奔腾的马群。通过来源于自然景观元素的隐喻，生动地表达了建筑的地域文化特色。

图7-4-5 通辽蒙药博物馆（来源：张鹏举 摄）

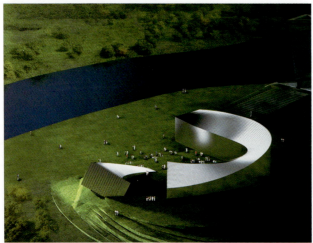

图7-4-6 通辽安代博物馆

图7-4-7 内蒙古广播影视传媒大厦（来源：张海瑞 摄）

## 第五节 通过材料与色彩体现传统建筑风格特色

建筑的材料和色彩是塑造建筑文化特征最直观外显的元素,在现代建筑设计中,通过模拟传统建筑材料的质感和色彩,或者直接运用传统建筑材料的手段,成为表达传统建筑风格特色的一种重要方式。(表7-5-1)

现代建筑的色彩表达　　表7-5-1

| 表达方式 | 主要设计方法 | 国内外典型案例 | |
| --- | --- | --- | --- |
| | | 图例 | 特征要点 |
| 通过建筑材料表达 | 通过模拟传统建筑材料的质感或者直接运用传统建筑材料来体现建筑的文化特色 | 竹屋 | 创新性地采用了竹筒打通浇灌钢筋混凝土来承重,并采用中国传统构建方式、传统材料——竹子来建造,表现了文化内涵 |
| | | 宁波博物馆 | 用青砖、龙骨砖、瓦片和碎缸片等当地废旧材料合成的大规模"瓦片墙"使立面错落有致,别有韵味,展现了数百年的地域历史与风韵传统 |
| | | 嘉那嘛呢游客到访中心 | 从建造材料和技艺两个方面连接了地域性的民族建筑工艺和现代技术,体现了藏式建筑的风格特征 |

续表

| 表达方式 | 主要设计方法 | 国内外典型案例 ||
| --- | --- | --- | --- |
| | | 图例 | 特征要点 |
| 通过建筑色彩表达 | 将代表传统文化的色彩运用于建筑设计，来体现特有的文化特色 | 拉萨火车站 | 预制的彩色钢筋混凝土板用红白两色搭配纹理粗细来定义不同空间界面，色彩贯穿内外，体现了西藏建筑的地域特点——色彩鲜明、肌理丰富 |
| | | 杭州美术馆 | 深色的玻璃屋顶坐落在层层白色平台之上，有层峦叠嶂之意，整体以黑白灰色调表达江南建筑的素雅风格 |
| | | 绩溪博物馆 | 徽州地区传统的"粉墙黛瓦"作为建筑的主要色彩意象，充分体现了徽派传统建筑的特色 |

注：竹屋（来源：《传统构建方法在现代建筑设计中的运用——以隈研吾筑屋设计为例》）；宁波博物馆（来源：《共同创造——宁波博物馆建设侧记》）；嘉那嘛呢游客到访中心（来源：《历史与现代的藏汉连接体——青海玉树嘉那嘛呢游客到访中心》）；拉萨火车站（来源：《拉萨火车站》）；杭州美术馆（来源：《写意与几何——对比浙江美术馆和苏州美术馆》）；绩溪博物馆（来源：绩溪博物馆）。

## 一、通过建筑材料表达

内蒙古传统建筑在不同地区使用的建筑材料有所不同，但从整体上看却存在着共同的特性，这些传统建筑材料大部分都来自于当地的自然资源，建筑取材方便，价格低廉。如蒙古包的主要建造材料为红柳木、毛毡、芦苇、草席、动物皮毛等。汉族民居主要建筑材料包括青砖、泥土、石材、木材等。东部少数民族民居的建筑材料包括木材、兽皮、树皮、泥土、芦苇、石材等。由于就地取材，传统建筑材料散发出原始的自然之美。通过传统工艺的建造，建筑朴

图 7-5-1 马文化博物馆整体及墙体近景（来源：《草原城韵》）

素的质感与自然的肌理与地域环境完美融合。在内蒙古现代建筑创作实践中，通过传统建筑材料质感与肌理以及独特的建造工艺来体现内蒙古地域建筑特色的策略成为一种主要的设计手段。

内蒙古中部地区，生土这种建造材料在传统建筑中被广泛运用，成为当地传统建筑建造最主要的材料之一。生土材料既可以以土坯砌块的方式砌筑，又可以以夯实的方式建造墙体，还可以作为建筑的表皮围护结构，与植物秸秆，动物粪便等用水搅拌成泥浆，涂抹在建筑墙体、屋顶、地面等部位，用来防止雨水和风沙侵蚀建筑的内部结构。生土建筑材料由于其材料性能的局限，在现代建筑设计中并没有被广泛运用。伴随着社会经济的逐步发展，除了部分农村地区之外，这种传统建筑材料和建造技术逐渐淡出人们的视野，被各种新型的材料和技术所取代。然而，生土这种地域性材料独特的质感和肌理之美是无法被现代技术所取代的。在内蒙古现代建筑创作中，这种传统的建筑材料和建造技艺并没有被完全遗弃。坐落在呼和浩特市南郊蒙古风情园旁的马文化博物馆就是充分利用这一传统建筑材料和建造工艺来体现传统建筑风格特征的代表作品。北方地区尤其是内蒙古地区自古以来就有养马的传统，传统马厩为了经济适用，大都利用简单的材料搭接而成，具有自然简单粗犷的建造特点，马文化博物馆的设计中，建筑师希望参观者是在"马厩"的容器里来体验马的文化，因此采用建造马厩的方式建造了这座博物馆，使博物馆的室内外空间特征与马厩之间有某种精神文化上的联系（图7-5-1）。

为了与传统马厩特征进一步呼应，在材料工艺方面，整个建筑采用生土砌筑的建造方式建造，体现了传统马厩自然简单粗犷的特点，保留并唤醒了人们对马文化的记忆。建筑立面没有采用体块的高低穿插，形体整体比较规整，基本处在一个标高上，这样将建筑水平展开布置，一方面使人们的视觉中心集中于墙面材料，使得生土砌筑的特点更加形象明了。建筑基座采用毛石砌筑的方法，与立面的生土砌筑墙浑然一体。同时为了突出生土砌筑的墙体特色，设计师特意在窗框部分采用了色温比较暖的木质材料，使其融入整个建筑色调之中。建筑地处呼市郊区，自然景观比较丰富，基地周边比较空旷，基地前后有些树木，最终这些树木也保留了下来，从远处远远望去，生土建筑材料独特的质感与肌理在树林的映衬下安静而朴素。水平向的规整体块布置再加上外立面比较自然粗野的颜色，建筑并不张扬，而是恰当地融化在整个环境中。随着四季的交替，光影变化，建筑也呈现着不同的特点，并时刻和周边环境发生着对话。在墙上的斑驳树影，建筑厚重身躯下的阴影，这些都给人们留下了深刻的印象。

石材是建筑中最常用到的材料，不同的地区，由于地形地貌的不同，所产的石材会有非常明显的区别，从而导致各地石材在建筑中的运用方式及其所表现出的艺术形式完全不同。传统建筑正是由于这种材料的差异化才产生出多种的建筑风格特征。内蒙古清水河县，地处蒙古高原与黄土高原交接地带，地形以山、川、沟相间为特征，山石资源尤为丰富。在当地建筑中，石材成为建筑建造的最主要材料，加之这一地区传统窑洞建筑文化，形成了独特的石头窑洞的建造形式。除此之外，石材被用来制作各种生活用具，如加工谷物的石碾、磨制豆浆的石磨、作为清洗及给家畜喂食的石槽等。所以，石材在当地居民的日常生活中有着不可代替的重要作用，成为他们日常生活的一部分。

老牛湾村民活动中心（图7-5-2）位于清水河县的老

方墙体利用石材砌筑成石拱来解决上方墙体的结构承重问题。石材的厚重感和立面开窗的轻快之间形成明显的虚实对比，使得建筑立面生动而富有立体感。为了解决传统建筑光影效果不足的缺陷，水平出挑的石檐赋予建筑丰富的光影变化，使建筑优雅而不媚俗。传统石材在建筑中的运用，能够将室外环境、建筑内部环境和建筑三者有机结合在一起。做到景观中的建筑和建筑中的景观完美融合。使"天人合一"的理念体现在人和自然的和谐共处，相互交流中，自然和人工的完美结合，营造出亲切宜人的建筑品质，还原了传统建筑风格特征的本质。

位于通辽市罕山林场的森林生态系统定位研究站是由罕山林场博物馆、专家接待中心两部分功能构成的一组山地建筑。设计以分析传统山地建筑形态的成因，发掘传统山地建筑的地域因素为出发点。从建筑骨架、建筑表皮、自然人文环境等方面，对罕山地区建筑的地域性、生态性等方面进行探索与继承。

建筑层叠、弧形的形态来源于对原始山体环境等高线的抽象提取。这种建筑形态弱化了建筑与环境的界限，建筑仿若生长于山体环境中，最大限度地减少对环境的破坏。建筑间简洁的组合方式，使建筑具有强烈的视觉冲击力，表现出建筑的稳定、纯净与质朴的气息。

在建筑外墙材料的选取上，设计以当地开挖山体的碎石作为原料，利用现代技术制作了网笼石饰面，使建筑与山体环境在基调上达到统一。纯朴又不乏细腻的石材肌理，体现着建筑沉稳平和的地域风格特征（图7-5-3）。

图 7-5-2　老牛湾村民活动中心（来源：王丹 摄）

图 7-5-3　罕山林场的森林生态系统定位研究站（来源：李冰峰 摄）

牛湾村，为了能够与当地传统建筑文化相融合，活动中心传承老牛湾村独具特色的石砌窑洞建筑风格，以当地石材为主要建筑材料，构建老牛湾村石砌建筑自然朴素的建筑底蕴。建筑对砌筑用石的要求很高，石料需具备质地坚硬、不易风化、无裂纹等要求，这种石砌风格的建筑保证了新建建筑浓郁的地域风格特征。建筑墙体材料完全使用当地石材建造，建筑立面开窗采用当地传统建筑形式。窗户上

## 二、通过建筑色彩表达

不同的民族文化，在色彩运用方面也有着不同的喜好和倾向性，这些色彩喜好的形成与自身的生活环境及民族信仰息息相关。蒙古族常用色彩以白色、蓝色和红色为主，这些色彩均来自于自身的生活环境，白色的云朵、蓝色的天空和红色的火种是蒙古族人们生活元素中最容易看到的自然景观色彩，人们将这些自然中提取的色彩运用的各种文化艺术形

式中，如蒙古族服饰、绘画和蒙古包建筑等，经过长期的艺术沉淀，这些色彩逐渐发展成为特定的文化象征，代表着蒙古民族传统文化的深刻内涵，成为建筑设计中表达传统文化特征主要的色彩表达要素。

位于呼和浩特市蒙古风情园的成吉思汗纪念堂（图7-5-4），设计采用了蒙古族特有的祭祀场所"敖包"作为建筑原型。纪念堂坐落于三层毛石砌筑的高台之上，采用了极为简练厚重的形式，建筑师用坛堂合一的形式，在有限的空间内创造出无限的想象和体验。建筑整体结构雄浑壮观、别具一格，以粗犷、夸张的手法追求建筑的时代性和纪念性。值得一提的是，设计整体采用现代建筑设计的手法，重点突出了主体部分较为抽象的建筑形态，增加了建筑的识别性，同时为了直观地表达传统民族文化，建筑主体色彩采用蒙古族特有的白色，在周边特有的环境气氛映衬下，形成了鲜明的民族特色。

鄂尔多斯文化艺术活动中心建成于2009年，建筑以"天圆地方"为设计理念，建筑上部轻盈而圆润，下部质朴而方正。方与圆的结合体现了天空与草原的关系，也寓意了人与自然的对话。除了抽象的建筑形态表现外，设计重点通过色彩元素来强化建筑的文化内涵，建筑上部乳白色的轻盈形体象征着天空和白云，隐喻着女性、舞蹈、飘逸的哈达与自由、浪漫、吉祥；下部蓝绿交融的方形象征着草原和大地，隐喻着男性、力量、阳刚之气和朴诚。建筑师运用纯粹的现代建筑设计手法一气呵成，又巧妙地运用民族色彩元素来彰显强烈的民族地域特色（图7-5-5）。

呼和浩特市白塔国际机场（图7-5-6）的设计同样是通过建筑色彩的表达来达到传统民族文化与现代建筑相融合的目的，设计采用化整为零的策略，将建筑的主要形体利用屋顶起伏的变化，水平向的划分为若干个连续的"蒙古包"群，"蒙古包"群通过抽象演绎的处理，还原了建筑现代的风格特征。在色彩的处理上，利用白色作为建筑的整体色调，与周边天空、山体和大地形成了和谐统一的地域性景观特征。

类似的案例还有呼和浩特市蒙古族幼儿园（图7-5-7）的设计，建筑吸取代表草原文化的蒙古包、哈达、河流作为

图7-5-4 成吉思汗纪念堂（来源：《草原城韵》）

图7-5-5 鄂尔多斯文化艺术活动中心外观及建筑元素
（来源：《草原城韵》）

设计意向，从具象的景物中抽取其独有的特征，然后用建筑语言表达出来，从而生成了基本的建筑体量。在色彩运用方面，建筑主体色彩采用了代表蒙古族文化的白色，同时，由于幼儿园这种独特的建筑性质，设计还运用了多种明快活泼的儿童化色彩对建筑进行装点。整个建筑的彩色设计与建筑形式进行良好的结合，既体现了强烈的民族特色，又符合了儿童的色彩心理。

图7-5-6 呼和浩特市白塔国际机场（来源：贺龙 摄）

图7-5-7 呼和浩特市蒙古族幼儿园（来源：杨哲 制图）

## 第六节 通过强化场所精神体现传统建筑风格特色

以上建筑传承手法大都是在可见的视觉范围内寻求创作的切入点,本节将从更为人文的层面探求新建筑传承传统精神的方式。

大凡优秀的建筑传统都有自己独特的场所精神,内蒙古的传统建筑也不例外,蕴含着自身独特的内涵:那种"草原——敖包"般永恒的"时空之场"、那种"原生态"蒙古包所构成的草原怡情般的"场境"、那种"喇嘛教召庙"中处处表现出的文化"原型"等,都可以成为今天传承前人建筑传统中所应该汲取的养分。今人在创作中需要不断挖掘和总结他们的建造智慧和哲学思想,并加以强化。

本节所谈"场所",在某种意义上,是一个人记忆的一种物体化和空间化,"场所精神"就是场所的特性和意义。著名挪威城市建筑学家诺伯格舒尔兹(CHRISTIANNORBERG – SCHULZ)曾在1979年提出了"场所精神"(GENIUSLOCI)的概念,他认为,场所不仅仅适合一种特别的用途,其结构也并非是固定永恒的,它在一段时期内对特定的群体保持其方向感和认同感,即具有"场所精神"。可以认为,场所精神涉及人的身心两个方面——定向和认同:"定向"(orientation)是指人辨别方向,明确自己与场所关系的能力。"认同"(identification)意指体验一个有意义的环境,与物质世界产生有意义的关联,即通过对物的理解获得世界。

通过强化场所精神可获得三个层面的创作表现,见表7-6-1:

现代建筑中强化场所精神的表达　　　表7-6-1

| 表达方式 | 主要设计方法 | 国内外典型案例 | |
|---|---|---|---|
| | | 图例 | 特征要点 |
| 具象关联 | 对场所地域元素进行简化,重组或变形,或运用移植,拼贴等手法 | 陕西历史博物馆 | 充分考虑了陕西悠久的文化历史,融入了浓郁的唐风特色,形成了特有的建筑外部形式语言,充分体现了场所的地域性特征 |
| | | 玉湖完小 | 设计源于对当地传统建造技术、建筑材料的研究,提取场地中碎石墙壁、小路、水池等具象元素运用于设计,呼应了场地特有的精神特征 |

续表

| 表达方式 | 主要设计方法 | 国内外典型案例 ||
|---|---|---|---|
| | | 图例 | 特征要点 |
| 抽象关联 | 提炼体现场地精神的元素，并进行抽象化设计表达，从而寻求建筑与场所精神的共鸣 | 美国国家大气研究中心 | 提炼场所中的色彩与质感并运用于建筑，使建筑与辽阔的大山背景浑然一体，达到精神上的统一 |
| | | 甲午海战馆 | 用象征的手法处理建筑形体，各体块之间相互穿插、撞击，与海滩的礁石产生关联，配合巨大的雕塑，凸显了整个建筑悲壮气氛 |
| 意象关联 | 从哲学意义上探索现象与本质的还原，反映场所中生活的人们的文化认同感 | 光的教堂 | 形体纯净，材料真实，空间纯粹，创造了一个抽取了人性、功能性和生活方式的建筑，最大限度的纯化了表现，去除了一切非本质的因素 |
| | | 中国美术学院象山校区 | 设计尝试重新发现自然，并让建筑场所回到重新再造的自然场景之中，使置身其中的人们感受到场所原生态的自然之美 |

注：陕西历史博物馆（来源：《长安意匠——张锦秋建筑理论与作品之解读》）；玉湖完小（来源：《玉湖完小应玉湖——当代中国地域建筑范例》）；美国国家大气研究中心（来源：建筑大师贝聿铭的八个经典设计作品.城市住宅）；甲午海战馆（来源：彭一刚先生的建筑美学思想与创作实践）；光的教堂（来源：《日本建筑师安藤忠雄的建筑理念和作品》）；中国美术学院象山校区（来源：http://blog.renren.com/share/314277217/13633885795）。

## 一、与场所精神具象关联的建筑特征

与场所精神具象关联是指直接改造和发展建筑语言，提取建筑场所中特征鲜明的形式和语汇，有选择、有节制地予以简化、重组、变形，以直接的方式传达对地域文化的认同。

内蒙古乌海市青少年创意园就是这样一个试图与现有场所精神具象关联的成功案例（图7-6-1）。该项目位于内蒙古乌海市海勃湾区东山脚下，由一座废弃的硅铁厂改造而成（图7-6-2）。基地和功能共同赋予项目一种独特的场所精神，即记忆、光阴感和空间构成的拼贴特征。设计在重新强化这些特征时所做的努力是积极有效的。

首先，建筑布局导演出丰富的动线来获得一种体验感，不论是原有部分的加层、分割，还是新植入部分的连接、重叠，整体都被整合在一种丰富的动线中（图7-6-3）。尤其在综合区，新旧空间不断穿插，高差不断变化，加之因采光、通风以及体量原本的分离而产生的多个内院，都导致了动线层次的多元特征，在这一布局中，使用者有了组织多种行为动线的可能性，且在不同的动线中不断有新的体验和发现（图7-6-4）；其次，配合丰富的动线尽可能将空间开放，由此清晰地呈现了原本的空间特征、结构逻辑，材质机理等，让使用者充分感知空间中弥漫着的特有氛围；再次，设计中精心保留了历史痕迹，如，斑驳、锈迹、不同年代整理后的痕迹、甚至包括墙面的涂鸦等（图7-6-5），提示、引起人们回忆，进一步强化了建筑的光阴感；进而，用以新衬旧的办法，强化原有场所的特征，在新旧对比中，新的部分通过直接、简约并保持中立性格，突出了新旧之间的时间跨度感，以一种基于生长的时代特征较有力地诠释了建筑的光阴感（图7-6-6）。

通过上述一系列综合性的手法，认同了原有的空间表情，一起营造了特定年代、特定记忆的沧桑、豁达、温暖而静谧的空间表情。

图7-6-1 内蒙古乌海市青少年创意园（来源：张广源 摄）

图7-6-2 废弃的硅铁厂（前身）（来源：张鹏举 摄）

图7-6-3 丰富的动线设计（来源：张广源 摄）

图 7-6-4　多种体验和发现（来源：李国保 摄）

图 7-6-5　斑驳的墙面及涂鸦（来源：李国保 摄）

图 7-6-6　建筑新旧对比诠释光阴感（来源：张广源 摄）

乌兰察布市九龙湾景区游客中心项目（图 7-6-7）具有与上述项目类似的表达。项目位于山沟内，周围是石头，山上是树木，一条小溪在沟内常年流淌。场所的自然意象十分清晰，设计配合地形直接运用石头建造房屋，形态与山体做了尺度上的配合，并将溪流引入群体布局中，直接而有效地整体强化了场所的特征精神。

## 二、与场所精神抽象关联的建筑特征

与场所精神抽象关联是指通过分析建筑空间的组织、形式与气候、地形和材料等的内在关系，透过浅层的符号学找出其中包含的形式关系和一般原理应用于设计中。与具象关联一样，这种关联方式也是着重从"物"的层面——具体的建筑形式和空间中寻求对"风格"的认同。

图 7-6-7　九龙湾景区游客中心（来源：贺龙 摄）

内蒙古乌海市黄河鱼类增殖站及展示中心（图7-6-8）便是这样一个用较抽象的方式寻找一种潜藏在环境中的"风格"。项目场地位于乌海中心城区西隔黄河的一侧，场地西侧则邻接乌兰布和沙漠。因此，在过往岁月中，留下了若干成行的防沙林和三五单株的树木。河滩呈盐碱地质，树木的成活率很低，因而，比之于较大成本的付出，这些树木就显得珍贵。

项目是一个生产功能与展示功能兼容的小型建筑，其设计的整体核心是场所感的营造，设计中的主要问题是建筑如何与环境相适配。首先，建筑选位于两排防沙林之间，不对现有树木造成影响；进而，建筑选择"隐"的策略，用较低矮的一层建筑略呈南北狭型布置，并适度打散体量，化解形体分量感（图7-6-9）。房间的布局决定于朝向和对景，因此，除了主要房间向南的必然选择外，其他方向的房间均向着长势相对繁旺的单株或成丛树木，这导致重要房间的开窗均落地，从室内望出去可呈现清晰的画面感（图7-6-10）。在材料的选择上，设计选择了红砖，红砖在符合环境色分析的前提下，其质更为温暖朴实，其表皮质感与结构逻辑的一致性能够很好地传达真实感，进而拥有了持久的生命力和伴岁月而生的生命感，真正实现与人、与环境有机融合的整体性（图7-6-11）。砖的建造逻辑是墙和拱，在满足房间向阳和取景的诉求下，整体结构就自然成一组由内向外垂向四周环境的墙体，由此衍生出的组织逻辑又契合了建筑未来生长的需求；墙体上的开洞是大大小小的拱，它们随洞口的功用和墙体的强度改变自身的形，由此而生的性格暗合了黄河沿岸上游的窑洞建筑特征，而建筑呈现出的整体格局又与附近源于取暖防寒的民居形态不谋而合。为出于进一步增加与环境的融合度的需要，设计还同时用河中卵石点缀的方式作进一步强化。

因而，这栋建筑背离了业主的一般诉求，不呈现"地景"式的姿态，而试图赋予其丰富体验感的"地境"特征，较好地关联了场所的特征精神。

包头市五当召博物馆（图7-6-12）是在著名藏传佛教学问寺五当召庙区内建设的一座小型博物馆，建筑选址

图7-6-8 内蒙古乌海市黄河鱼类增殖站及展示中心（来源：张广源 摄）

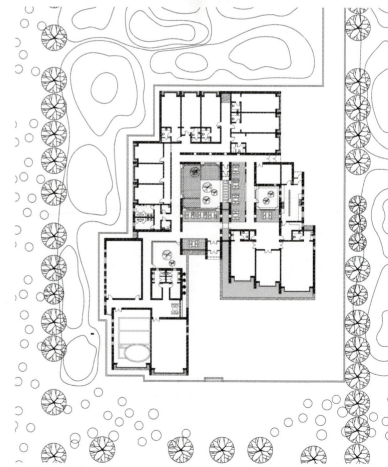

图7-6-9 被打散的建筑体量（来源：郭嵩 绘）

图 7-6-10 室内望向室外的视角（来源：张广源 摄）

图 7-6-11 建筑的红砖材质（来源：张广源 摄）

图 7-6-12　包头市五当召博物馆（来源：张星尧 制图）

图 7-6-13　包头市五当召博物馆总平面图（来源：张星尧 制图）

图 7-6-14　包头市五当召博物馆鸟瞰图（来源：张星尧 制图）

背山面向召庙主区，同时处在整体旅游参观路线的结尾处。建筑师从藏式召庙的布局形态中抽象出一个简单的矩形体作为基本单元，即形态原型，进而，在随着地形的起落中形成一种随机的群落布局，与五当召的整体机理保持一致（图 7-6-13、图 7-6-14）。更重要的是，内部动线穿插与各形体之间，抽象模拟了原庙区的转经步道，使人在其中获得与庙区漫游中相同的体验，也较好地与场所精神发生了关联（图 7-6-15）。

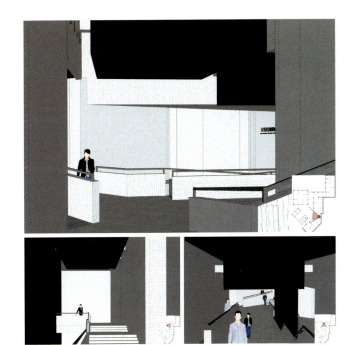

图 7-6-15 包头市五当召博物馆室内局部透视（来源：张星尧 制图）

## 三、与场所精神意象关联的建筑特征

与场所精神意象关联是指基于具象关联和抽象关联之上，从哲学意义上探索现象与本质的还原。这种关联关注"建筑—基地—人"三者之间的内在机制，寻求某种风格所依附的结构框架和意义体系以及所反映的与生活在这些场所中人们一致的文化认同感，然后借助于建筑空间将这种场所精神形象化。

内蒙古盛乐博物馆是在遗址近旁修建的一座小型主题性博物馆（图 7-6-16）。建筑设计较好地在遗址中延续了原有的环境意象。

建筑设计以动态的眼光看待遗址保护，重新整合环境秩序。在再造新秩序中，设计把这种创造审慎地界定在一种既有环境要素的整合上，将场地中的古墓、古城墙、烽火台加以整合，对空间构成围合，进而营造整体氛围（图7-6-17）；同时，结合地形、下沉体量，使屋顶可以轻松登临，眺望古城遗址，使建筑体量从物理与心理都与环境有机结合起来（图7-6-18）。

图 7-6-16 内蒙古盛乐博物馆（来源：张鹏举 摄）

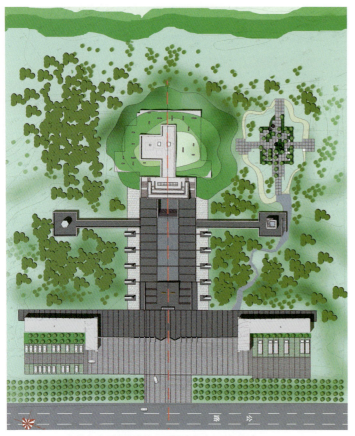

图 7-6-17 内蒙古盛乐博物馆总平面图（来源：张恒 绘）

图 7-6-18 易于登临的建筑屋顶（来源：张鹏举 摄）

图 7-6-19 "城""台""墙"的建筑意象（来源：张鹏举 摄）

为进一步与场所精神发生关联：就环境而言，基地中的有形元素暗示了一种"城""台""墙"的意象（图7-6-19）。这些特征引导了建筑风格的走向：由青砖作为墙面的体量，形成纯净的几何体叠加，透出雄浑的性格；就内涵而言，建筑师在挖掘博物馆艺术主题的过程中，从北魏石窟千佛洞的震撼氛围中得到启示，墙体用一种自制的佛像砖作为形式和空间的机理，传递特定的表情（图7-6-20）。同时，建筑体量的覆埋，延续了草地，保护了生态环境。此外，上述表现从形体到表皮都是现代的，在明确彰显时代气息的同时，从意象的层面与场所精神有机关联起来。

盛乐博物馆扩建（图7-6-21）是在博物馆建成七年后

图 7-6-20　佛像砖的运用（来源：张鹏举 摄）

图 7-6-21　盛乐博物馆游客中心（来源：张文俊 绘）

准备修建的游客服务中心，位置选在博物馆的北翼入口处，与原服务用房相连。设计上延续了博物馆的设计主题，进一步与场所精神发生意象关联，不同的是，这次所关联的是由博物馆整合起来的新的整体意象，在此基础上，还要赋予其更新的时代特征。设计首先继承了"城""台"的意象，用更为简明的体量加以表达，整体的青砖色彩保证了统一的基调，在此基础上，从原博物馆建筑中提取一种"方正"的性格特征加以延承，而非简单的风格传递，从而较有效地达到了目的。

## 第七节　传统建筑风格特征在现代建筑中的表达方式总结

在建筑传承的表达方式上，本章上述六个方面的总结，总体看来，有视觉的、也有精神的，有偏技术的、也有偏人文的。若对其特征做一概括，那就是"平实"，或，应归于"平实"。

所谓平实，对建筑本体而言，是指用适宜朴实的手段完成此时此地的真实建造；对建筑师而言，则需以平实的态度对待建筑与使用者、建筑与环境以及建筑本体的建造等问题。

因此，在这里，"风格"不应成为设计的唯一预设，在当代语境下，还希望能在真实的建造中自然而然地呈现某种"性格"。

同时，设计的目标也不仅仅是追求某种视觉的场景，更应关注来自场所精神的某种"场境"。

此处分类总结手法，只为方便识读，不可割裂看待。

最终，不论是环境适配中的从场景到场境，还是本体建造中的从风格到性格，都是源自人在使用中的场所需求。

还需指出的是，在当下多元背景中的创作需要寻找更多要素的平衡，在形式风格的背后，探索理性的生成逻辑，这才是设计的真正切入点和过程主线。

# 第八章 结语

内蒙古传统建筑是中国建筑中一个特殊的组成部分。内蒙古地域辽阔而狭长、多种地貌共存、自然气候丰富、历史源远流长。这些因素投射到内蒙古地域建筑的生成和发展过程中，形成了丰富而特殊的建筑类型和特征。甚至，她还给我们留下种种谜团，比如说：

北魏鲜卑族城址遗存与建筑类型之谜。鲜卑族拓跋氏自长白山狩猎穴居始，历呼伦湖畔的"遂水草（毡帐）而居"，终定居于土默川的故都盛乐（今和林格尔），城址犹存，建筑不在。从鲜卑贵族古墓壁画中，我们可看到既有毡帐又有汉式庑顶房屋等"植入式"建筑元素，然而该城址考古尚未完成，从城市规划到建筑类型，仍留下许多不解之谜。

又如，辽金契丹、女真族建筑类型之谜。自20世纪初梁思成等先辈开启辽金建筑研究之先河以来，虽于辽金佛塔等曾有断续之研究，此外建筑界鲜有继承。而今内蒙古境内除有十数座精美辽塔向人们昭示着那段璀璨文明之外，契丹在今内蒙古地域究竟留给了何种建筑文明，比如辽上京城市规划与建筑类型之谜，仍待后人去解答。

既然说不清，不妨将辽金以前的素材舍去，将本书的取材重点限定在真正形成"内蒙古"行政地域概念的明以后的那段历史时期。故而本书认为：

内蒙古地域的主体驻民曾长期以游牧为生，没有形成十分成熟的定居性建筑形制，因而除仙人柱、蒙古包等原生性非定居建筑外，大多定居性建筑类型都属于外植入型，且因为战争的原因，造成了这类人居文明的断续。

由此，内蒙古传统建筑中的主体都不像中国许多其他地区的传统建筑那样一脉相承，没有呈现出明显清晰的演变过程。当然，这些外植入型的建筑在其发展过程中都不同程度地融入了当地的地域特征，也打下过民族文化的烙印。而且，以地域资源及自然气候为纽带，在历史的断裂带之间，其人居文明呈现出一定的延续性。

## 第一节　内蒙古传统建筑文化特色的总体归纳

本书将内蒙古的传统建筑分为：蒙古族建筑、汉族建筑、东北部（其他）少数民族建筑三部分来加以阐述的；如果从地域分，则可以看到如下的阐述层次：北部草原游牧区，东部森林及农耕区、中部黄土高原区、西部河套平原区等不同的建筑类型。不同的民族传统与习俗，不同的自然地理环境与资源，必然决定了建筑的多样性和人居文化的多元性。建筑类型迥异，建筑文化多元，是本书不同于内地许多专篇的特色之一。具体说来：

一、在广袤的蒙古草原里，历史上驰骋过无数游牧民族，本书叙述的主体是蒙古民族。其传统建筑为毡帐、蒙古包及祭祀建筑——敖包。也许有人认为，它们不是传统意义上的建筑，但它们具备建筑的基本功能与美学特征，且在久远的历史长河中承袭了匈奴的毡帐、鲜卑的穹庐、契丹的毡包，流传逾千年，世界影响深远且至今仍在使用；也许有人认为它们体量小，但围绕着敖包有序、无序分布的毡房，以及当作建筑背景衬托着它们的蓝天、白云、绿草坡地，却共同营造出一个庞大的气场和一种建筑场所精神，为许多现代建筑师在众多经典建筑的设计中继承与发扬光大。

二、内蒙古其他少数民族数量众多，人居特色各异。在东部森林文化型居住形式中，"斜仁柱"是代表。斜仁柱又称"仙人柱"，是鄂伦春族、鄂温克族等北方少数民族主要使用的、原始的、可移动的居住形式，其名称是鄂伦春人对该类居住形式称呼的音译，满族人称其为"撮罗子"。此外，还有达斡尔传统民居"介字房"、俄罗斯族传统民居"木刻楞"等，也极具特色。

三、内蒙古地域的汉族民居建筑按其所处的地域特点和汉族移民的来源地，共分为宁夏式民居、晋风民居、窑洞民居和东北民居四种基本建筑类型。宁夏式民居主要分布在阿拉善盟和巴彦淖尔市的部分地区，以阿拉善定远营民居建筑为代表。晋风民居主要分布在土默川平原，以呼、包等地传统民居及商肆建筑为代表。这类晋风民居的院落形制依然延续山西、陕西等地的合院式院落形式，不同的是，由于气候和人口等因素的影响，内蒙古晋风民居的院落比山西、陕西地区的院落往往要宽阔许多，风格也较为粗放。窑洞民居主要分布在内蒙古清水河县和准格尔旗、鄂尔多斯的部分地区，历史久远，数量不少。东北民居主要分布在内蒙古东部汉族聚居区，与邻省农居没有多大差别。这四种类型的共同特点是植入为主，形式多样，就地取材，技艺粗放，简朴实用等。

这里需要说明的是，近年考古证明，内蒙古环岱海大批新石器时代聚落遗址属于洞穴或半洞穴式土窑，说明窑洞这种原生态建筑形式在本地域的源头之久。但由于历史上的战争致使内蒙古中部地域长期的人居史断层（人口胁迫内迁），无证据说明该地明末以后的民居（包括窑居）的传承关系，故本书将明清汉族移民的窑洞也列入"植入式"建筑。

此外，内蒙古东部赤峰地区红山、兴隆洼史前聚落遗址以及辽上京、元上都等著名考古发现证明，内蒙古东部地域曾存在过一个灿烂的古代人居文明，其中兴隆洼聚落遗址还被誉为"华夏第一村"；在内蒙古通辽哈民史前聚落遗址中甚至还发现保存较好的房屋木质结构痕迹，堪称中国乃至世界史前建筑史上的空前发现。建筑界当然不能忽视其带来的学术冲击。十分遗憾的是，至今对它们的传承证据链研究几乎为零，本书暂无法将东北汉族移民的传统民居与该地域辽、金前的建筑历史发生传承关系，因此也被列入"植入式"建筑之范畴。

穿越于上述种种地域与民族建筑类型之间的，就是那藏传佛教的神奇召庙。藏式、汉式、藏汉结合式等种类丰富的宗教建筑群，以召庙为中心的建筑聚落与道路交通，以及形成这一历史现象的政治、经济、社会、文化背景，成为内蒙古传统建筑文化中的又一道亮丽风景。

内蒙古地域的藏传佛教建筑群是本地域独特的历史文化遗产。由于历史原因，它位处政权与教权的模糊地带，不同于内地依附社会的佛教寺院，也不同于西藏政教合一的宗教寨堡，它是一个具有开放性的建筑群落，是蒙古草原社区的精神原点，是本地域草原城市文化产生的重要脐带。内蒙古地域的藏传佛教建筑在蒙古游牧社会中形成了信仰、文化、经济、教育和医疗中心，它对蒙古社会曾经有过长期而深刻的影响。

## 第二节　内蒙古传统建筑文化的现代传承路径与实践

选择有代表性的建筑创作实例进行分类，解析新中国成立以来内蒙古地区建成的有地方特色建筑的创作理念，概略地总结本地区建筑传承的探讨之路，成为本书落墨甚多之处。

一、传承探索的历程与阶段：内蒙古现代建筑，由于民族背景和地区封闭等原因，可以始于自治区政府成立的1947年，即20世纪50年代建设的一批重点建筑可以作为现代建筑的开始。之后的发展经历了"文革"和困难时期的停滞、改革开放的重新起步到进入新世纪的多元化发展，每一阶段的特征呈现都与自治区庆祝成立的整数周年有较大的关联，尤其在困难时期，大庆是有限财力的一次集中投入，自然也是该时期建筑特征的一次集中展现。民族自治区的属性与十周年献礼项目的存在，的确成为建筑师探索民族地域建筑设计道路的动力与抓手，也是我区不同于内地的优势所在。此外，这条传承探索之路，还得益于本地域建筑师前、当代一批学科带头人的力体力行。整体而言，从建筑师在各时期创作的实践特征来考察，传承探索的历程可分为经典阶段、自觉阶段和开放阶段这么三个时期。

二、传承探索各阶段的经典建筑实例：以大量生动的建筑实例，说明改革开放前后老一辈、中生代主力与新力军等几代建筑师在弘扬民族地域文化、打造时代经典，实践传统建筑文化传承方面的诸多努力，较全面地总结了本地域建筑师及外籍建筑师共同探索、创新和实现本土化、民族化的道路历程与成果，是本书浓墨艳彩的重头戏与亮点。可以说，这种探索正逐步深化、细化到理论层次、美学范畴、空间结构、立面创新、构件符号、建筑色彩、本土材料，以及能源、环境技术等等方面，初步形成了某种学术潮流与创作氛围。本书摄录的若干新时期经典建筑，将不仅是内蒙古建筑历史的丰碑，甚至可望成为中华建筑史上的某种阶段性代表，引导与启示后人。

三、传承持续原因的深层次思考：中华建筑文化中，有的被代代传承数千年，有的却在历史的长河中逐渐淡没；前文介绍的内蒙古东部地区的人居文化中，多种古代民族在同一地域的定居史使其数千年文脉延绵未断（甚至长于中原许多地区），但至今看不到其建筑传承特征所在。何也？除材料更替、技艺优劣等技术性原因外，社会、经济、文化（包括建筑文化）的先进性与否，可能正是这种传承会不会被历史淘汰的更深层次原因。比如北宋，其国势虽不如辽，但其建筑文化却能诞生《营造法式》，而在古代赤峰地区定居的先民，在辽时达到其建筑文化之顶峰，并传承于金，但仍师法于宋；何况在历史的多数时刻并不处于当时社会、经济、文化的中心地域。他们从事的是半畜牧、半农耕相对落后的生产方式，植入的主要是带有地域性的汉文化，因而不论是何民族，除都城皇宫外，其民居特色（艺术性、创新性）自然乏善可陈（我们从旅辽文学家苏辙"奚人自作草屋住"的典籍记载中可见一斑；奚族为当地仅次于契丹的大族），以至磨灭。此说待考。

这或许也是内蒙古当代建筑师刻意打造民族地域建筑的时代经典，并努力探索传承理论创新之路的原因所在。如今，这条道路正面临着新材料和现代技术的挑战，建筑师承受着如何将传承探索之路在新时期引向更高层次、创造更新成果的压力。特别是当"欧风"强劲袭来，市场平添变数，何况任何事物都会带来它的对立面，探索路上有杂声。

## 第三节　对传统建筑文化当代传承的分歧和争论

近年，一种现象值得一提，即城市为了增加地方民族特色，内蒙古各地纷纷建造"文化一条街"，它们或新建或改造，基本做法是在商业性的多、低层房屋上增加装饰性的符号语言，以追求短时的布景效应。这种现象基本来源于决策者对建筑文化的认知和不加思考的建筑师的商业需求，其迅速蔓延，某种程度上让继承传统的积极努力偏离方向甚至退回到了起点。

成为上述反例的有呼和浩特市的蒙元文化街、伊斯兰风情一条街等项目。这两个项目的共同之处就是急功近利，以大量劣质材料打造既有建筑的表壳与屋顶，结果劳民伤财，成为诟病。

另一类现象则与内地类似。即近十几年来，在商业地产开发模式占据主要建筑市场之后，不少建筑师应市场需要设计了"欧式"、"新古典"风格的建筑，这些异域文化色彩的建筑多以群体的形式出现，很快蚕食了城市的大片区域，成为城市新的底色。在内蒙古，这种现象甚至得到了持如下认识的决策者的支持，即曾经的蒙元版图远及欧洲，大草原文化自然包括欧洲文化，其所谓文化的"世界性大视野"成为欧式建筑在内蒙古存活的依据，这对传统建筑文化的积极努力构成了更加负面的冲击。

## 第四节　对建筑传统中民族性与地域性认识的误区

纵观内蒙古地区的新建筑传承实践，存在着对一些概念认识的偏离，尤其是传统与地域性和民族性的关系问题等。常常把民族性问题当作传统的全部，而忽略地域性作为传统中更为广阔的概念存在。因而，自然就经常对本土传统建造技术和与气候、地理关联的优秀建筑传统视而不见，更不愿去挖掘、整理和在新时代中应用，而对创造性的应用，即传统的创新，更认为是反传统而加以排斥。这也是内蒙古地区的新建筑传承实践长期由语言符号的"文脉"手法主导的主要根源之一。

究其原因，主要是民族性的符号式表达，其清晰的识别度，比较符合决策者出于民族地区文化认同的政绩观。要突破这一现象，必须从认识上解决问题，这也是本书的重要目的之一。

此外，人居文化中的民族性表征，也并非模式化、一成不变，而是与时俱进，依（生存状）态而变，因地而异。上述鲜卑、契丹、蒙古等古代游牧民族的人居史遗存，便是鲜活的例证。

## 第五节　传统建筑文化在现代的保留和完善

建筑文化从传统中走来，向着未来奔去。决定这种变化的建筑文化和技术的进步起到了很大的作用。从文化和技术因素的角度来看，内蒙古建筑文化的创新将得益于如何继承蒙元文化与生俱来的开放性以及适宜技术对现代和传统元素的综合。平心而论，内蒙古建筑传统技术整体而言相对落后，它不是我们今天讨论传承的重点所在，我们重点要传承的是文化，是通过历史文脉隐喻体现传统建筑风格特色。通过本书，我们或许能够感悟到：历史上驰骋过蒙古高原的游牧部落，特别是曾经入主过中原的几个少数民族，每当定居下来，必然逐步舍弃毡帐，在自己的居住文化中植入当时当地传统建筑类型，反过来又会对其施加民族文化影响；鲜卑、契丹、蒙古、女贞，概莫能外。也就是说，建筑的地域性往往要超越其民族性。这里讲的地域性，既包括地域资源与技术，也包括地域习俗与文化。元帝国的蒙古军入汉则建造了大都，西征则营建了中、西亚的四大汗国；同一个民族，风格迥异的建筑，何也？地域性使然。这也就是本书安排"第六章　内蒙古传统建筑空间的文化解析"的原因之一。它部分回答了今后的传承攻略：要将传承探索导入正确的建筑学理论研究指导之下，始终将弘扬民族文化与地域风格的宗旨融入每一个合适的建设项目，从空间构成到形体美学努力提高其建筑艺术性，成为建筑师设计创作的灵魂。

此外，我们比较重视传统文化元素符号在现代建筑中的运用表达，书中从整体风格、文化内涵、细部设计、色彩运用、构件化制作等方面进行系统化整理，这对于广大建筑设计工作者、特别是青年建筑师，是十分适用的。

总之，传承探索之路依然漫漫。由于学识、素材与时间的不足，我们在本书的写作中可能会存在某些偏颇与失误；写作本书的目的，也并不祈求所有的建筑，将会是同一种模式——毕竟我们是一个包容的民族，又处在开放的时代。我们只想申明，保护传统与追求卓越并不矛盾。我们衷心希望得到读者的理解与支持，阅读本书吧，它或许会给人以启迪，带来些许裨益。

此外，在本书的结尾之处，让我们尝试着用一个简要的表格将内蒙古传统建筑风格特征的传承脉络进行一定的对比分析。这样的做法难免有些以偏概全，但就用来反映全书的思想本质却较为一目了然。

# 参考文献

# Reference

[1] 孙乐. 内蒙古地区蒙古族传统民居研究 [J],2011.

[2] 刘小军, 王铁行, 于瑞艳. 黄土地区窑洞的历史、现状及对未来发展的建议 [J]. 西安：工业建筑，2007:37 卷增刊.

[3] 郝义东. 草原城韵 [M]. 北京：中国建筑工业出版社,2010.

[4] 中华人民共和国住房和城乡建设部. 中华传统民居类型全集 [M]. 北京：中国建筑工业出版社,2014,10.

[5] （美）阿摩斯·拉普卜特. 宅形与文化 [M]. 常青等译. 北京：中国建筑工业出版社,2007(07):103.

[6] 绥远通志馆. 绥远通志稿. 第七册 [M]. 呼和浩特：内蒙古人民出版社 :159-161.

[7] 叶新民. 齐木德道尔吉. 元上都研究资料选编 [M]. 北京：中央民族大学出版社,2003,08:26.

[8] （俄）杰米多娃等. 在华俄国外交使者 [M]. 黄玫译. 北京：社会科学文献出版社,2010.

[9] 金峰整理. 漠南大活佛传. 蒙古文版 [M]. 海拉尔：内蒙古文化出版社,2010:41.

[10] 勃尔吉斤·道尔格. 阿拉善和硕特. 下. 蒙古文版 [M]. 海拉尔：内蒙古文化出版社,2002,5:698.

[11] 钢根其其格等. 阿巴嘎风俗. 蒙古文版 [M]. 呼和浩特：内蒙古人民出版社,2003,08:78.

[12] 殷俊峰. 内蒙古呼包地区晋风民居调查与空间研究 [J].2011(05).

[13] 王卓男, 陈萍, 张晓东. 阿拉善左旗传统民居建筑初探 [J]. 南方建筑,2013 (03).

[14] 乌恩宝力格. 呼伦贝尔地区夏季蒙古包制作工艺调查 [J]. 西北民族研究,2010 (03).

[15] 关晓武, 李迪. 蒙古包的源流、制作工艺与文化内涵 [J]. 广西民族大学学报（自然科学版),2009 (S2).

[16] 王飒. 中国传统聚落空间层次结构解析 [D]. 天津大学,2012.

[17] 张晓东. 蒙古包——古老的毡帐建筑艺术 [J]. 古建园林技术,1998 (02).

[18] 陈烨. 内蒙古民居：一种文化与历史的认识 [J]. 内蒙古社会科学（文史哲版),1997 (04).

[19] 曹蕾. 新技术背景下蒙古族典型民居形式语言的创新之途 [J]. 艺术与设计（理论),2009 (03).

[20] 张金胜. 内蒙古草原传统民居——蒙古包浅析 [J]. 古建园林技术,2006 (01).

[21] 刘铮, 范桂芳. 蒙古族民居的演变与可持续发展初探 [J]. 内蒙古工业大学学报（自然科学版),2000 (04).

[22] 唐戈. 从"仙人柱"到"蒙古包"[J]. 黑龙江民族丛刊,1994 (02).

[23] 顾谦倩. 蒙古族传统色彩审美观与发展趋势 [J]. 艺术与设计（理论),2011 (08).

[24] 韩勇, 刘敏. 抽象艺术与建筑 [J]. 山西建筑,2010 (07).

[25] 余方镇. 关于城市文化形象设计与建设的思考 [J]. 商丘师范学院学报,2006 (02).

[26] 邓前程, 邹建达. 明朝借助藏传佛教治藏策略研究——与元、清两朝相比较 [J]. 思想战线,2008 (06).

[27] 白丽燕, 张鹏举. 试析文化建筑的空间类型——来自内蒙古藏传佛教建筑群的启示 [J]. 城市建筑,2008 (09).

[28] 曾坚. 地域性建筑创作 [J]. 城市建筑,2008 (06).

[29] 柏景, 杨昌鸣. 甘青川滇藏区传统地域建筑文化的多元性 [J]. 城市建筑,2006 (08).

[30] 陈嘉全. 艺术设计中的形与色[J]. 艺术百家,2008(S1).

[31] 胡望社,王志刚. 建筑视觉造型元素设计创意——色彩的表现与创意[J]. 四川建筑科学研究,2007(06).

[32] 刘大平,顾威. 传统建筑装饰语言属性解析[J]. 建筑学报,2006(06).

[33] 格日勒图. 蒙古族传统图形及审美特征[J]. 华侨大学学报(哲学社会科学版),2005(02).

[34] 克里斯蒂娜·查伯罗斯,陈一鸣. 蒙古装饰艺术与蒙古传统文化诸方面的关系[J]. 蒙古学信息,1998(02).

[35] 吴良镛.《中国建筑文化研究文库》总序(一)——论中国建筑文化的研究与创造[J]. 华中建筑,2002(06).

[36] 丁静静,朱翔. 自然的睿智与地域建筑[J]. 艺术研究,2010(03).

[37] 王世礼,胡丹. 全球化语境下对内蒙古地域建筑文化保护的反思[J]. 中国名城·名城保护案例与技术创新,2012,4.

[38] 陈竹. 浅析城市特色设计——中国建筑的地域文化设计[J]. 大舞台,2010(05).

[39] 陈云岗. 光大与消亡——地域文化之存在价值[J]. 西北美术,1999(03).

[40] 旷开森. 基于地域文化导向的民族化设计[J]. 商业文化,2010(04).

[41] 田书慧. 内蒙古地域文化的对外传播——以阿拉善文化为例[J]. 前沿,2014.(06):225-226.

[42] 钱良择. 出塞纪略. 小方壶斋舆地丛钞. 第二帙.

[43] 张鹏翮. 奉使俄罗斯日记. 小方壶斋舆地丛钞. 第二帙.

[44] (俄)杰米多娃. 在华俄国外交使者[M]. 黄玫译. 北京:社会科学文献出版社,2010.

[45] 耿昇、何高济译. 柏朗嘉宾蒙古行纪、鲁布鲁克东行纪[M]. 北京:中华书局,2002:122.

[46] 巴雅尔校注. 蒙古秘史[M]. 上册. 呼和浩特:内蒙古人民出版社,1980:184.

[47] 巴雅尔校注. 蒙古秘史[M]. 中册. 呼和浩特:内蒙古人民出版社,1980:622.

[48] (挪)诺伯舒兹著. 施植明译. 场所精神:迈向建筑现象学[M]. 武汉:华中科技大学出版社,2010:20.

[49] (意)布鲁诺·塞维著. 张似赞译. 建筑空间论——如何品评建筑[M]. 北京:中国建筑工业出版社,2006:13.

[50] 王贵祥. 东西方建筑空间[M]. 天津:百花文艺出版社,2006:360-364.

[51] 李珍. 草原文化能量释放与策划效应[J]. 实践(思想理论版),2008(03).

[52] 乌兰. 深化草原文化研究 加快草原文化开发步伐[J]. 实践(思想理论版),2009(08).

[53] 内蒙古社会科学院草原文化研究课题组,毅松. 崇尚自然 践行开放 恪守信义——论草原文化的核心理念[J]. 实践(思想理论版),2009(08).

[54] (美)刘易斯·芒福德. 城市发展史[M]. 宋俊岭等译. 北京:中国建筑工业出版社,2004:287.

[55] 哈达. 草原文化在"草原110"建设中的作用[J]. 实践(思想理论版),2009(04).

[56] 齐秀华,陶克套. 现代化视野下的草原文化传承[J]. 理论研究,2005(06).

[57] 钱灵犀. 中华文化视野下的草原文化[J]. 陕西社会主义学院学报,2006(02).

[58] 邹万银. 草原文化与和谐[J]. 实践,2006(09).

[59] 李晓杰. 中国草原文化与文化全球化[J]. 国际关系学院学报,2007(02).

[60] 董恒宇. 保护草原文化遗产的现实意义——写在"草原文化遗产保护日"[J]. 内蒙古统战理论研究,2007(06).

[61] 王海荣. 拓展研究视野 推动草原文化走向世界——中国·内蒙古第五届草原文化研讨会暨赤峰第三届红山文化高峰论坛综述[J]. 实践(思想理论版),2008(Z1).

[62] 张鹏举. 内蒙古藏传佛教建筑(1、2、3)[M]. 北京:中国建筑工业出版社,2012.

[63] 张鹏举. 内蒙古古建筑[M]. 北京:中国建筑工业出版社.

[64] 张鹏举,高旭. 内蒙古藏传佛教建筑一般特征[J]. 新建筑,2013(01).

# 后　记

# Postscript

对于试图认识和总结这件事，通常结束即意味着开始。本书在较短的时间内试图完成一个地区的"建筑传统解析与传承"，自然就更难以做到深刻的认识和充分的总结。更何况，传统在沉淀，传承在继续，这是一个无始无终的过程，唯其重要的是开始。

在本书的编撰工作结束之际，有必要再陈述以下认识，它们是阅读本书的基础。

一、形式不是传统。形式只是传统建筑的外在表现，真正的建筑传统是形式背后蕴含的智慧。既然如此，对于新建筑的传承实践，就有一个深入挖掘的问题。本书的解析仅限于典型的传统建筑类型，且解析得远不够到位，因此，本书更希望读者能够受此启发，产生自己的解读，挖掘更有价值的建筑传统智慧。

二、方法仅供参考。当"方法"被明确归纳出来的时候，通常就有了被僵化的危险。事实上，在建筑传承的表达方式上，下篇第七章六个方面的总结，不论是偏视觉的还是偏精神的，也不论是重视技术的还是重视人文的，都希望读者能够开放地加以对待，不宜割裂式地运用，此处分类总结，只为方便识读梳理。

三、"风格"须审慎对待。在本书的编撰过程中，有意避开"风格"一词。风格是附着在建筑表面的视觉特征，和传统建筑中的智慧常常是分离的。因此，在这里，"风格"不应成为设计的唯一预设，在当代语境下，传承实践还希望能在真实的建造中自然而然地呈现某种"性格"。同时，设计的目标也不仅仅是追求某种视觉的场景，更应关注来自场所精神的某种"场境"。最终，不论是环境适配中的从场景到场境，还是本体建造中的从风格到性格，都是源自人在使用中的场所需求。在当下多元背景中的创作需要寻找更多要素的平衡，在形式风格的背后，探索理性的生成逻辑，这才是设计的真正切入点和过程主线。

四、认清传统性、民族性与地域性。纵观内蒙古地区的新建筑传承实践，存在着对一些概念认识的偏离，尤其是传统与地域性、民族性的关系问题。常常把民族性特征当作传统的全部，而忽略地域性作为传统中更为广阔的概念存在。因而，自然就经常对本土传统建造技术和与气候、地理关联的优秀建筑传统视而不见，更不愿去挖掘、整理和应用，甚至对于创造性的应用，即传统的创新，更认为是反传统而加以排斥。这也是内蒙古地区的新建筑传承实践长期由语言符号的"文脉"手法主导的主要根源之一。

尽管容易存在上述认识上的误区，而本书也因篇幅和章节设定难以澄清许多概念，因而存在诸多不足，恳请读者批评指正，但所幸的是，在本次编撰和总结的过程中，我们又一次上路了。

本书编撰时间虽短，却凝聚了编撰组成员高强度的劳动：现场调研，反复讨论，昼夜赶写，牺牲了多个节假休息日，借此机会深表感谢。此处，介绍本书编撰工作的具体分工如下：

张鹏举：大纲和内容的策划、全书审定、"绪论"和第六章"内蒙古现代建筑概况与创作背景"的编写。

贺　龙：全书的统编、插图、第七章"传统建筑风格特征在现代建筑中的表达方式"的编写。

额尔德木图：第二章"蒙古族建筑研究"和第五章"内蒙古传统建筑空间的当代文化解析"第一、第二节的编写。

韩　瑛：第三章"汉族传统建筑研究"的编写。

齐卓彦：第四章"东部少数民族传统建筑研究"的编写。

白丽燕：第五章"内蒙古传统建筑空间的当代文化解析"第三节的编写。

彭致禧：本书特约审稿和全书结语的编写。

高旭、杜娟、张文俊参与部分编审工作。

此外，扎拉根白尔、张源、刘洋、李鑫、张海瑞等参与拍摄照片，绘制图纸。

需要说明的是，对于内蒙古传统建筑的研究工作，团队成员曾共同完成了《内蒙古藏传佛教建筑》、《内蒙古古建筑》等编著工作，从不同的角度对内蒙古的传统建筑做了较为全面的梳理，成为本书的一个重要基础，为编撰节约了时间。在此对参与上述著作编写和调研的同仁们表示感谢。

在本书编写过程中，选录了内蒙古本土建筑师和区外建筑师在本地的部分作品，参考了内蒙古大学的齐木德道尔吉教授的相关研究，在此一并对他们表示感谢。

特别说明的是，这项工作得到了自治区住房与城乡建设厅村镇处有关领导和部门的指导，也在此对他们的肯定和支持表示由衷的感谢！